郑玉巧育儿经

全新第五版

郑玉巧◎著

中国和平出版社
China Peace Publishing House
北京

图书在版编目（CIP）数据

郑玉巧育儿经. 幼儿卷 : 全新第五版 / 郑玉巧著
. -- 北京 : 中国和平出版社, 2024.5
ISBN 978-7-5137-2255-1

Ⅰ. ①郑… Ⅱ. ①郑… Ⅲ. ①婴幼儿 – 哺育 – 基本知识 Ⅳ. ①TS976.31

中国版本图书馆CIP数据核字(2022)第009426号

ZHENG YUQIAO YU'ER JING YOUER JUAN QUANXIN DI-WU BAN
郑玉巧育儿经 · 幼儿卷　全新第五版　　郑玉巧◎著

策　　划	林　云
编辑统筹	代新梅
责任编辑	付迎亚
营销编辑	常炯辉
封面设计	孙文君
责任印务	魏国荣
出版发行	中国和平出版社（北京市海淀区花园路甲 13 号院 7 号楼 10 层 100088） www.hpbook.com　bookhp@163.com
出 版 人	林　云
经　　销	全国各地书店
印　　刷	鸿博睿特（天津）印刷科技有限公司
开　　本	710mm × 1000mm　1/16
印　　张	24.75
字　　数	450 千字
印　　量	1 ~ 5000 册
版　　次	2024 年 5 月第 1 版　2024 年 5 月第 1 次印刷
书　　号	ISBN 978-7-5137-2255-1
定　　价	68.00 元

前言

做儿科医生40年，经历了许许多多，感悟无数，有治愈疾病后的畅然，更有获得赞誉后的欢心。然而，畅然和欢心只是彼时彼刻，长留于心的是孩子们灿烂的笑脸，是爸爸妈妈们怀抱可爱宝贝时，脸上洋溢的甜蜜和幸福。面对生机勃勃的新生命，我总有发自内心深处的爱涌上心头，我太喜欢孩子们了。

养育孩子是陪伴孩子，是和孩子一起成长的美妙过程，将会留下数不尽的美好回忆。可是，在育儿的旅途上，父母难免会遇到这样那样的问题，有困惑，有无奈，有焦急，有无助，有奔波……作为父母，了解更多的育儿知识，掌握更多的育儿技能，会让我们更轻松，更自然，更健康，更科学地养育孩子。

在临床工作中，我发现很多新手父母在养育孩子过程中遇到的“个性化问题”都可以归纳为“普遍性问题”，很多“个性”问题都有其“共性”。我将40年积累的与医学有关的育儿经验告诉父母，希望给父母提供更加实用、有效和周到的帮助。

断奶时宝宝哭闹怎么办？

宝宝是不是个子太矮了？

怎么给宝宝选择疫苗？

宝宝走路总是不稳怎么办？

宝宝很容易发脾气怎么办？

宝宝为什么不愿意开口说话？

怎么和宝宝有效交流？

如何保护宝宝的视力？

如何开发宝宝的大运动和精细运动能力？

……

12月龄的宝宝开始从婴儿期过渡到幼儿期，相比以前，宝宝的生长发育速度逐步放缓，智能与心理发育水平大幅增加，爸爸妈妈在宝宝的这个过渡阶段难免会产生各种各样的疑惑。在本书中，我按照不同的月龄段详细分析了幼儿期宝宝的生长发育水平和智能发育特点，使爸爸妈妈能够理解宝宝为何会出现不同的行为、了解不同月龄段宝宝的养育重点。我还在书中介绍了各种适合家庭操作的宝宝潜能开发方法，使爸爸妈妈能够科学地养育出拥有健康体魄、聪敏大脑和良好教养的宝宝，为宝宝的未来打下坚实的基础。

这本书从宝宝12月龄开始，一直到36月龄为止，涉及宝宝体能发育、心理发育、智能发育等方方面面，希望本书专业的知识、暖心的话语、科学的布局，能给爸爸妈妈详细全面的指导，使阅读者感到安心和温暖。

到如今，《郑玉巧育儿经》已经更新到了第五版，增加了很多当代家庭的育儿问题和难点，条目更加清晰，方便查询检索，搭配操作方法和步骤图片，多角度、全方位展示育儿技巧。回首以往，我为中国医学的进步而骄傲，为大多数家庭认可科学育儿理念而真心感到高兴。这就是支撑我不断丰富和发展《郑玉巧育儿经》的内在动力。

衷心感谢爸爸妈妈们能阅读这本拙著。作为一名儿科医生，我只能说自己尽力了，把爱心献给了宝宝和养育宝宝的父母。书中难免会有这样那样的不足和问题，恳请读者批评指正。

郑玉巧

2024年5月于北京

目 录
contens

第一章 12~13个月的宝宝

第二章 13~14个月的宝宝

第三章 14~15个月的宝宝

第四章 15~16个月的宝宝

第五章　16~17个月的宝宝

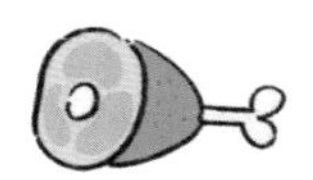

第六章　17~18个月的宝宝

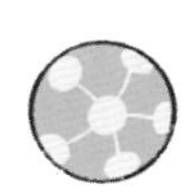

第七章 19~21个月的宝宝

第八章　22~24个月的宝宝

第九章 25~30个月的宝宝

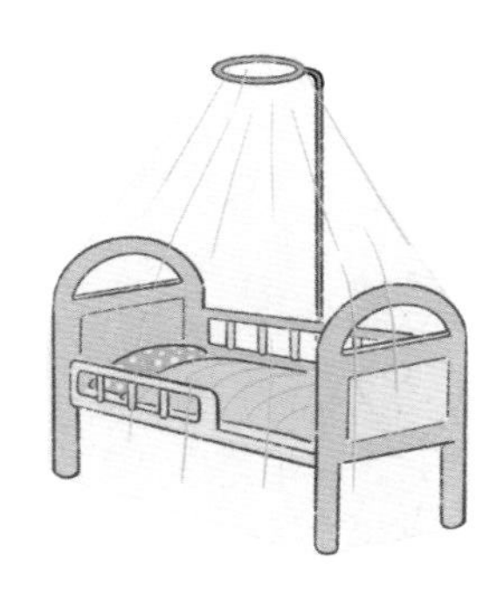

第十章 31~36个月的宝宝

第一章 12~13个月的宝宝

本章提要

- 宝宝牵着爸爸妈妈的手，开始迈出人生第一步；
- 爸爸妈妈多和宝宝进行有效交流，是促进宝宝语言发育的最佳途径；
- 适宜的照明对宝宝的视觉和色觉发育很重要；
- 从以乳类为主要食物来源逐渐过渡到以谷物、蔬菜、蛋肉奶为主要食物来源。

第一节　生长发育

生长发育指标

体重

12个月的男宝宝	体重均值10.05千克，小于8.06千克为过低，大于12.54千克为过高。
12个月的女宝宝	体重均值9.4千克，小于7.61千克为过低，大于11.73千克为过高。

◎ 体重增加速度放缓

到了幼儿期，宝宝体重增加速度较婴儿期逐步放缓，身高和体重变化没有婴儿期那么大了。1~2岁这一年，宝宝体重增长2~3千克，平均到每个月才增长0.2千克左右。其原因有两点：一方面，进入幼儿期后宝宝的肌肉和骨骼生长更迅速，皮下脂肪不再像婴儿期那样饱满丰富；另一方面，随着月龄的增加，宝宝运动能力增强，睡眠时间减少，醒着的时候基本都是在运动，体力消耗增大。

◎ 测体重注意事项

因为体重增长不那么显著了，测量体重时要注意宝宝是在同样的状态下。比如上次是在吃饱饭后、排便前、衣服穿得比较多时称量的，而这次是在饭前、排便后、衣服穿得比较少时称量的，尽管宝宝的体重增加了，却可能反映不出来。所以，要在宝宝同等状态下称量体重。

如果使用指针式体重秤，称量前要把指针调试到“0”的位置。如果使用电子体重秤，要使宝宝一动不动地安静片刻，直到显示屏上的数字开始连续闪动，这时显示的数值比较准确。

◎ 警惕幼儿肥

有的宝宝到了幼儿期，非但婴儿肥没有消失，反而越来越胖了。这样的宝宝大多食欲特别好，热量摄入远远大于热量的消耗，自然就会从“婴儿肥”过渡到“幼儿肥”了。儿童肥胖形成得越早，对儿童的危害性就越大，“成人病”也更容易找上孩子。所以，不是把宝宝喂养得越胖越好，父母应该全面关注宝宝的健康。

身高

12个月的男宝宝	身高均值76.5厘米，小于71.2厘米为偏低，大于82.1厘米为偏高。
12个月的女宝宝	身高均值75厘米，小于69.7厘米为偏低，大于80.5厘米为偏高。

◎ 增长标准

1~2岁宝宝年平均身高增长标准为女孩10厘米左右、男孩13厘米左右。

随着生活水平的提高，孩子身高普遍比过去高。但父母很少担心孩子身高过高，多是担心孩子身高过矮。孩子身高过矮，应该及时咨询医生；孩子身高太高，也需要咨询医生。

在影响身高的因素中，遗传因素约占70%，后天因素约占30%。但孩子在2岁前受遗传因素影响相对较小，与喂养和养育有更密切的相关性。随着孩子年龄的增长，遗传因素对孩子身高的影响会越来越明显：如果父母都不是很高，那么孩子特别高的可能性不是很大；如果父母都很高，孩子几乎都是高个子。

身高受很多因素的影响，个体差异比体重要大。只要宝宝身高在正常范围内，妈妈就不需因为自己孩子比其他孩子矮或高而担心。

头围

宝宝在婴儿期的时候，头围增长非常显著，和身体相比，头部会显得很大。进入幼儿期后，头围增长就没有那么明显了，头和身体的比例越来越匀称。

幼儿期头围增长速度较婴儿期明显减慢，一年增长3~4厘米。通常情况下，新生儿头部占身长的1/4；到了2岁，头部占身长的1/5；到了6岁，头部只占身长的1/8了。

囟门

满13个月的宝宝，有的囟门已经闭合，有的还能明显地摸到囟门，甚至还能看到囟门搏动，这都是正常的。多数宝宝的囟门会在1岁左右闭合，但囟门闭合时间存在着个体差异，囟门大小也有个体差异。不要因为宝宝囟门还没有闭合或比较大就增加维生素AD和钙的补充量。如果父母认为宝宝囟门过大或过小，或者认为宝宝囟门较之前有明显的增大，建议及时带宝宝咨询医生。

乳牙

幼儿乳牙的萌出有一定的时间性和秩序，到了这个月龄段，多数幼儿可能已经长出6颗乳牙了。如果宝宝一颗乳牙还没有长出来，切记不要盲目地增加饮食中钙的含量，而是要咨询医生。如果医生告诉你，宝宝没有任何异常，只是比其他孩子出牙晚而已，就不要再担心了。宝宝过了1岁生日，还没有一颗乳牙萌出的情况是确实存在的。事实上，乳牙早在胎儿期就已经开始萌生，宝宝出生后，乳牙只是等待着“破土而出”，冲出牙龈。

大运动能力

自由自在地爬着走

多数宝宝在8个月以后会爬，1岁以后就能自由自在地爬行。宝宝爬得晚，多与养育方式有关。比如：父母或其他看护人总是抱着宝宝，宝宝没有机会练习爬；父母很早就让宝宝站和走，略过了爬的练习；极个别可能是宝宝自身协调能力差。

通常情况下，宝宝大运动的发展顺序是抬头、竖头、翻身、独坐、爬行、站立、行走。如果宝宝还不会爬就能够站立甚至扶物行走，宝宝就不愿意练习爬行了。所以，在宝宝不会爬前不要刻意训练宝宝独站和行走。

父母不要为孩子的某一项能力发育慢而怀疑孩子的发育有问题，更不要感到内疚。孩子天生就具有这些运动能力，会按照自己的发育阶段与时间正常发育和成长起来。重要的不是千方百计地训练宝宝，而是在宝宝成长发育的关键期，父母适时而恰当地为孩子创造良好的锻炼环境，提供有利条件，以平和的心态对待成长中的孩子。父母对宝宝报以欢快的笑脸，投以鼓励的眼神，对宝宝的健康成长和正常发育起着巨大的作用。

可以独自站立了

到了这个月龄段，绝大多数宝宝不再需要爸爸妈妈的搀扶或扶着其他物体，就能够稳稳地站立了。有的宝宝则还需要扶物或依靠站立。

多数宝宝还不会独自向前迈步

多数宝宝能扶物走几步，如扶着沙发或床沿横着走，或推着物体向前走，但还不会独自向前迈步。如果你的宝宝已经能够独自向前迈几步了，应该欣慰宝宝有如此好的运动能力；如果你的宝宝已经能够顺畅地行走了，你真的应该感到骄傲，宝宝的运动能力太棒了！

宝宝刚刚迈出第一步时，是先站稳一条腿，另一条腿机械地向前扑落，使重心落到另一条腿上，呈非对称步伐。刚刚练习走的宝宝常常呈“鸭步态”，两条腿看起来很软，膝关节好像起不到什么作用，脚抬得高高的，落地比较重。这是因为宝宝还不知道地面的深浅高低，腿部肌肉的力量不够强，关节运动能力还比较弱，关节韧带相当松弛。宝宝只是尝试着把脚抬起来和放下去，真正意义上的行走还没有开始。

走路与父母训练的关系

多数宝宝在12个月到18个月的时候开始蹒跚学步。这个月龄段的宝宝是否能够独立行走并不重要，重要的是宝宝是否有走的愿望。倘若宝宝没有这种愿望，甚至比较反感，爸爸妈妈就不要急着训练宝宝走路。宝宝所有的能力都是基于生理上的成熟，只有达到某种运动的生理成熟度，他才有表现这种能力的愿望。爸爸妈妈要做的是给宝宝创造条件。

宝宝的平衡能力是协调行走的关键。无论何时开始学习走路，经过6个月的努力，绝大多数宝宝都能比较顺畅地独立行走。赤脚走路可以促进脚掌、脚踝和腿部的肌肉发育。如果家里是地暖，可以让宝宝光着脚练习走路。夏季在木地板上赤脚走路，宝宝脚部不会受凉的。如果家里是石板地或地板砖，要在地板上铺上儿童专用地垫。宝宝练习走路时，会向前或向后摔倒，爸爸妈妈一定要采取保护措施（如妈妈在前面迎接，爸爸在后面保护），不能让宝宝在坚硬的地板砖上练习独走，以免磕到头部。

刚学会走路的宝宝可能出现各种姿势，如“外八字”，两只脚向两边撇开；还有的宝宝刚开始走路时比较正，慢慢地出现了“内八字”。无论是“外八字”还是“内八字”，都是幼儿早期学习走路时出现的正常姿势，父母没有必要试图矫正。随着宝宝慢慢长大，他自然会像成人一样正正当当地行走了。

走着跑是宝宝走路的一大特点。常听有的妈妈说她的孩子还不会走就要跑，其实，这是宝宝还不能很好地控制自己身体的缘故。当宝宝起步向前走时，惯性会使宝宝向前冲，似乎和跑一样。当宝宝能够很好地控制自己身体的时候，他就能稳稳当当地一步一步向前走了。

当爸爸妈妈牵着宝宝的双手或单手时，多数宝宝都能比较顺利地往前走。当宝宝向前走的时候，他的全身都参与进来了，小脸呈现出紧张的神态，小嘴翘着，两眼没有目的地望着前方，还常常由于紧张而流出口水。

当能够迈出第一步的时候，宝宝就开始对行走表现出异常的兴趣，总是要挣脱妈妈的怀抱，下地走路，迎接新的挑战。当宝宝摔倒时，如果爸爸妈妈不表现出紧张、害怕，周围的人不大呼小叫，而是用亲切和蔼的笑容面对着宝宝，用鼓励而轻松的眼神望着宝宝，显出若无其事的样子，用余光关注着宝宝别出意外，宝宝就不会因为摔倒而哭闹。宝宝会自己爬起来，仍然乐此不疲地练习走路。相反，如果爸爸妈妈对宝宝摔倒表现得很紧张，宝宝就会哭闹，还可能失去练习的兴趣。过多的干预和代劳，不仅会禁锢宝宝的创造力，还会影响宝宝的独立性。幼时的经历对人的性格塑造会起到重要的作用。

用脚尖走路

妈妈可能还记得，宝宝刚刚学站立的时候，是用脚尖着地的。慢慢地，就开始用整个脚掌着地了。宝宝在学习走路时也是一样，大多数宝宝都是用脚尖走路，一只脚可能还会有些拖地，在妈妈看来像是跛行。这不是异常的表现，随着宝宝慢慢长大，他走路会越来越稳，这些现象也就随之消失了。

如果妈妈感觉宝宝走路的姿势确实有异常，可带宝宝咨询医生。最好先把宝宝带进去见医生，让宝宝在医生面前走几步，做一些必要的检查，然后让爸爸把宝宝抱出去，妈妈留下来和医生进行交流。为什么要这样做呢？这是我在长期的临床工作中总结出来的，尽管宝宝不知道妈妈在说什么，却能够从妈妈担忧的表情、沮丧的情绪中感受到一种“不正常”。这也是为什么白天妈妈带宝宝看医生，并没给宝宝扎针，宝宝晚上还是会出现夜啼。

罗圈儿腿

在宝宝刚刚练习走路的时候，妈妈可能会发现宝宝的小腿有点儿弯，因而担心宝宝是罗圈儿腿。其实，婴幼儿的小腿（胫骨和腓骨）原本就存在着生理弯曲度，宝宝越小，小腿的弯曲就越明显。宝宝到了三四岁以后，腿长了，小腿就不那么弯了。

需看医生的情形

如果宝宝满13个月，进入第14个月，还不能离开搀扶独自站立一会儿，或还不能拉着物体从坐位站立起来，爸爸妈妈就要及时向宝宝的保健医生咨询，必要时带宝宝去医院看医生。

精细运动能力

精细运动能力飞速发展

到了幼儿期，宝宝大运动能力发育进入缓慢而平稳的时期，精细运动能力进入飞速发展阶段。如果爸爸妈妈仔细观察，会发现宝宝有了很多令父母惊奇的能力，尤其是手的精细运动能力提升更快。幼儿双手运用能力的提高，间接地反映了宝宝整体发育水平的进步，幼儿手的运用能力与智能发育有着密切的联系。

父母会发现，宝宝不再像以前那样，拿到玩具后能玩比较长的时间，几乎是玩具拿到手里就扔掉，好像对什么玩具都不感兴趣。父母不要因此认为宝宝注意力不集中，这是宝宝发育进程中的正常表现。宝宝早已不满足于玩摇铃等手握玩具，对只能观看的电动玩具也不满意。宝宝开始喜欢能够操作、需要动脑筋的玩具了，如电视遥控器、父母用的手机等。宝宝眼中的玩具，可不仅仅是在儿童用品店购买的那些，他们把身边的任何物品都当作玩具。宝宝对各种生活用品，爸爸妈妈穿的、戴的和用的，大自然中的花草树木、石头瓦块、蝴蝶小虫等，都很感兴趣。

扔小球

宝宝能够单手扔球，但还不能把握方向，经常看着一个方向，却把球扔到了另一个方向。宝宝最初练习扔球的时候，只是把攥着球的手松开，球自然就

滑落下来了。随着月龄的增加，宝宝开始有意识地往外抛球了，这可是不小的进步。抛物是身体的协调性动作，需要大脑和整个神经肌肉系统的协调运动。当宝宝学会把胳膊摆动起来，并且在摆动过程中及时把球抛出去的时候，宝宝就真正学会了抛物。

宝宝最初练习抛球时，只能把球抛在自己身边，还没有足够的力量和技巧真正把球抛出去。经过反复练习，宝宝逐渐能把球抛得远一些：站着时，能把球抛出去100厘米左右；坐着时，能把球抛出去50厘米左右。

爸爸妈妈要不失时机地赞扬宝宝的进步，父母的赞扬是对宝宝最大的鼓励。

把手伸进瓶口

把一个装有小球的塑料瓶子拿给宝宝，宝宝可能会隔着瓶身抓小球。这说明宝宝还不知道小球是怎么进入瓶子里的。妈妈要让宝宝看到小球是如何被放到瓶子里的，当宝宝发现小球是从瓶口放进去的时候，他就能想到要通过瓶口拿出小球了。宝宝会把手指伸进瓶口，试图拿出瓶子里的小球。可是瓶口太小了，无论怎么努力，也取不出瓶子里的小球。这时，宝宝会有什么样的表现呢？

※ 把瓶子丢到一边不再理会；

※ 把瓶子递给妈妈，意思是让妈妈帮忙取出；

※ 大声叫，哭；

※ 抱着瓶子使劲摇晃；

※ 翻来覆去地看瓶子。

宝宝的这些表现都是正常的。如果宝宝把瓶口朝下，希望小球从瓶口中掉出来，那么宝宝的表现足以令人震惊！

当宝宝遇到取不出小球的困难时，妈妈要及时帮助宝宝。妈妈可演示给宝宝看：把瓶子倒过来，口朝下，小球就出来了。然后把小球放到瓶子里，再倒出来，反复做3次，从第4次开始让宝宝做。

如果宝宝很快就能模仿妈妈的做法，说明宝宝的模仿能力很强。如果你多次给宝宝做示范，可宝宝仍然锲而不舍地坚持伸手抓球，就不要再让宝宝按照你的示范做了，请给宝宝换个大瓶口的瓶子，把小球放进去，让宝宝实现自己的愿望。

这可不是惯着孩子，或让孩子知难而退，这是给宝宝自信。再过几天，甚至可能就在当天，宝宝也许就能把瓶子倒过来，让小球从瓶口中滚出来了。

要特别注意，宝宝如果把小花球或彩色珠子放入口中，就会发生危险，因此爸爸妈妈一定要在场做好防护，防止意外发生。另外，瓶口过小，宝宝的手指伸入瓶口时会卡在瓶口处，这也是很危险的，所以，不要把瓶口很小的瓶子拿给宝宝玩。

发现响声

1岁以前的宝宝，摇晃带有响声的玩具时，不能意识到声音是摇晃的结果。1岁以后，宝宝会突然醒悟：摇晃玩具会发出好听的响声。但是，宝宝只是发现了这种现象，并不能理解这响声是物体间相互撞击产生的。所以，宝宝会摇晃所有他能拿到手里的东西，如果没有发出响声，宝宝就会觉得很奇怪。

爸爸妈妈可用小球和瓶子做这样的演示：把小球放进瓶子里，轻轻摇晃，再让宝宝亲自摇晃几下。然后，把小球倒出来，轻轻摇晃瓶子，再让宝宝亲自摇晃几下。慢慢地，宝宝就会明白这种现象了。

帮宝宝演示，不同于帮宝宝做事，爸爸妈妈这样做的目的是让宝宝发现并明白一种现象，以此训练宝宝观察事物的能力。宝宝也能举一反三，发现其他有趣的现象。

手眼协调能力增强

在妈妈的示范下，宝宝能学会把小珠子放进小盒里。最初，宝宝松手放珠子的动作会有点儿笨拙，松手前还要把手放在盒子上歇一会儿，显得动作不那么连贯。等宝宝熟悉了这个动作，他就能连贯地把小珠子放到盒子里了。如果妈妈要求宝宝把小珠子从盒子里拿出来，宝宝就会听从妈妈的指令，把手伸进盒子里取出珠子。

宝宝能够配合妈妈伸出小胳膊和小腿穿衣服。但是，宝宝通常不能把注意力放在这些事情上，总是不停地手舞足蹈，使本可以在很短时间内做完的事情，要用很长时间才能完成。妈妈可在穿衣服时为宝宝唱歌或讲故事，当宝宝集中精力听妈妈唱歌或讲故事时，肢体活动减少，妈妈就能比较容易地帮宝宝穿好衣服了。

不断提高的协调能力和行走能力，能够帮助宝宝完成他在婴儿期无法完成的事情。宝宝能够准确地拿到他眼前的物品。当物品在他不能伸手碰到的地方时，宝宝能够确定自己的移动方向，通过多种方式挪动到物品所在的位置。

锻炼宝宝运动能力的注意事项

给宝宝更多自我锻炼的机会

宝宝运动能力的提高并不完全是父母训练的结果，在很大程度上，宝宝运动能力的提高依赖于自身的发展。在宝宝运动潜能的开发中，父母需要提供给宝宝的不是更多的训练，而是更多的锻炼机会。

如果宝宝还不会独立行走，也不会愿意被抱在怀里，宝宝好动的本能会显现得越来越明显。昨天还不具备的能力，今天宝宝可能就具备了。爸爸妈妈随时迎接宝宝的挑战吧，宝宝常常会让你大吃一惊！

拿走对宝宝有危险的物品

这个月龄段的宝宝有极强的好奇心，什么都想摸，什么都想动，如果父母总是说“这个不能动”“那个不能碰”，就会遏制宝宝的好奇心和探索精神。

父母应该给宝宝创造一个适合这个月龄段孩子玩耍的空间，如果你的宝宝已经会走了，你就需要重新布置一下室内的摆设了。凡是宝宝能到之处，都不能放置危险的东西，如裸露的电线和电源插座；会威胁到宝宝健康和生命的东西，如开水壶；绝对不能让宝宝动的东西，如某些贵重物品。这样就减少了对宝宝说“不”的频率，减少了对宝宝的限制。

有人说，没有必要这样紧张，即使是危险的东西，也没必要让其远离宝宝，可以告诉宝宝，或让宝宝亲自感受到它的危险。我不赞成这种说法。3岁以前的婴幼儿不懂得规避危险，即使你一遍遍地告诉他，甚至是呵斥，宝宝仍然会去触碰危险的东西。

用行动阻止宝宝触碰危险物品

当然，总会有一些既有危险又不能拿走的东西，父母该怎么处理呢？当宝宝向后拖拽椅子时，妈妈可能会大声地对宝宝说：“不要动，会被砸到！”但如果妈妈不用行动去阻止宝宝，宝宝对妈妈的命令就会充耳不闻。这个月龄段的幼儿对妈妈说话的内容没有足够的理解，宝宝在意的不是妈妈说了什么，而是妈妈的态度和行动。如果妈妈在说“不能动”的同时，把宝宝抱离，或把椅子移开，宝宝就知道妈妈的意思了。但是，妈妈的命令和行动对宝宝并没有长期的作用，用不了多长时间，宝宝还是会去拽椅子。这是幼儿特有的好奇心，父母不必生气，更不要责怪孩子。

不要制止宝宝有建设性的淘气

从现在开始，宝宝一步一步向“淘气”走去，需要爸爸妈妈长出“三头六臂”，来对付宝宝制造的凌乱和不断发生的“小事故”。这是宝宝到了这个月龄的标志，宝宝的聪明才智都在淘气中体现了出来。爸爸妈妈需要做的，不是限制宝宝，而是给宝宝一个安全的空间，让宝宝尽情地玩耍，这是对宝宝最好的智力开发。

宝宝会把东西插在各种孔眼和缝隙中，给宝宝买拼插玩具是不错的选择。把不同形状的插片插进不同形状的孔内，是训练宝宝小手灵活性和动作准确性的好方法，同时也能让宝宝认识不同的形状。

宝宝对妈妈的“不……”置若罔闻

这个月龄段的宝宝有一个显著的特点，就是对妈妈说的“不……”充耳不闻，而对“不”后面的话兴趣盎然。当你说“宝宝，不要摸这个电源插座”，话音刚落，宝宝就去摸了；若你说“宝宝，不要拍电视”，宝宝会啪啪啪地拍得更起劲。妈妈告诉宝宝不要动的东西，相当于提醒了宝宝：那里有好玩的东西。这就是这个月龄段宝宝的特点，宝宝还不能理解妈妈语句中“不”的含义。随着月龄的增加，宝宝开始理解“不”的意思。但妈妈会发现，宝宝明明知道“不”的意思，还是令行不止。是的，宝宝理解了“不”的意思，可随着月龄的增加，宝宝逐渐产生了自我意识，开始用行动展现他的“主见”，以此证明“我能”“我行”“我要”。宝宝表现出了“叛逆”行为：你越不让他做的事情，他越要去做；你越不让他动的东西，他非动不可。对幼儿来说，妈妈是否允许他这么做并不重要，重要的是他自己是否对这件事感兴趣。

第二节　智能与心理发育

智能发育快速

爸爸妈妈可能还清晰地记得，当宝宝处于婴儿期的时候，宝宝每个月，甚至每天都有变化，身高、体重、模样、能力，一天一个样，一月一个样。到了幼儿期，宝宝的外在变化就没那么显著了。爸爸妈妈已经积累了许多育儿经验，遇到一些问题时就不再那么着急了。

在今后的养育过程中，父母会有轻松的感觉，但也会慢慢地感到，随着宝宝年龄的增加，宝宝越来越不听话了，越来越不能遵循“妈妈的意愿”了。其实，这不是宝宝不好带了，而是宝宝更有能力了，在认识、情感、心理上更进了一步，妈妈应该感到高兴呀！1岁以后的幼儿，体格发育进入相对稳定的时期，智能则进入快速发育期。十几天前，宝宝还喜欢安稳地躺在妈妈的怀抱里，现在却要离开妈妈的怀抱，去探索未知世界了。

语言发育模式和差异

语言发育差异显著

如果宝宝满13个月还不会说话，甚至一个字也不会说，请爸爸妈妈不要着急，这并不意味着宝宝智力有问题。宝宝语言的发育存在着显著的差异：有的宝宝不到1岁就会说简单的字词，有意识地叫爸爸妈妈；有的宝宝到了2岁才开口说话。只要宝宝会正常发音，能听懂爸爸妈妈说的大部分话，就是正常的。

如果宝宝一个字也不会说，父母就需要细心观察，宝宝是否有以下情形：

·宝宝很少与父母对视，即使有对视，也是瞬间划过，父母感觉到宝宝眼神总是飘忽不定；

·父母喊宝宝的名字时，宝宝就像没有听到一样，很少有回应；

·人与物相比，宝宝更喜欢物，常常独自与物相伴；

·宝宝表情不够丰富，很少被逗笑，也很少被惹急，情绪波动很小。

如果父母发现宝宝有以上几种情形，请及时带宝宝咨询医生，排除孤独症倾向。

如果你确认宝宝有异常，也不要当着宝宝的面说出你的担心。应该先向医生咨询，如果医生需要面诊，父母再带着宝宝去见医生。尊重宝宝的感受，对宝宝成年以后的心理健康会有很大的帮助。

语言能力发展的两种模式

有的宝宝是逐渐学习说话的，也就是说，宝宝逐字地往外蹦。先会说一个字，然后，开始说两个字的词。逐渐地，开始说由三四个字组成的句子。

有的宝宝语言发育呈跳跃性或爆发性。起初，宝宝一个字也不会说，一旦开口说话，一下子就会说出整个句子，令父母异常兴奋。

宝宝的语言发育受诸多因素的影响，有先天的，也有后天的。有的宝宝天生具有非常好的语言天赋，这样的宝宝具有得天独厚的语言学习潜能。但是，即便宝宝具有再好的语言天赋，也需要后天的学习和努力，宝宝学会说话不是父母逐字逐句教的结果，而是父母在日常生活中，通过多种形式和渠道给宝宝创造了良好的语言学习环境。

向宝宝简洁清晰地表达

父母应该尽可能地用最简单的语句和宝宝说话，力求简短，表达准确。比如，晚上宝宝缠着妈妈，不肯睡觉，妈妈对宝宝说：“你现在还不睡觉，明天就不能早起，我们就不能早早去动物园了。”对于这个年龄段的宝宝来说，这句话过于冗长和复杂。宝宝对时间还没有建立起明确的概念，不理解妈妈说的现在和明天，更不能理解因果关系。让宝宝理解起来不那么费力的说法是：“宝宝睡觉，醒来去动物园。”

和宝宝进行有意义的交流

父母应尽量和宝宝进行有意义的交流。所谓有意义的交流，就是用能让宝宝听到、看到、触到、嗅到、尝到、感受到的语音、肢体动作、面部表情等多种方式与宝宝进行的交流，而不仅仅是说话。比如，妈妈要教宝宝“苹果”这个词，只说“苹果”是不够的，而是通过多种方式，让宝宝理解“苹果”这两个字的意义。

第一步，拿来一个苹果，当宝宝用眼睛看着这个苹果时，妈妈告诉宝宝这是“苹果”，让宝宝通过视觉认识苹果。

第二步，让宝宝用手摸一摸苹果，通过触觉认识苹果。

第三步，削掉一点儿苹果皮，让宝宝闻一闻苹果的香甜味道，通过嗅觉认识苹果。

第四步，切一片苹果，放到宝宝嘴里，让宝宝吸吮苹果，通过味觉认识苹果。

这样，宝宝对苹果的认识就比较全面了，对“苹果”这两个字的意义就理解了，而不是仅仅记住“苹果”的发音。随着宝宝年龄的增长，再让宝宝知道苹果是长在苹果树上的，苹果树苗被种到泥土里，慢慢长大，会结出苹果。

再举个例子。当宝宝闹着要到外面去玩，而外面正在刮风下雨，不宜把宝宝带到户外活动。这时，父母不要这样说：“宝宝是个乖宝宝，要听爸爸妈妈的话。”而应具体地告诉宝宝，现在为什么不能到户外去。可以这么对宝宝说：“外面正在下雨，风很大，现在不能出去玩，等雨停了，我们再出去玩。”在说的同时，让宝宝看着窗外下雨的情景。这个月龄段的宝宝，可能还不能理解父母所说的原因，仍然会闹着出去。这时，妈妈可以把窗户打开，让宝宝把小手伸出去，雨点儿会打在宝宝手上。也可以把宝宝带到门厅前，亲自看一看下雨的场面，感受一下刮风的感觉。

孩子学习语言的过程不是单一的，学习语言的过程也是认识事物的过程。培养孩子的认知能力，是对孩子最好的智力开发。

幼儿是语言大师

幼儿的语言能力不仅仅是从父母和周围人那里学习来的。幼儿具备创造语言的能力，有幼儿特有的语言表达方式。幼儿不但能说出和成人语句相同的话，还能说出与成人语句不同的话，甚至会说出成人想象不到的话。

这个时期的幼儿说的话往往会让父母和周围的人捧腹大笑。宝宝会巧妙地把他会说的字、词、句连在一起，来表达他的意思。幼儿所犯的“语言错误”常常胜过幽默大师。

幼儿一旦会说话，掌握语言的速度可以说是飞快的，每天都有新词从他的嘴里说出来，每天都有花样翻新的表达方式。幼儿在语言发育阶段带给父母的欢乐，比任何时候都多。如果父母能把宝宝在语言发育过程中的有趣语句记录下来，一定会让自己笑声不断。

幼儿语言发育不是孤立的

幼儿是通过聆听将周围的人、事、行为等因素联系起来学习语言的。父母在和宝宝交流时，要通过表情、手势、姿势等身体语言，通过语气、声调以及场景、环境、情节、内容等因素的结合，帮助宝宝理解语言。

幼儿的感受与语言脱节

在很多情况下，宝宝并不是靠自己的感受来向妈妈提出要求的。比如：当宝宝说吃的时候，并不总是因为饿了。宝宝看到吃的东西，即使不饿也会要求吃。没有断母乳的宝宝，即使不饿，只要看到妈妈，也吵着要吃妈妈的乳头。

需看医生的情形

这个月龄段的宝宝始终不开口说话，连清晰地叫爸爸妈妈都做不到，不意味着宝宝有语言发育问题。但是，如果宝宝至今还听不懂爸爸妈妈和他说的话，眼神游离，很少注视父母，就要带宝宝咨询医生了。

宝宝听觉、视觉和色觉发育

耳朵像台录音机

父母也许很难想象，一个字都不会说的宝宝，实际上能听懂爸爸妈妈说的很多话，甚至能听出妈妈的语气。如果宝宝正在那里“做坏事”，妈妈只需用一种制止的声调叫一声宝宝的名字，不用说出具体的事情来，宝宝就能从妈妈的语气中领会到，妈妈生气了。

宝宝除了听语气，还会察言观色。宝宝早在婴儿时期就会看爸爸妈妈的脸色了，1岁以后，这个能力有了飞速发展。幼儿的耳朵就像一部录音机，能够录下他听懂的话语。

宝宝从生活中学习语言

不言而喻，宝宝喜欢听父母说话，而且能够很好地理解父母的话语。尽管电视广播里的语言非常标准清晰，但宝宝很难从电视广播中学会更多的词汇和语言表达。即使是爷爷奶奶或外公外婆说的带有浓重地方口音的话，宝宝理解起来也要比听电视广播容易得多。

宝宝对音乐的感受

1岁时，宝宝大脑中的听觉皮层开始形成回路，宝宝开始熟悉词语的发音，认真辨别他听到过的物体名称，并试图说出来。负责音乐的神经回路与负责数学的神经回路紧挨着，当宝宝听音乐时，负责音乐的大脑皮层被激活，与之相毗邻的负责数学的神经回路也活跃起来。这两个神经回路都位于右脑，而右脑是负责逻辑思维和空间想象力的。所以，开发宝宝的音乐才能可促进宝宝右脑的发展，提高他的逻辑思维能力和空间想象力。

远近视觉初步建立

父母一定还记得，宝宝在婴儿期的时候，总是手舞足蹈地去捕捉物体，却不能准确地知道物体的远近距离。不是把手伸得过近，就是伸得过远；不是把手抬得过高，就是抬得过低。宝宝看到天上圆圆的月亮时也会伸出小手去抓。

经过屡次尝试，宝宝的视觉和触觉建立起了密切的联系，逐渐形成了条件反射，准确度不断得到提高，终于产生了质的飞跃。宝宝基本上能准确地抓到他眼前的物体。

把玩具放在与宝宝有一定距离的地方，宝宝伸手够不到，会知道通过移动自己的身体，拉近与物体的距离，从而够到玩具。如果宝宝向前爬时，无意中抓起床单，床单带着玩具移动，拉近了玩具与宝宝的距离，宝宝会清楚地记住这个“秘密”。当玩具远离宝宝时，他会重新使用这个招数够到玩具，多么聪明的宝宝！

为了更清晰地看到物体，宝宝两眼一起凝视，常常形成“对眼”。物体距离宝宝越近，宝宝越容易“对眼”。所以，宝宝床前的挂铃要拿掉了。

在视觉发展的生理基础之上，宝宝也在日复一日地努力练习：移动身体，把手伸出，缩回，触碰，用眼观察。经过无数次的尝试，不断完善眼睛对远近不等物体的知觉和对物体远近的估算，宝宝逐渐建立起三维空间知觉。大约5岁时，宝宝的三维空间知觉得以巩固下来。

视觉是重要的感觉途径

提高宝宝视力是这个月视觉训练的主要任务。给宝宝玩的玩具要力求色彩鲜艳明快、颜色纯正，色彩对比清晰。视觉是极为复杂的感觉。在大脑中，有1/3的灰质细胞进行视觉信息的处理工作。所以，看东西靠的不仅仅是眼睛，更重要的是大脑。

对色彩的辨别

婴儿出生后就对光有感觉了，随后识别白色、灰色和黑色，5个月后开始辨认其他色彩，4岁时色觉逐渐发育完全。在可见光中，人的眼睛能辨别出约120种色调。宝宝认识色彩的过程是渐进性的，如果爸爸妈妈用多种颜色混杂的图案教宝宝认识色彩，会让宝宝感到迷惑，应该让宝宝逐一认识色彩，然后再把两种、三种、四种……多种不同颜色相互比较着认识。

视觉能力的整合

宝宝的视觉发育不是单一性的。如果只用眼睛看，没有大脑的分析，没有听觉、触觉、嗅觉、味觉、语言等因素的共同参与，宝宝的视觉就不可能真正发展起来，可谓“视而不见”。宝宝必须知道自己看到了什么，“看”才变得有意义。所以说，视觉能力训练、听觉能力训练、触觉能力训练等不是单一的训练，是不可分割的。

比如：妈妈训练宝宝的视觉时，把苹果拿到宝宝眼前，让宝宝看到苹果，如果妈妈不告诉宝宝这是苹果（运用听觉），不让宝宝尝一尝、闻一闻苹果的味道（运用味觉和嗅觉），不让宝宝摸一摸苹果（运用触觉），眼前的这个苹果对宝宝来说就没有任何意义，宝宝不可能真正认识苹果为何物。

需看医生的情形

如果宝宝听到爸爸妈妈叫他的名字时，不能很快地把头扭向爸爸妈妈的方向（宝宝正在聚精会神地玩游戏时除外），爸爸妈妈可以把一根白色细线放到一张白纸上，放到宝宝用手拿得到的距离，如果经过多次试验，宝宝仍然不能发现并用手试图拿起细线，请带宝宝看医生。如果发现宝宝有明显的内斜视和不明显的外斜视，也请带宝宝看医生。

适宜的照明度可以保护视力

照明度与宝宝视力保护

直视太阳光和裸露的灯光，会产生令人不舒服的眩目感。这是因为强光过度刺激了视网膜上的感光素，引起视觉功能降低、眼睛疲劳、眼球刺痛等，严重者还会引起头疼。所以，不要让宝宝直视太阳光和裸露的灯光。

光线强会损害视力，光线弱也会损害视力。光线弱时，瞳孔调节性放大，眼睛长时间地处于紧张状态，容易疲劳。

那么，什么样的光线既可以保护视力，又可以使人感到视物清晰、心情愉快呢？目前尚没有一个标准的尺度。一是每个人的眼睛所适应的范围不同，二是物体、环境、年龄、视力水平等诸多因素对人的影响不同。但是，可以确定的是，适宜的光线对宝宝眼睛的发育和视觉的发展都有着举足轻重的作用。

照明度与物体的大小

要想看到某一物体，包括文字、图画等，需要有一定的亮度。我们把光线照射某物产生的亮度，称为“照明度”。

通常情况下，照明度越强，视物越清晰；物体越大、越鲜艳、与所处背景对比度越大，视物越清晰。

显而易见，视物不仅与照明度有关，还与所视物体的大小、色泽、物体所处的背景等诸多因素有关。那么，照明度越强就越好，物体越大、越鲜艳、与所处背景对比度越大就越好吗？当然不是。不恰当地增加照明度，对宝宝视力的发展不但没有促进作用，还会产生不良影响。尤其是在宝宝看图或文字时，不但要求图文清晰、对比明显、色彩鲜艳，还要保证适宜的照明度。如果对比度大，照明度也比较大时，会使人产生目眩的感觉，可以借助台灯罩来调节环境光照。台灯灯罩所起的作用有两个：一是减少光线的眩目感，二是增加单位面积的照明度。

宝宝适宜在什么光线下玩耍

宝宝最适宜在自然光下玩耍，自然光是太阳光产生的。太阳光异常明亮，我们不能直接看太阳光，更不能让宝宝直接看太阳。

自然光不但能够让我们保持良好的视力，还有灭菌和兴奋中枢神经系统的作用。但自然光只限于白天，受时间、天气、季节、周围环境、建筑结构等因素的影响。所以，在自然光不充分的时候，需要借助人工照明来弥补自然光不足。荧光灯接近自然光，所以又叫“日光灯”，照明效率是白炽灯的四倍，是理想的人工照明。但荧光灯会产生较多的紫外线，长时间待在荧光灯下，神经系统会受到影响，对视觉神经处于发育阶段的宝宝的影响尤为明显。所以，幼儿不宜长时间处于荧光灯下，要尽可能在自然光线下玩耍、看书。

适合宝宝视觉发育的照明度

虽然自然光线能使宝宝保持良好的视力，但宝宝不可能只在白天玩耍，晚上宝宝也会和父母一起做游戏或看书。

如何保证宝宝晚上游戏或看书时的照明度呢？下面就以白炽灯为例，列举一下灯泡的瓦数到被视物体有多少距离，能达到适合宝宝视力发育的照明度：

※40瓦特的白炽灯泡距离宝宝玩耍处40厘米；

※60瓦特的白炽灯泡距离宝宝玩耍处60厘米；

※100瓦特的白炽灯泡距离宝宝玩耍处80厘米。

宝宝认知世界的基础

满13个月的幼儿尽管已经告别婴儿期，进入幼儿期，但在生理上还留有很多婴儿的特点。吃喝拉撒睡的问题在这个月仍然存在。从婴儿到幼儿，需要注意的不再仅仅是喂养问题，又增加了关于教育和培养的问题。

极强的模仿能力

与其说宝宝的能力是父母教的，不如说是耳濡目染模仿来的。孩子像父母，除了遗传因素，在很大程度上是模仿父母的结果。周围的人，特别是父母的言行举止对孩子有着潜移默化的影响。不想让孩子做的，父母首先不要做，比如在饭桌上玩手机；不想让孩子说的，父母首先不要说，比如不文明的话；不想让孩子看的，父母首先不要在孩子面前看，比如有刺激场面的电视剧。

重复是宝宝的兴趣所在

3岁前是幼儿大脑神经建立广泛联系的时期，宝宝的认知能力很强。父母要创造更多的机会让宝宝接触自然、接收各种信息。在日常生活中，通过一些宝宝感兴趣的游戏、亲子活动和娱乐项目，实现对宝宝的智力和潜能开发。

宝宝越小，注意力集中的时间越短，对一件事情和物品，包括玩具，保持兴趣的时间越短。但是，有一个现象与此恰恰相反，孩子越小，对感兴趣的事物和现象越容易着迷，越喜欢长时间重复它。比如：宝宝把东西扔到地上，爸爸捡起来放到宝宝手中，宝宝不由分说，立即会再次扔到地上。这样反复几次，甚至十几次，宝宝还是兴致勃勃的。当爸爸想停止这个“游戏”时，要找一个让宝宝更感兴趣的游戏，否则，宝宝可能会哭闹，要求爸爸继续玩这个“游戏”。还比如：妈妈给宝宝讲一个简单又有趣的小故事，宝宝会不断地让妈妈讲，一连几天都讲同一个故事。如果妈妈把故事中的某个情节或某一句话讲错了，宝宝马上就会指出来。

爸爸妈妈可以利用宝宝的这一特点，寻找宝宝感兴趣的事情，开发他的潜能。宝宝幼时快乐的经历，对身心健康有很大的帮助，爸爸妈妈请多给宝宝一些快乐的时光吧！不要用成人的眼光看待发展中的幼儿，不要以成人的思维模式揣摩幼儿，不要以成人的好恶判断幼儿该做什么、不该做什么，不要以成人的标准要求幼儿该怎么样。孩子喜欢玩泥巴，喜欢踩踏路面上的积水，喜欢把刚刚搭建起来的积木呼啦推倒，喜欢做爸爸妈妈不让做的事情，这就是幼儿。成人眼里的“脏、乱、差”“危险、有害”“破坏、捣乱”“不能、不要、不行、不可”是幼儿眼里的“好玩”“有趣”“快乐”。当然，爸爸妈妈并不能没有原则地

迎合孩子，而是要给宝宝创造相对安全的活动空间，尽量避免危险的发生，引导孩子不做危险的事。

好奇、冒险、求知、探索

强烈的好奇心、冒险精神、求知欲望和喜爱探索未知是孩子的天性。孩子的天性能否得到充分发挥，与父母的养育紧密相关。如果父母处处小心翼翼，不给宝宝创造发挥潜能的机会，宝宝的天性就会被遏制，甚至被泯灭。

许多父母最大的问题是事事代劳。其实，父母应该给孩子提供一个安全的成长空间、和谐温暖的生活环境，使幼儿的冒险精神和探索行动得以实现。

孩子的发现和探究是建立在“破坏”的基础上的，“不破不立”用在孩子身上非常贴切。孩子想知道玩具机器人为什么会“说话”，首先要做的就是拆开机器人，看看说话的人“藏”在哪里，而不是像成人那样，通过各种渠道查询。当然，这样说并不是要让孩子无所顾忌地去“破坏”，而是告诉家长，如果孩子“破坏”了某物，不能随意训斥、责怪孩子，这么做会剥夺孩子学习的机会，遏制孩子的创造力。

促进宝宝的智能发展

父母应更相信后天因素对宝宝智力的影响

先天遗传、后天培养、成长环境等诸多影响智力的因素，很难用百分比来确定其影响的力度。我认为，父母不如将努力放在可以控制的后天因素上，用心为孩子营造良好的生活空间和学习环境，对孩子施以良好的教育。同时，父母要相信榜样的力量，以身作则，给孩子信心，相信自己的孩子是很棒的。一个生活在幸福快乐环境中的孩子，会有更好的成长过程。

厨房禁地的欢乐

幼儿对日常生活中的事物格外感兴趣。电话、闹钟、遥控器、各种开关都能引起幼儿的兴趣。幼儿尤其喜欢厨房中的锅碗瓢盆。可是，为了安全，妈妈哪敢让孩子进厨房啊，在妈妈看来，厨房里到处都是危险！

其实经过认真处理，我们完全可以让厨房变得安全。宝宝可能接触到的电源插座用保护套封住；当你不能照看的时候，把电冰箱、微波炉、消毒柜等物品的门用透明胶带粘上，也可以用专用的儿童锁锁上；热水壶、盛有食物的锅等放在宝宝够不到的地方。除玻璃、陶瓷、筷子、刀叉以外的餐具，都可以让宝宝玩。让宝宝感受妈妈做饭的热闹，听到锅碗瓢盆的声音，闻到饭菜的香味，不但能让宝宝领略到生活的乐趣，刺激宝宝的脑细胞之间发生联系，还能刺激宝宝的食欲。让宝宝进厨房是很有益处的，爸爸妈妈既照看了宝宝，又做了家务，还开发了宝宝的智力和潜能。

鼓励宝宝涂鸦

几乎所有的幼儿都喜欢绘画，对随意尽情地涂鸦情有独钟。每个宝宝都有成为画家的潜质，都是绘画的天才。宝宝通过绘画可以锻炼手的灵巧性、对事物的观察能力和模仿能力、对事物的整合能力和再现能力，以及对色彩的欣赏能力和运用能力。

宝宝可能会在墙壁、桌布、地板、床单、衣服等所有能涂鸦的地方涂鸦，那不是宝宝的错，他不是要破坏，也不是有意捣乱。宝宝只是单纯地想用自己手中的笔画出最美丽的图画，用自己手中的笔展现他眼中的世界。如果不想让孩子到处涂鸦，父母可以给宝宝打造一个“画室”，在那里，宝宝可以尽情地涂鸦。

父母不需要手把手地教宝宝画画，应该让宝宝随心所欲地涂抹，这就是一种创造。父母需要做的是引导宝宝喜爱绘画，为宝宝创造自由绘画的条件，至

于画什么，父母无须限制。面对宝宝的杰作，父母只需赞美就是了。

带宝宝出游

父母可以带宝宝到稍微远的地方去游玩或踏青，让宝宝看看千姿百态的动物，领略春风扑面的感觉，看看参天大树，听听树林中小鸟的叫声。当宝宝看到生机勃勃的动物、满目翠绿的田野、在风中摇曳的小草时，他一定非常欢喜！

第三节　营养与饮食

给宝宝断奶进行时

母乳喂养最好能坚持到宝宝2岁。之所以提前讨论断母乳的问题，是因为有的妈妈在宝宝1岁时，要去上班，路途很远，还时常出差，难以坚持母乳，不得已只能断母乳。

不要伤及宝宝的情感

给宝宝断母乳，对一些妈妈来说并不是一件难办的事，对有的妈妈来说却是很大的麻烦。因为断母乳不单单是妈妈的事，还有宝宝的事。对于宝宝来说，吃不到奶水是小事，吸吮不到妈妈的乳头是大事。宝宝不接受断母乳，不仅是身体和生理上的需要，更多的是心理和情感上的需要——宝宝离不开妈妈的怀抱。所以，我不赞成采取强制措施断母乳。比如：在妈妈乳头上涂抹带有宝宝抗拒的味道的食物，涂上带有颜色的药水，贴上胶布，甚至让一直与宝宝同睡的妈妈突然离开宝宝。其实，不用这些强制手段，宝宝也不会一直吃妈妈的乳头。有些个别情况，采取一些措施并不是不可以，但能够用温和的方法解决的最好不用强制的方法，这样才不会伤害宝宝的情感。

自然断奶方式

大多数妈妈都能在不接受任何帮助的情况下，顺利完成断奶。通常情况下，无须医学介入的自然断奶方式，可按照以下步骤实施：

· 减少摄入可促进乳汁分泌的食物；
· 逐步减少给宝宝喂母乳的次数；
· 逐步缩短给宝宝哺乳的时间；
· 逐渐延长哺乳的间隔时间；
· 尽量不用乳头哄宝宝睡觉；
· 不用乳头哄哭闹中的宝宝；
· 不在宝宝面前暴露乳头；
· 不用喂奶的姿势抱宝宝；

· 增加爸爸或家里其他看护人看护宝宝的时间；
· 不给宝宝看有妈妈抱孩子喂奶的内容的图书、照片、电视画面；
· 给宝宝看有孩子自己吃饭的内容的图书、照片、电视画面；
· 减少用儿语和宝宝说话的频率；
· 在宝宝的玩具中增加餐具玩具，或给宝宝玩食物餐具；
· 乳房发胀时，用吸奶器吸出乳汁，不要让宝宝看到吸乳过程；
· 准备宝宝喜欢的食物，将宝宝的饮食兴趣引到饭菜上去；
· 让宝宝自己拿着奶瓶喝奶；
· 如果宝宝的小床紧挨着你们的大床，让爸爸靠宝宝小床一边。

医学介入断奶方式

有的宝宝非常依恋妈妈，没有妈妈的乳头就不睡觉，看不到妈妈就拼命哭闹，在没有完全断奶时，妈妈就放弃了。因为有前面被剥夺吃母乳的教训，宝宝会更加珍惜这“来之不易”的胜利，断奶就成了一大难题。遇到这种情况，我通常建议妈妈采取怀柔政策，让宝宝慢慢地忘记他“心灵上的伤害”，重新感受躺在妈妈怀中吃奶的幸福，再采取循序渐进的方式逐步断奶。听从母亲的本能和感受，采取妈妈认为恰当的方式解决，一定会顺利断母乳的。

一旦减少哺乳，乳汁很快就没有了，大多数妈妈根本不用吃回奶药。如果你的乳汁还有不少，我的建议是吃维生素B6或炒麦芽。吃激素类回奶药物，尽管对乳汁没有多大影响，妈妈还是会有些顾虑的。

断奶时宝宝夜啼

断奶最大的困难可能就是晚间睡觉问题。有些宝宝已经习惯于晚上吸着妈妈的乳头入睡，半夜醒来，只要妈妈把乳头往宝宝嘴里一放，宝宝吸几口奶，很快就会再次入睡。妈妈靠自己的乳头哄宝宝睡觉，断奶时大多会遇到困难。

怎么办？没有适合所有宝宝的最好方法，妈妈可根据具体情况自己决定。如果妈妈不再和宝宝一起睡，宝宝哭几声，其他看护人哄一哄、拍一拍，宝宝就能再次入睡，那是再好不过的。就这样坚持几天，断奶一定会成功。当宝宝醒来时，妈妈或其他看护人采取其他方法也能让宝宝再次入睡，宝宝没有长时间撕心裂肺地哭闹，碰到如此省心的宝宝，断母乳也不成问题。如果妈妈刚刚计划断奶，可以尝试着在宝宝半夜醒来时，不用母乳，而是用配方奶喂宝宝，会为顺利断奶打下基础。

断奶时预防乳腺炎

不要让你的乳房发胀。如果吸奶器不能解决乳房发胀问题，你要毫不犹豫地让宝宝吸吮你的乳头，帮助你解决乳胀问题。如果你的宝宝哭闹只能用你的乳头解决时，你暂时先这么做，长期给宝宝养成的习惯，不要奢望在短时间内甚至一夜之间纠正过来。拉锯式的断奶并不一定糟糕透顶，适合你和宝宝的方法就是最好的。

在断奶过程中发生乳腺炎的可能性仍然存在，如果妈妈采取突然断奶的方式，而此时妈妈的乳汁还不少，可能会引起乳汁淤积，乳汁淤积是引发乳腺炎的原因之一。所以，在断奶期间，最好不采取突然让宝宝停止吸吮的方式，要定时用吸奶器吸奶，如果乳汁比较多，要吃回奶药。

患乳腺炎的典型症状是乳房胀痛和发热。一旦你的乳房有胀痛感，就要马上监测体温，用硫酸镁进行热敷，及时看医生是非常必要的。

母乳仍然是最好的乳类食物

常有妈妈因宝宝不喝配方奶看医生，我问她为什么要喂配方奶，妈妈会说，

“听说6个月以后的母乳就没什么营养了”，或者说，“孩子都1岁多了，喂母乳没啥用了”，这些说法都是错误的。

母乳可以提供6个月以内婴儿生长发育所需的所有营养，不需额外添加任何食物。6个月以后，除了母乳，还需要给宝宝添加婴儿辅助食物。1岁以后，乳类食物逐渐成为幼儿众多食物中的一种，但仍然是必需的。母乳仍是幼儿最佳的乳类食物，只要有条件喂母乳，妈妈不要放弃母乳喂养，最好能坚持到宝宝2岁。

搭配合理的膳食结构

这个月龄段的幼儿每天应吃10种以上的食物。包括母乳或配方奶、粮食、蛋肉、蔬菜、水果。其中，粮食占饭菜总摄入量的50%、蛋肉占25%、蔬菜占25%。如果是母乳喂养，除一日三餐外，其他时间可喂母乳，通常可在晨起、午睡后、晚睡前喂母乳。如果妈妈已经上班，在妈妈上班期间可给宝宝喂饭和水果，妈妈下班后尽量维持母乳喂养。水果最好上午吃，摄入量接近一日的蔬菜量。

可以这样安排宝宝的一日三餐

※ 早晨醒来，先喂20~30毫升水润润嗓子，再喂母乳或配方奶；

※ 活动半小时后开始喂早餐；

※ 上午户外活动，活动间歇时间喂水果和白开水；

※ 宝宝室内玩耍，给宝宝准备午餐；

※ 午餐后，活动一会儿；

※ 午睡；

※ 起床后，先喂20~30毫升水润润嗓子，再喂母乳或配方奶；

※ 下午户外活动，活动间歇时喂白开水或小零食；

※ 宝宝室内玩耍，给宝宝准备晚餐；

※ 晚餐后，室内活动，准备给宝宝洗澡；

※ 洗澡后，先喂20~30毫升水，再喂母乳或配方奶；

※ 活动一会儿，准备睡觉。

入睡后最好不再给宝宝喂奶，如果宝宝习惯半夜醒来喝奶，可以继续喂奶。

一天食物搭配举例

※粮食2种：小米、白面，大米、燕麦，紫米、玉米面。

※肉蛋2种：鱼肉、鸡蛋，虾肉、鹌鹑蛋，猪肉、鸡蛋，鸡肉、鱼肉。

※蔬菜3种：绿叶菜如白菜、菠菜、芹菜、芥菜、木耳菜、生菜、香菜等任意1种，果实类如西红柿、甜椒、黄瓜等任意1种，根茎类如莴苣、笋、萝卜、胡萝卜、土豆、藕、山芋等任意1种。

※水果1~2种：橘子、苹果、葡萄、樱桃、草莓等任意1~2种。

※奶1种：母乳或配方奶。

经常有妈妈问我：到底该给孩子吃多少食物？其实，这个问题由孩子回答最合适。幼儿知道饱饿，吃饱了自然就不吃了，即使妈妈再喂，宝宝也不会再吃。

妈妈常为给孩子做饭发愁。其实，只要妈妈会做饭，就能给孩子做饭吃。不同的是孩子还小，咀嚼和吞咽能力以及消化能力比成人弱些。所以，给宝宝做的饭菜要比成人吃的软烂些，油盐酱醋等调料尽量少放，孩子的饭菜不要过于油腻，少采用油炸、油煎、烧烤、涮等方法，多采用蒸、炖、煮、炒等烹饪方法制作菜肴。妈妈还常常发愁给孩子做什么饭菜。其实，幼儿可以吃绝大多数种类的食物了，除了刺激性强的辣椒，几乎都可以做给孩子吃，应季蔬菜和水果更好。

适合幼儿的膳食习惯

·养成每日喝奶的习惯，能母乳喂养继续母乳喂养到2岁，不能母乳喂养的，给宝宝每天提供配方奶500毫升或鲜奶370毫升。早晚喝奶比较好，如果一次喝奶量少，达不到每日所需，可在午睡后喝奶。如果不喜欢喝配方奶或鲜奶，可以用酸奶、奶酪等奶制品代替部分配方奶或鲜奶。

·养成不挑食、不偏食、不嗜食的良好饮食习惯。少吃快餐食品，少喝饮料，不能以饮料代替白开水。给宝宝喝鲜榨果汁不如给宝宝直接吃水果，这样更能保证水果中营养素的摄入。

·1~2岁的幼儿需要特别呵护。幼儿身体发育迅速，需要吸取多种营养物质，但是他的胃肠还不够成熟，消化能力也不强，胃的容量只有250毫升左右，牙齿正在长，咀嚼能力也有限，故应增加进餐次数，提供富有营养的食物，食物的加工要细。即使是宝宝最喜欢吃的食物，也要适度喂养，不能暴饮暴食。对宝宝不喜欢吃的食物，要耐心培养宝宝的兴趣。

·每日供给奶或奶制品、蛋或蛋制品、半肥瘦的禽畜肉、肝类、加工好的豆类以及切细的蔬菜类。每周吃1~2次动物血、3次海产品。尽可能给宝宝吃应季的蔬菜水果，新鲜很重要。购买动物血、海产品和肉类时，一定要到正规商家，选择有产品合格检验标志、新鲜无异味的。

·鼓励宝宝自己进食，培养宝宝集中精力进食的习惯，吃饭时不随意走动。不浪费粮食，吃多少盛多少，不剩饭菜。口中有饭时不说话、不走动。

·定期测量身高和体重，做好记录，以便了解宝宝的发育情况，及时发现缺铁性贫血。如果宝宝过胖，应适当调整饮食结构，改变不良的饮食习惯，不吃油炸、油煎和高热量、高盐的快餐食物。把测得的数值标记在《身长、体重百分位曲线图》上，观察曲线趋势，如果宝宝的生长曲线明显偏离了正常曲线，要向医生咨询。

一天食谱举例

※6：00~7：00 喝奶，有母乳就喂母乳15~30分钟，没有母乳喂配方奶200~250毫升。

※8：00 早餐：蛋羹（鸡蛋1个，少许浸泡去盐的海米并剁碎，小西红柿2个去皮捣碎放入蛋羹中，与蛋羹一起蒸），奶油面包。

※9：00 喝水。

※10：00 吃半个苹果。

※12：00 午餐：软米饭半婴儿碗，碎菜炒猪肉末，银耳大枣汤1/3婴儿碗。

※15：00 酸奶水果捞150~200毫升。

※17：00 晚餐：三鲜馅馄饨一婴儿碗（对虾1个剁碎，鹌鹑蛋2个，香菇和油菜占馅的一半），汤中放入少许虾皮末、香菜末。

※20：00 母乳或配方奶200~250毫升。

（注：如果晨起没喝奶，上午可加奶酪50克。）

培养宝宝健康的饮食习惯

咀嚼吞咽能力与固体食物

早在婴儿期，妈妈已经可以尝试着给宝宝吃一部分软固体食物了。现在，宝宝进入幼儿期，如果妈妈还不敢给宝宝吃固体食物，不但会使宝宝的乳牙萌出时间推迟，还会影响宝宝咀嚼和吞咽能力的发育，尤其是咀嚼和吞咽协调能力的发展，导致宝宝日后吃饭困难。另外，宝宝的咀嚼和吞咽协调能力，与语言发育关系密切。如果添加固体食物过晚，宝宝咀嚼和吞咽的协调能力发展得不好，语言发育也会受到一定程度的影响。

宝宝进食固体食物初期，可能会反复把食物吐出来，有的宝宝会呛到，父母切莫因此就不敢给宝宝吃固体食物了。宝宝吃固体食物也是需要锻炼的，父母要给孩子锻炼的机会。宝宝进食固体食物时，父母要注意防止气管异物。不要给孩子吃脆硬的豆类或菜丁；米饭中的豆子一定要保证煮得很烂；不给花生、瓜子等坚果类食物；吃饭时，不要逗笑孩子；不能让孩子边跑边吃。

从13个月到18个月这半年中，宝宝的营养和喂养方面主要的变化有以下几点：从以奶类为主，逐渐过渡到以谷物为主；从不定期进餐，到规律进餐；从妈妈喂饭，到自己拿勺吃饭；从由妈妈单独喂饭，到和家人同桌进餐，逐渐建立起一套健康的饮食习惯。

良好的进食习惯需要培养

随着月龄的增加，宝宝开始对食物有了选择：不喜欢吃的，可能一口也不吃；喜欢吃的，会吃到吃不进去为止。吃饭时，宝宝开始受外界因素影响，任何响声、任何事情都能让宝宝停止吃饭。宝宝开始喜欢边走边吃、边玩边吃，有时还会故意把饭菜吐出来，或吹泡玩。

良好的进食习惯需要培养。从现在开始，父母一定要帮助宝宝建立良好的进食习惯。每次进餐时，都要让宝宝坐在餐桌前，没吃完饭就不能离开餐桌。如果宝宝要活动，就只能围着餐桌走动。父母想改正宝宝边玩边吃的坏习惯，餐桌上最好不要放与进餐无关的东西，尤其是玩具。不要让宝宝边吃饭边看电视，这个习惯对宝宝进餐有很大的影响。幼儿可以和家人一起围坐在餐桌前进餐，增加进餐兴趣，培养一日三餐的好习惯，但要单独给宝宝做饭。千万不要到处追着宝宝喂饭，如果宝宝离开餐桌，就把宝宝抱回来，再开始喂饭。让宝宝自己拿勺吃饭，会增加宝宝吃饭的欲望，要给宝宝自己吃饭的机会。如果宝宝还不能自己完成吃饭，妈妈可以喂饭，但也要让宝宝自己拿着勺吃。

良好的饮食习惯需要培养

喜甜是孩子的天性，所以，想让宝宝喜欢喝白开水，从宝宝出生那天开始，就要给宝宝喂白开水。饮料中所含的糖、色素、香料、防腐剂及其他人工添加剂，对宝宝有害无益。养成喝白开水的习惯，对宝宝的健康和牙齿发育都有好处。

在超市购买的儿童食品、休闲食品等属于零食，不要毫无限制地给宝宝吃。宝宝通常很喜欢吃零食，因为大多数零食是甜的，一些零食并不符合宝宝的营养需求，不能用零食填充宝宝的肚子。把零食作为外出或餐间的一点儿补充，给宝宝一些意外惊喜和快乐就足够了，绝不能让零食影响了宝宝的正常饮食。

宝宝的胃容量还不够大，少食多餐仍是本月龄宝宝的特点。所以可以给宝宝一天吃三次正餐，上午、下午加餐两次，睡前喝奶。水果、酸奶、海苔、饼干等可当作加餐零食。

第四节 日常生活护理

不成问题的睡眠问题

在《郑玉巧育儿经·婴儿卷》（全新第五版）中，关于睡眠的问题我们谈了很多。大多数父母已经帮助孩子养成了良好的睡眠习惯。但是，有的父母仍然很烦恼。以下就是父母经常遇到的宝宝睡眠问题：

· 有的宝宝并不像父母希望的那样，一觉睡到天亮；

· 有的宝宝睡觉很不踏实，总是翻来覆去，甚至满床打滚；

· 有的宝宝白天睡觉一会儿就醒，有人抱着才能睡得久一些；

· 有的宝宝后半夜还要起来喝奶，不喂就睡不踏实，甚至哭闹；

· 有的宝宝到了晚上特别精神，熬得父母都睁不开眼了，宝宝却没有一点儿睡意；

· 有的宝宝睡前闹得很厉害，费尽九牛二虎之力才能哄睡；

· 有的宝宝一晚上都依赖着妈妈的乳头，吸上几口就安静入睡，离开奶头就睡不踏实；

· 有的宝宝明明“有尿”但还是会折腾来折腾去，把尿就哭，不把尿就没完没了地折腾。

值得注意的是，上述宝宝的诸多睡眠问题，绝大多数不是宝宝自身的原因，而是父母养育方式不当的结果。如果从一开始，父母就注意规避，这些问题就不会存在了。所以，我在“新生儿”一章用了很多文字谈这个问题。如果幼儿还未养成良好的睡眠习惯，从现在开始一点点地改变也不晚。

训练尿便的基础

父母的疑问

※ 宝宝什么时候能够控制尿便？

※ 宝宝控制尿便的能力是随着年龄的增长而自然拥有的吗？

※ 有没有更快的办法让宝宝能够控制尿便？

※ 宝宝学不会控制尿便是不是不够聪明?

宝宝能够控制尿便的年龄存在着显著的个体差异，有的宝宝1岁半就能告诉妈妈他要尿尿，有的宝宝要到3岁左右才能控制尿便。

毫无疑问，宝宝具有自我控制尿便的潜在能力，随着年龄的增长，在周围人潜移默化的影响下，在父母的告知中，宝宝会逐渐学会控制尿便。学会控制尿便是宝宝成长中的一个过程，不会一蹴而就，父母要尊重孩子的生长发育规律，顺着孩子的成长规律给予帮助和引导，切莫揠苗助长。

控制尿便与宝宝聪明与否没有必然关系。幼儿有很强的模仿能力，如果家中有哥哥姐姐，宝宝能通过模仿更快地学会控制尿便。有的宝宝先会控制小便，有的宝宝先会控制大便，有的宝宝在差不多的时间同时学会控制尿便。如果与宝宝同龄的小朋友都能控制尿便了，可你的宝宝还不能很好地控制尿便，千万不要过分担心，更不要让宝宝感受到你觉得他是个笨孩子，让宝宝有挫败感，也切莫采取激烈的办法训练。

发现宝宝有尿便的征兆要及时帮助

· 宝宝突然停止玩耍，很可能是有尿便了。如果妈妈及时帮助，会更容易顺利地让宝宝把尿便排在便盆中。

· 宝宝面部表情发生了某种变化，脸发红，或眼神发呆发直。妈妈要想到，宝宝可能要排尿便，及时帮助宝宝把尿便排到便盆中。

· 宝宝有大便时，常常会发出“嗯、嗯”的声音。妈妈听到了宝宝发出的信号，可要及时帮助宝宝哟!

· 正在行走的宝宝突然站在那里不动了，很有可能是要排尿便。妈妈适时的帮助会帮宝宝顺利地把尿便排在便盆中。

· 宝宝把两腿叉开，或蹲下来使劲，很有可能是要排便。这时妈妈可把便盆拿过来，让宝宝坐在便盆上。如果宝宝拒绝，妈妈也不要强求。

父母通过观察宝宝排便前的这些表现，帮助宝宝把尿便排在便盆中，并不能证明宝宝已经能控制尿便了。但是，当宝宝有了这些迹象时，父母就可以开始着手帮助宝宝学习控制尿便了。帮助宝宝练习控制尿便，一定要建立在宝宝愿意接受的前提下，如果感到情况不妙，应马上停止，再等一段时间。

没有一成不变的训练方法

妈妈或其他看护人可根据宝宝的接受情况找到适合的方法。每个宝宝的接受能力不同，对尿便训练的反应也有所不同。如果一味地强调必须使用的方法，可能会给宝宝练习控制尿便带来不少麻烦。我有如下几点建议供参考。

◎ 帮助宝宝控制排尿

· 父母要留意观察宝宝排尿前的征兆。

· 给宝宝准备一个漂亮好拿的小便盆，宝宝会把他的小便盆当作玩具。父母要常说，这是专为宝宝准备的便盆。慢慢地，当宝宝有尿时，他会主动把尿排在便盆中。

· 不要一天24小时让宝宝穿着纸尿裤，这样不利于宝宝学会控制尿便。父母可根据自己的判断，适时取下纸尿裤，告诉宝宝有尿时坐在便盆上。如果是男宝宝，可以让宝宝自己端着小便盆站立着排尿。

· 当宝宝把尿排到便盆中时，父母要及时鼓励宝宝做得好。这个月龄段的宝宝开始学会讨父母喜欢，只要是能得到父母赞赏的事就愿意重复去做。

· 这个月龄段的宝宝不能控制尿便再正常不过了。不要批评宝宝把尿便弄到裤子里，如果父母总是批评孩子，孩子会有挫败感，能控制尿便的时间就会更晚。

◎ 帮助宝宝控制排便

对于这个月龄段的宝宝来说，父母扮演的角色是帮助者，而不是训练者。当然，帮助也只是试探性的。这个月龄段的幼儿，大便次数不再像婴儿期那么多了，大多是每天1~2次，或两天1次。宝宝喝得多，尿得也多；吃多了，大便次数和量也会增多。父母不必为哪天尿便多点儿或少点儿而焦虑，更不要动辄认为宝宝有病，带宝宝去医院。如果父母担心宝宝有问题，可先带尿便到医院去化验，减少宝宝去医院的次数，避免可能会遭受的交叉感染。

虽然早晨起床后排便比较好，但是，每个宝宝的排便习惯不同，你的宝宝什么时候排便，要根据宝宝的具体情况而定。如果宝宝无论如何也不接受早晨排便的安排，晚上或中午排便也不是错误。可给宝宝准备一个漂亮的小坐便器，放在卫生间里，爸爸或妈妈带着宝宝一起如厕，发挥宝宝极强的模仿能力。

不同季节的护理要点

不同季节、不同月龄的护理要点是相对的

有些护理要点对这个月的宝宝是重要的，对下个月或上个月的宝宝来说也是重要的。为了避免重复，就不在每一章中赘述了。父母除了看一看本月的护理要点外，也可把临近几个月的护理要点粗略地浏览一下。

宝宝的生命是不可分割的整体，不同月龄间存在着极其密切的联系。但与成年人不同的是，宝宝在成长的不同阶段，又有着明显的不同。如果不进行这种划分，父母就难以抓住宝宝生长发育和成长过程的关键问题及需要特别注意的地方。所以，父母既要有一个贯穿始终的育儿理念，也要注重不同时期的问题。

◎ 春季

春暖花开时节，要让宝宝亲历自然，看一看泛绿的小草，瞧一瞧刚刚长出嫩芽的树枝，观一观河水中游动的小鱼。让宝宝走出房间，走出童车，踩一踩松软的大地，呼吸一下新鲜的空气。宝宝对自然充满着向往，总会指着门让家长带他出去玩。这里给父母如下建议：

· 不要因为有干不完的家务活就把宝宝困在室内；

· 不要因为怕宝宝冻着而把宝宝捂在家里；

· 在扬沙天气或空气质量比较差的时候不宜带宝宝到户外活动；

· 春季干燥，注意及时给宝宝补充水分，白开水是最好的；

·“春捂秋冻”有一定的道理，不要过早地给宝宝增减衣服；

·冬春季节交替的时候，温度波动大，要根据温度变化及时给宝宝调整衣物；

·最好在早晨起来时决定给宝宝穿多少、穿什么，中途增减衣服容易使宝宝感冒；

·春季北方湿度小，要注意保证室内湿度，可使用加湿器；

·过敏体质的宝宝，春季可能会对花粉、柳絮等过敏，避开柳絮飞舞的区域，户外活动后要给宝宝洗脸洗手；

·春季易患疱疹性咽峡炎，此病是病毒感染，发热3~5天，症状是咽部疱疹、流口水，宝宝喜流食和温凉食物，1周左右自愈。体温过高时，要控制体温，无须使用抗生素。

◎ 夏季

·1岁以上幼儿仍会有臀红和尿布疹，夏季最好不要一天24小时使用纸尿裤，白天可以给宝宝穿纯棉短裤，尿了要及时更换。

·勤洗澡是最有效的防痱子方法，如果宝宝总是满头大汗，浑身汗津津的，就很容易出痱子。如果初夏宝宝就开始起痱子，到了伏天，痱子会更厉害。防痱子的方法有很多，如用十滴水、金银花、艾叶等洗澡。如果宝宝已经出了痱子，就要勤洗澡，室温不要超过28℃，到户外活动时要避免阳光暴晒，应选在早晚凉快的时候外出，并采取防晒措施。

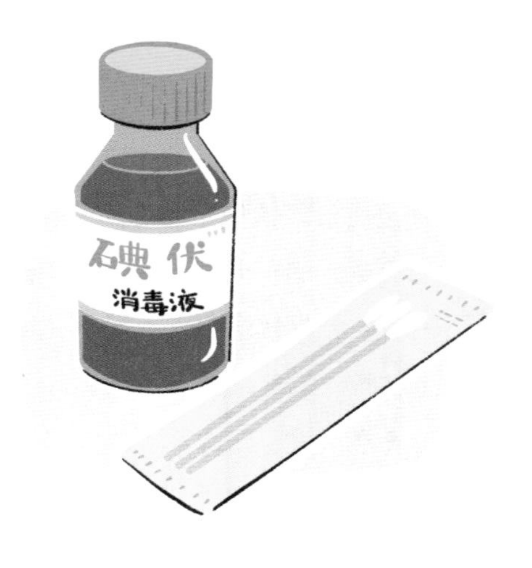

·宝宝皮肤擦伤后，不能直接在伤口上涂药，必须先用碘伏消毒，把伤口上的尘土和沙粒清理干净后再涂药。如果皮肤完全擦掉或有伤口，就需要由医生处理。

· 宝宝身上有伤的时候，洗澡要特别注意，在伤口处贴上防水创可贴，洗澡后更换新的创可贴。也可以分步洗，或用湿毛巾擦洗。

· 夏季宝宝出汗多，水分蒸发快，要注意补充水分，每天最好喝300~400毫升的白开水。

· 可以使用电蚊香防蚊虫叮咬，最好不用烟熏蚊香。用蚊帐是最安全的，但宝宝可能会把身体贴在蚊帐上。可在床上放置高度约为50厘米的防护围，以免蚊子隔着蚊帐叮咬宝宝。

· 一向吃得很好的宝宝，到了夏季食量可能会减少，父母不要强迫宝宝吃，天气凉下来后，宝宝自然会恢复食量的。父母要相信宝宝有自我调节能力。

· 苦夏的孩子，体重增长减缓，父母不要着急，更不能因此逼迫宝宝吃，尽量给宝宝准备易消化的可口饭菜。如果宝宝食量特小，体重增长缓慢，可给宝宝吃些助消化的药物。如果体重增长过于缓慢甚至不长体重，请向医生咨询。

· 一定要在夏季来临前接种乙脑疫苗。乙脑就是人们常说的大脑炎，并没有绝迹，一定要给宝宝接种疫苗。如果因故错过接种，要及时补种，并注意防止蚊虫叮咬。

· 夏季容易患细菌性肠炎，要注意宝宝的饮食卫生，不吃隔夜饭，不喝隔夜水。吃瓜果梨桃前要洗干净，用淡盐水浸泡几分钟，再用清水冲洗一下。

◎ 秋季

对于幼儿来说，秋季是黄金时节，宝宝告别了酷暑和蚊蝇的袭扰，食欲开始增加。父母可充分利用这段时间给宝宝补充营养，带宝宝到户外活动，让宝宝领略秋天的风光。

父母可不要认为宝宝没有欣赏能力。宝宝在宜人的环境中，心情愉悦，情绪稳定；在喧闹、燥热、污浊、杂乱无章的环境中，会烦躁不安，不能安稳入睡，吃饭也不香甜。父母带宝宝到自然中去比到人声鼎沸的超市、商场或儿童游乐场要好得多。

秋季宝宝较少生病，到了秋末冬

初，有患轮状病毒性肠炎的可能。口服过轮状病毒疫苗的宝宝会获得免疫力，即使患了肠炎，症状也大多比较轻。轮状病毒性肠炎属自限性疾病，自然病程1周左右，主要症状是呕吐、发热、腹泻，大便呈蛋花汤样或米汤样。治疗关键是补充口服补液盐，辅助治疗有益生菌和锌剂，抗生素无效。

◎ 冬季

冬季是幼儿呼吸道感染的高发季节，尤其是1岁多的幼儿，正处在容易生病的阶段。如果宝宝总是感冒，经常咳嗽、发烧、流鼻涕，父母通常会不断地给宝宝加衣服，生怕宝宝受凉。结果是，宝宝整天汗津津的，更爱生病，越生病越捂，越捂越爱生病。这是因为，宝宝穿得多，局部环境温度高，而整体环境温度低。宝宝处于冷热不均的环境中，哪能不感冒呢？要让宝宝处于温度相对恒定的环境中，不要让室内外温差太大，不要把孩子捂得满身是汗。耐寒锻炼是提高宝宝呼吸道抵御能力的有效方法。

如果宝宝只是流鼻涕、打喷嚏，父母就不要急于给宝宝吃药，尽量依靠宝宝自身的免疫力抵御感冒病毒的侵袭，这样宝宝的抵抗力才能越来越强，身体才能越来越好。

如果宝宝只是发热，父母也不要急于给宝宝降温，其实体温升高是为了降低病毒复制速度，抑制病毒繁殖，是对身体的保护。只有在体温过高时，才使用退热药，且要掌握剂量，不要让宝宝体温忽而降至正常，忽而升至很高，这样不利于宝宝康复。先将体温控制到37.5℃~38.5℃之间，宝宝既不会因高热惊厥，也不会帮助病毒加速复制。

如果宝宝咳嗽痰多，切记不要急于服用止咳药，咳嗽是清除呼吸道垃圾最好的方法。听到宝宝喉咙中有痰时，父母可及时拍背，帮助宝宝咳出痰液（痰液多是被宝宝咽到胃部，随粪便排出体外）。如果咳嗽剧烈，影响睡眠和进食，父母可选用祛痰药，而不是镇咳药，雾化吸入药物比口服药物效果更佳。

感冒病程需要1周左右，父母要耐心等待，不要急于给宝宝服用抗生素，甚至打针、输液。

婴儿期没出过幼儿急疹的，1岁后仍有出幼儿急疹的可能。所以，如果宝宝除了发热，没有任何异常症状，父母一定要沉住气，不要给宝宝施加剧烈治疗措施，耐心等待疹子出来，宝宝体温过高时适当给他服用退热药即可。

带宝宝出游

随着宝宝月龄的增加，爸爸妈妈可以带宝宝做一些户外活动，不仅仅是在小区走走，还可以带宝宝去一些公共场所，如动物园、游乐场、百货商场、超市等。爸爸妈妈也可以带宝宝到有小朋友的人家中做客，带宝宝到早教中心和更多的宝宝玩耍、参加一些开发潜能的训练。

让宝宝走出家门，到大自然中去，到社会中去，这是非常好的。让宝宝充分接触大自然，接触不同的人和事，是开发宝宝智力的最佳方式。然而随着环境的改变和接触人员的增多，宝宝生病的频率就高了，但大多是小恙，爸爸妈妈无须大动干戈，给宝宝吃很多药，频繁去医院。带宝宝外出时，卫生、冷暖等问题是爸爸妈妈应该特别上心的。

父母一般不会带1岁多的幼儿进行长时间的出游，因此我给出的是3天以内的行程方案。

为宝宝准备食物

1岁多的幼儿不再以母乳为主，需要一日三餐；外出旅游时，妈妈不能得到很好的休息，奶水可能会减少；外出购买食物，宝宝可能会对食物产生过敏，也可能会拒绝吃买来的食物。所以，要带够宝宝吃的食物，以免给旅途生活带来很多不便。

如果没有母乳，一定要带上宝宝平时喝的配方奶和其他奶制品。在旅途中，奶不但能够提供足够的营养，食用也比较方便。如果宝宝喝配方奶粉，一定要准备一个密封好的旅行热水瓶和盛温开水的水瓶，并带足需要的水。带上奶瓶和小包装的配方奶粉，当宝宝想喝奶时，随时给宝宝冲奶。

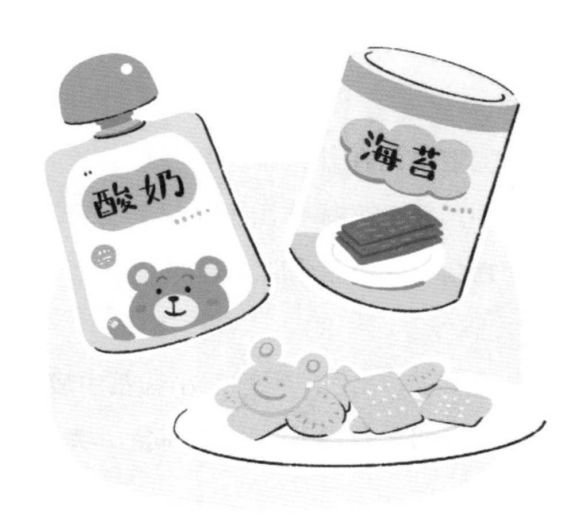

如果乘私家车旅行，车上配有冰箱的话，可带上宝宝喜欢喝的酸奶和喜欢吃的奶酪。带些适合这个年龄段幼儿吃的零食，宝宝厌倦时吃点儿零

食，会变得兴致盎然。不要带宝宝从来没吃过的食品，以免过敏。最好的零食是水果，方便剥皮的水果比较好，还有酸奶、饼干、海苔等。

饭店里适合幼儿吃的饭菜非常少。你可以请厨师为宝宝做一点儿适合孩子吃的饭菜，嘱咐厨师少放油和盐，给宝宝做得软些。另外，不要让厨师淋明油，以免引起宝宝腹泻。

宝宝忍耐力有限，一旦饿了，就要马上吃饭，给宝宝带上即食食品是个不错的选择。现在有不少适合幼儿吃的即食食品，父母可选择几种带在路上。注意一定要在服务区或可停靠汽车的地方，把车停下来让宝宝进食，以免宝宝呛噎造成气管异物。

为宝宝准备衣物

尽可能多地给宝宝带些衣物，这会给你带来很多方便。路途中不知道会发生什么事：宝宝可能会在玩耍中弄湿衣服；奶水洒在衣服上；在饭店就餐时，打翻了饭菜，弄脏了衣服；等等。总之，要多带一些衣服和纸尿裤、纸巾等日常用品。

尽管有未来一周的天气预报，也要做好天气变化的准备。天气可能会突然变冷，也可能突然转暖，可能出现阴雨，也可能出现扬沙。宝宝会随时睡觉，无论在车上，还是在游玩的风景区，你要随时为宝宝准备铺的、盖的，可以把一床小被子放在车里。到达目的地后，如果你把车停在距离你逗留的地方比较远的停车场，就要把宝宝的衣服和被褥放在旅行袋中随身携带。靠垫和抱被两用的多用途产品是很方便的。

为宝宝准备小药箱

宝宝出门在外，难免会生病，这是最令父母着急的事。在找到医院前，自带的小药箱就发挥作用了。尽管父母不是医生，但有些小的病症父母还是能够初步判断，并给予临时处理的。

小药箱中应该装些什么？

※外用：体温计、消毒棉签、碘伏、创可贴、外用的抗过敏药膏、止痒剂、

防蚊剂、蚊虫叮咬剂、生理盐水（皮肤创伤后清洗用）、免洗消毒液；

※退热：儿童用布洛芬或对乙酰氨基酚；

※针对腹泻、呕吐：口服补液盐。

另外，带上你们能够联系到的医院和医生的电话号码。

预防意外

室内容易出现的意外

· 从床上摔下来；
· 从楼梯上摔下来；
· 从窗台上摔下来；
· 从窗户上摔出去；
· 从家用大型儿童玩具上摔下来；
· 学步车倾翻使宝宝摔伤或夹伤；
· 小的陈列柜倾倒砸伤宝宝；
· 在浴盆中打滑摔伤；
· 宝宝拿到药瓶，把药吃进肚子里；
· 用手去抠电源插座；
· 手指卡在玩具或家庭用具的孔眼中；
· 把矮柜上的台灯拽了下来被砸到，更危险的是触电；
· 把煤气开关打开；
· 把工具箱打开，拿着危险工具乱舞；
· 把水果刀、剪刀拿在手里；
· 把桌布拽了下来，桌布上有热水瓶或热汤；
· 拧开了热水器的开关；
· 拧开了装有洗涤液、洗发液、香水或化妆品的瓶子，并把它们当作饮料喝了；
· 用铁制玩具或坚硬的东西砸电视屏幕或镜子；
· 走到盛满水的盆或桶前，宝宝能够把头伸过去，或站到小凳上试图玩水；

·把很热的熨斗放到孩子能摸到的地方，孩子会站在小凳子上，通过拉拽连在熨斗上的电线把熨斗拽下来；

·烟灰缸里的烟蒂被宝宝吃到嘴里；

·家里养了很多花草，但没有考虑是否有毒、有刺；

·宠物并不总是对你的孩子友好，你也不能保证孩子不去招惹它；

·抱着孩子喝热茶、热咖啡、热水；

·玩具上的零件、衣服上的纽扣被宝宝抠了下来，送到嘴里；

·糖豆、瓜子、花生等可能被宝宝塞到鼻孔中，也可能会卡在宝宝的喉咙中；

·边跑边吃的宝宝，嘴里的东西会卡在气管里；

·宝宝自己吃果冻、妈妈喂宝宝吃果冻，都可能会堵塞宝宝的呼吸道；

·有硬度、有长度，能放到嘴里、鼻孔中、耳朵眼中的东西被宝宝拿到，他就会真的把它放进去。如果拿着这样的东西跑，可能会戳到眼睛，如筷子、牙刷、树枝、小木棒、笔等；

·幼儿不但喜欢水，更喜欢火，不要把火柴、打火机、天然气灶打火器等放到宝宝能拿到的地方。

户外容易出现的意外

·滑入小河沟、水坑；

·受到别人的宠物攻击等；

·游乐场并不都是安全的，也存在一定的安全隐患；

·在道路上可能遭遇楼上抛物或物体跌落，井盖缺失，失去控制的车辆，比较深的水坑，大孩子踢球、扔物等；

·乘坐没有安全座椅的汽车是非常危险的，汽车后排要安装结实的安全座椅，孩子坐在安全座椅上，系牢安全带；

·撒开没有踩刹车的童车，宝宝从童车中摔下来；

·打雷、打闪时宝宝正在树下玩耍。

意外是可以避免的

当意外事故发生以后，人们常常哀叹难以预料的天灾人祸。但在大多数情况下，意外是可以避免和预防的。意外往往发生在父母或看护人根本没有想到会发生危险，而且还固执地想“不可能出现这种事”的时候。

请记住，成人并不会因为做了父母，就对意外事故有了敏锐的洞察力，自然而然地知道如何预防意外。父母需要学习这方面的知识！

挑选身心健康的保姆

宝宝1岁时，大多数妈妈已经出去工作了，如果没有别的亲属照顾宝宝，那么为宝宝挑选一个身心健康的保姆就非常重要了。

身体健康检查

宝宝的看护人应具有健康的体魄。如何知道保姆是否健康呢？当然不能仅凭保姆自己说的或填的表格，也不能仅凭外表的观察。要科学地对待这个问题，第一步就是请保姆做全面的健康检查。

宝宝的父母要带保姆到正规的医院健康体检科、健康体检中心或健康管理中心进行正规的健康体检，让医生出具健康体检报告，并向医生询问体检结果，确定其健康状况是否适合做宝宝的看护人。

心理健康检查

宝宝的看护人应有良好的心理素质。一个心理健康的看护人对宝宝的健康成长具有举足轻重的作用，这一点常常被雇佣看护人的父母忽视。我建议在条件允许的情况下，最好能带看护人看心理科医生，由心理科医生判断看护人的心理健康状况。当然，这要征得看护人的理解和同意。现实生活中，人们很忌讳看心理医生，有时已经出现明显症状了，甚至已经到疾病状态了，还不愿意接受心理医生的治疗。这也造成父母们在给孩子选保姆时，对保姆的心理是否健康缺乏科学准确的了解和测定。

能够带保姆去正规医院接受心理健康检查是最理想的办法。如果有困难，就只能凭经验，找到一位豁达、开朗、富有爱心、喜欢孩子的女性做宝宝的看护人，有过做母亲经历的女性最好。

保姆健康检查内容

内科：血压、脉搏、心肺、肝脾等检查。

外科：甲状腺、腹股沟、腋下淋巴结、脊柱、四肢关节检查。

妇科：生殖系感染，包括霉菌、滴虫、沙眼衣原体、人型支原体、解脲支原体、淋球菌、线索细胞、艾滋病毒、革兰氏染色阴性或阳性球菌或杆菌等病原菌感染。

功能科：胸部摄片或胸部透视。

实验室：肝功能、乙肝标志物5项、丙肝抗体、结核抗体、大便虫卵。

心理测试：SCL-90（90项症状清单）或其他临床心理疾病测试。

当只有保姆一人在家看护孩子时，父母必须保证做到的事

・在宝宝需要父母时，能够第一时间找到父母；

・保姆必须知道急救中心的电话号码，知道离你家最近的医院的电话号码和去医院的路线；

・在保姆最容易看到的地方列出物业管理部、父母手机、父母办公室、亲戚的电话号码，以便发生紧急情况时备用；

・让保姆熟悉紧急通道或安全出口、消防设备存放的位置，并演示消防设备的使用方法；

・告诉保姆家里房门钥匙放在何处，以便孩子被锁在房里时急用；

・让保姆了解孩子的特殊问题，如过敏反应（被蜜蜂蜇了过敏、食物过敏等）等特殊情况下使用的药物，使用药物前必须将使用剂量、适应病症交代清楚；

・告诉保姆急救箱在什么地方；

・离家前让保姆知道父母对照顾孩子有什么要求，如不希望保姆带孩子串门，要明确告诉保姆；

・假如父母不希望某些来访者进家，不希望接听某些打进来的电话，也要和保姆讲清楚；

・告知保姆火警、公安报警和医疗急救电话分别是119、110和120。

保姆必须遵守的安全规则

・没有父母的叮嘱，不得给宝宝服用任何药物；

・无论在房间里还是在院子里，一分钟都不得离开宝宝；

・不要让宝宝在近水处玩耍；

· 不要让宝宝玩塑料袋、气球、硬币等物品；
· 不要让宝宝在靠近楼梯、火炉、电源插座等的地方玩耍；
· 不要给宝宝吃坚果、爆米花、硬糖块、整个水果或任何硬而光滑的食品。

保姆要有科学喂养知识

宝宝看护人应掌握科学育儿方法。现在全职妈妈越来越少，依靠看护人看孩子的家庭越来越多。所以，看护人具有先进的育儿理念和科学的育儿方法是非常必要的。目前，受过专门培训的看护人越来越多，他们看护婴儿的水平也有所提高。请没有做过妈妈且没有经过专业机构职业训练的女性当保姆照看宝宝是不太合适的。

选择保姆，忌频繁更换

在找保姆时，父母一般是先找一个试试，如果不合适再换，甚至会频繁更换，这对婴幼儿来说是很不好的。婴幼儿对护理他的人有一个熟悉适应的过程，频繁更换保姆，会使婴幼儿缺乏安全感，孩子会变得焦躁不安、睡眠不踏实、食欲降低，甚至出现心理疾患。

如果爸爸妈妈要上班，必须找保姆看管孩子，就提前找。最好找做了妈妈、年龄适中、有高中以上文化、有过职业经历、有幸福的家庭的人。有丰富经验、身心健康的保姆，会让你工作更安心。如果父母一方的薪水与雇佣保姆的费用相差无几，就不如在家看孩子，等到孩子能够上托儿所或幼儿园后，爸爸或妈妈再上班，其实是个不错的选择。

本章专题

如何为宝宝选择国家规划外免疫疫苗

宝宝1岁前会完成大部分国家规划内疫苗的接种，1岁后宝宝接种的疫苗就很少了。但是，随着预防医学、生物学、免疫学的进步，科学家们不断研发出新的疫苗，预防病毒、细菌对人类的侵害，保护易感人群。孩子是最易受到病原菌侵害的，所以，用于婴幼儿的疫苗逐渐增多了。对于已纳入国家规划内的疫苗，父母无须考虑，到时候抱着宝宝去接种就行了。

对于国家规划外的免疫疫苗，父母往往举棋不定，不知道该不该给宝宝接种，接种了会不会有什么副作用？不接种又担心孩子真的得病怎么办。向有关人员询问也难以得到肯定答复。这是因为，宝宝是否接种国家规划外免疫疫苗，只能由父母做决定。

关于国家规划外免疫疫苗，还有一些未知的东西，有些疫苗还需要在长时间的使用中总结经验，不断改进。父母可以放心的是，批准给孩子们使用的疫苗，安全是底线。不安全的疫苗，国家监管部门不会批准使用的。但是，必须到正规的免疫接种门诊接种，以确保疫苗是合格和安全有效的。

每个宝宝对疫苗的应答和反应不同，可能会发生免疫失败或疫苗副反应等不尽如人意的事。绝大多数免疫反应是轻微的，对孩子不会构成伤害，极个别宝宝接种某种疫苗后可能会出现比较严重的不良反应，这主要是因为体质问题。

为宝宝选择国家规划外免疫疫苗接种的原则

第一，权威机构要求接种的疫苗，尽管还没有纳入国家规划内免疫疫苗，在没有完全接种禁忌的前提下，一定要给宝宝接种。

第二，已经被广泛应用的一些疫苗，证实对预防疾病有帮助，又没有明显的副作用，尽管还未被纳入国家规划，也应该为宝宝接种。

第三，正在流行某种传染病，已经有了针对这种传染病的疫苗，尽管不是国家规划内免疫疫苗，最好也给宝宝接种。

第四，宝宝在接种疫苗过程中，没有发生过任何不良反应，可以更多地接种国家规划外免疫疫苗。

第五，宝宝体弱多病，很容易感染病原菌和病毒，可以更多地接种国家规划外免疫疫苗。

宝宝常接种的国家规划外免疫疫苗

◎ b型流感嗜血杆菌疫苗

b型流感嗜血杆菌疫苗，简称Hib疫苗。Hib是导致5岁以下婴幼儿严重感染的主要病原体，主要引起肺炎，预后较差。Hib诱发的其他常见感染有败血症、会厌炎、中耳炎、关节炎、心包炎等。

Hib疫苗用于2月龄婴儿到5周岁儿童，可与麻腮风疫苗、百白破疫苗、脊髓灰质炎疫苗同时接种，但应在不同部位注射。第一次接种的年龄不同，接种的次数和时间也不同。如果宝宝正在发热或患有其他疾病时，应暂缓接种。破伤风类毒素过敏的宝宝以及患有心脏病和肝肾疾病的宝宝不宜接种。家族和个人有惊厥史者，患有慢性疾病、癫痫，过敏体质者慎用。

专家建议：应该接种。

◎ 水痘减毒疫苗

水痘–带状疱疹病毒具有高度的传染性，极易传播，目前没有有效的药物治疗，接种水痘减毒疫苗是预防该病的唯一有效手段。水痘减毒疫苗主要给12月龄~12周岁的健康儿童接种，可与其他灭活疫苗同时接种，但均需接种于不同部位，且不能在注射器中混合。水痘减毒疫苗不能和麻疹疫苗同时接种，至少间隔1个月。

一般无不良反应，接种6~18天内少数宝宝会有短暂一过性的发热或轻微皮疹，无须治疗便可自行消退。注射过免疫球蛋白的儿童，应间隔1个月后接种本疫苗。

专家建议：幼儿园入园前应接种。

◎ 轮状病毒疫苗

轮状病毒是引起宝宝腹泻的病

原体之一，轮状病毒腹泻几乎每年秋季都会流行，主要发生于2岁以下婴幼儿群体。所以，给宝宝接种轮状病毒疫苗是有必要的，通常情况下在秋季来临时接种。个别宝宝接种轮状病毒疫苗后可能会发生轻微腹泻，不需要特殊处理。如果腹泻严重，出现水样便，每天超过3次，应该带宝宝去看医生。

接种对象主要为6个月到5岁婴幼儿。患有消化道疾病、胃肠功能紊乱的宝宝暂时不能接种。注射过免疫球蛋白及其他疫苗的接种者，间隔2周后方可接种本疫苗。

专家建议：建议接种。

◎ 流感疫苗

接种流感疫苗是预防流感的有效措施。1~15岁儿童接种流感疫苗的有效保护率为77%~91%。宝宝6个月以上，如果正处于流感流行季节，可提前接种流感疫苗。流感疫苗没有终身免疫，每年病原体都有变异的可能，所以，流感疫苗应该在每年流感流行季节到来前接种一次。在我国，大部分流感发生在11月到次年2月，但某些流感会延伸到春季，甚至夏季。含有最新病毒株的疫苗会在夏季末期开始提供使用，9、10月份是最佳接种时机。在流感流行高峰前1~2个月接种流感疫苗，能更有效地发挥疫苗的保护作用。

儿童接种流感疫苗后可能出现低热，注射部位会有轻微红肿，但这些都是暂时现象而且发生率很低，不需太在意。少数人会出现高烧、呼吸困难、声音嘶哑、喘鸣、荨麻疹、苍白、虚弱、心跳过速和头晕等症状，应立即就医。

专家建议：体弱多病，易患呼吸道疾病者建议每年接种。

◎ 肺炎疫苗

肺炎疫苗主要预防由肺炎球菌引起的肺炎，肺炎球菌是引发肺炎、脑膜炎、中耳炎的主要致病菌。肺炎疫苗主要有二类：13价肺炎多糖结合疫苗，国产疫苗适用于6月龄~5岁（6岁生日前）儿童，进口疫苗适用于6周龄~15月龄婴幼儿；23价肺炎多糖疫苗，适用于2岁以上有特殊需求的儿童。

专家建议：6周龄~6岁以下接种国产13价肺炎疫苗，6周龄~15月龄接种进口13价肺炎疫苗，2岁及以上特殊需要儿童可接种23价肺炎疫苗，已接种13价肺炎疫苗的不需再接种23价肺炎疫苗。

◎ 国产疫苗和进口疫苗

无论是国产疫苗还是进口疫苗，都是在达到预防标准和预防目的的前提下才生产应用的，因而都是安全有效的。我国疫苗的管理、生产工艺水平等在近年来迅速提升，另外，国家对疫苗生产流通的监管也非常严格，只要是在国内正式注册，国家允许生产的疫苗都是安全有效的。进口疫苗和国产疫苗都是经过国家药监局严格审批上市的，原则上都是安全有效的。

第二章

13~14个月的宝宝

本章提要

» 多数宝宝能清晰且有意识地叫“爸爸”“妈妈”，有的宝宝能说更多的词句；

» 能独自从卧位变成坐位、站立位，独自站立，牵手行走；

» 培养良好进餐习惯的关键期，放手让宝宝自己拿勺吃饭；

» 培养良好睡眠习惯的关键期，不要过度哄睡。

第一节 生长发育

大运动能力

随意变化体位

到了这个月，多数宝宝能随意变化体位。

从卧位变成坐位：早在婴儿时期，宝宝就拥有这个能力了，只是那时还比较费力气，爸爸妈妈可以清楚地看到宝宝是如何完成的。现在则不然了，爸爸妈妈还没转过神来，宝宝已经一骨碌坐了起来。

从坐位变成站立位：多数宝宝能独立从坐位变成站立位。坐着的时候，一只手或两只手支撑着上身，抬起臀部，手脚同时支撑着身体，然后，全身配合，双手离地，站立起来。有的宝宝双手直接离地站立起来；有的宝宝则需要用一只手或两只手，扶着膝部支撑起上身，站立起来。宝宝的平衡能力进一步增强，腿比原来有劲了。平衡力和腿部力量的增强，还表现在宝宝会弯腰捡东西了。少数宝宝还需要抓着某物站起来。如果父母发现宝宝

站立起来的过程仍比较费力，明显感觉到腿部力量差，建议带宝宝看医生。

扶物行走：多数宝宝能扶着物体迈步，或牵着父母的一只手或两只手向前迈步。有的宝宝已经能独立行走了。

帮助宝宝敢于向前走

幼儿刚刚学会走的时候，往往是横着向两边走。之所以横着走，是因为他还不能很好地控制身体，需要借助物体保持身体稳定。如果推着小车，宝宝就会大胆地向前走。横着走、向前走、倒着走都不能证明宝宝发育有什么问题，每个宝宝的运动发展表现并不完全相同。如果想帮助宝宝向前走，方法很简单，爸爸妈妈可在宝宝的前面，用能吸引宝宝的东西引导宝宝向前走。

如果宝宝还不会走，爸爸妈妈可不要心急，不要与别人家的宝宝比。每个孩子的发育速度都不尽相同，任何时候爸爸妈妈都要牢记这一点。宝宝的自信来自爸爸妈妈的肯定和赞许。学会赞扬你的宝宝，让他感受到，在爸爸妈妈心里，他一直是很棒的。

不同于婴儿期的花样爬

幼儿已经不满足于在平地爬，也不满足于往桌子、椅子上爬，开始试探着往更高的地方、更危险的地方爬。随着月龄增加，宝宝越来越胆大，喜欢爸爸把他举得高高的。放几个高低不等、大小不同的沙发墩或垫子，让宝宝爬上爬下，不但能锻炼宝宝的运动能力，还能训练宝宝的智力。在不同高低、不同大小的墩子上爬，不但需要运动技巧，还需要思考怎样不会摔下来。尽管宝宝的安全意识不强，但宝宝拥有自我保护的本能。

不爱爬的宝宝

有的宝宝运动能力不完全按照相应生理发展顺序发展。有的宝宝会坐了，但还不会翻滚；有的宝宝站得很稳了，却不能稳稳当当地坐；有的宝宝一开始就小跑着走，摔了爬起来，还是小跑着向前走，不会一步一步地走。如果宝宝14个月了还不会爬，只是单项发育落后，其他发育都是正常的，就不能因此认为宝宝发育异常。之所以还不会爬，可能有以下几种情况：

·婴儿期宝宝不喜欢趴（宝宝比较胖、鼻子呼吸不畅、抬头困难时不喜欢趴）。

·为了帮助宝宝练习爬，常让宝宝趴着，即使宝宝不高兴了，甚至哭了，也要坚持。时间长了，宝宝产生了逆反心理。

·宝宝肢体协调能力差，又缺乏爬的练习，错过了爬的时期。

·过早地让宝宝站立，训练宝宝行走，跨越了爬的能力练习。

爱摔跤不说明宝宝缺钙

如果宝宝已经走得很好了，可近来总是爱摔跤，父母会认为宝宝腿软，是缺钙引起的。其实不然，宝宝能很好地走以后，就会尝试着跑。在刚刚练习跑的时候，宝宝整个身体向前倾，容易向前摔倒是很正常的。随着脚部力量的增强，宝宝能更好地掌握惯性，从而游刃有余地控制自己的身体，不再容易摔倒了。

需要看医生的情形

父母牵着宝宝的手，宝宝仍然不能迈步行走；从卧位变成坐位和站立位还需要借助物体或需要父母牵拉时，需要带宝宝看医生。

精细运动能力

玩积木

有的宝宝能把一块积木搭到另一块积木上。如果宝宝还没有这个能力，不能就此认为宝宝手的精细运动能力差。同时，这个月龄段的宝宝还是喜欢把什么都放到嘴里，最好买不带颜色的纯木积木。

撕纸

宝宝非常喜欢玩撕纸的游戏。写字用的纸和打印纸比较硬，不容易撕开，而且纸的边缘比较锐利，有划伤宝宝手的可能。所以，最好让宝宝撕餐巾纸，这种纸既容易撕开又不至于划伤宝宝的手指。发现宝宝把纸放到嘴里时，父母不要着急，帮助宝宝吐出来即可。

食指、拇指捏豆子

这个月龄段的宝宝能用食指和拇指捏起黄豆大小的物体。如果宝宝还捏不起，也不意味着宝宝精细运动能力发展有问题，只是缺乏锻炼而已。用小的东西锻炼宝宝手的精细运动能力时，父母一定要在宝宝身边，眼睛一定要盯住宝宝，不能让宝宝把黄豆、小圆球、花生仁、瓜子仁等放入口中，以免异物进入气管。

握笔

有的宝宝已经能握笔涂鸦了，但多是用手掌握笔。给宝宝准备的笔要短，在宝宝握住时刚好能露出笔头涂鸦，以免戳到宝宝的眼睛。

第二节　智能与心理发育

相对于婴儿而言，幼儿对外界的人或事物更加敏感和警觉。宝宝对外界的人或事物的敏感程度越强，潜能越容易被开发出来，学习的能力也就越强。爸爸妈妈要充分利用宝宝各种潜能发展和能力培养的关键时期，帮助宝宝完成幼儿期的能力培养。宝宝幼儿期性格的形成、能力的培养、智力的开发，以及所经历的环境，对他今后的发展影响深远。

语言发育

语言能力参差不齐

在这个月龄段，有的宝宝还不会说话，甚至还不能主动叫爸爸妈妈；有的宝宝已经会说话了，能够用简单的语句表达自己的意愿，即使不够准确，父母也能借助宝宝的肢体动作和当时的情境，以及表情等信息，猜出宝宝要说什么。

多数宝宝能清晰且有意识地叫“爸爸”“妈妈”，有的宝宝能说更多的词句，但是，至今还不开口说话的孩子仍为数不少，父母切莫着急。父母耐心地理解宝宝在表达什么，对宝宝使用语言是一种鼓励。但是，如果父母理解过了，还没等宝宝有更多的表达，就迫不及待地按照自己的理解和猜测，满足宝宝的“要求”，对宝宝语言的发育不但没有帮助，反而会削弱宝宝运用语言的积极性。所以，父母对宝宝语言的训练要适度，要给宝宝说话的机会，让宝宝完成他的表达。

比如，宝宝要喝奶，也许会用以下方式来表达：可能会说“喝”或“奶”；也可能会拉着妈妈走到奶瓶跟前，指着奶瓶发出“嗯，嗯”的声音；也许会指着自己的嘴巴。无论宝宝用什么方法表达他要喝奶的意愿，你都要让宝宝表达完，即使你早已猜出宝宝要做什么，也要稍加忍耐。等宝宝表达完了，你也不要立即拿起奶瓶去冲奶，而是和宝宝进行交流：“宝宝要喝奶，是吗？”“宝宝饿了，是吗？”可以一边说一边举起奶瓶，一边拍着肚子。这就是对宝宝进行的语言训练。语言训练是在日常生活中，和宝宝不断的交流和沟通中进行的，而不是坐在那里一字一句地教。

已经会说话的宝宝有时会突然缄默不语，原因何在？很可能是父母不断纠正宝宝错误的表达，使得宝宝退却了；也可能是宝宝被亲人的过激表现吓到了；也可能是宝宝在默默地积累，暂时不说，在未来的某一时间，突然会用相当多的词汇进行表达。

和宝宝进行有效的语言交流

幼儿学习语言，听和理解在前，说在后。幼儿的内在语言首先开始萌芽，逐渐向着思维方向发展，用内在语言指导自己的行为。自言自语是幼儿语言发展阶段中的典型表现。

有效的语言交流

·和宝宝说话时尽量放慢语速，一字一句地表达清楚，说话一定要有节奏，该停顿时要停顿，切莫像连珠炮似的，一口气把话说完。

·尽量使用简洁的语言和宝宝说话，少用虚词和复合句，多用简单句。

·不用奶声奶气的语调和宝宝说话。用洪亮清脆的嗓音和宝宝说话，这样不但能让宝宝听得清楚，也可以养成宝宝大声说话的习惯。

·和宝宝说话时要声情并茂，给宝宝念儿歌或讲故事时要抑扬顿挫，让宝宝感受语言的魅力。

·不要总是试图纠正宝宝的语法错误，对宝宝说的话要采取肯定的态度，即使有时不知道宝宝在说什么，也不要表现出来。只要宝宝在说话，就要认真倾听，并给予积极回应。不纠正宝宝语句的错误并不是让宝宝错下去，而是找机会用正确的语句来表达宝宝曾经错误使用过的语句。

一个词表达一个意思

宝宝使用的多是单词句，就是用一个词表达一个意思。比如：宝宝要吃苹果，不说“我吃苹果”，而只说“给”或“吃”或“果”。宝宝还会用他自己的方式，让妈妈明白他没有说完整的那些词。比如：拉着妈妈到盛有苹果的桌前，用手指着桌上的苹果，示意他要吃苹果。如果宝宝用这样的方式表达他的意思，妈妈要边做边和宝宝进行语言交流：“宝宝要吃苹果吗？过来，妈妈给宝宝削苹果。”削好后，边递给宝宝边说：“宝宝自己用手拿着吃吧！”如果妈妈理解宝宝的肢体语言，并按照宝宝的意思去做，但不用语言和宝宝交流，宝宝就失去了一次学习语言的机会。

宝宝会用什么方式来弥补词汇量的不足呢？肢体语言是宝宝最常使用的表达方式。比如：宝宝要妈妈手里的苹果时，不只是说“给”或“吃”或“果”，还会伸出他的小手去拿妈妈手里的苹果。如果妈妈故意不理解，宝宝就会使用更直接的肢体语言，从妈妈手中夺过苹果。如果妈妈不给，宝宝拿不到他想要的东西，还有一个撒手锏——哭。

女孩比男孩说话早

有研究表明，说汉语的宝宝大多数（约88%）在2岁以前能说出3个字以上的语句。通常情况下，女孩比男孩说话早，科学家把这种现象归因于男孩与女孩大脑结构的差异：通常情况下，男孩右脑比较发达，女孩左脑比较发达，抽象思维主要靠右脑，语言能力主要靠左脑，因此，女孩的语言能力比男孩强。但这并不是绝对的，在语言能力方面，男孩比女孩说话早的也不少见。

幼儿开始称呼自己的名字

爸爸妈妈会发现，突然有一天，宝宝不再说“妈妈喝水”或“爸爸渴”，而是说“毛毛喝水”或“宝宝渴”，几乎说什么话都带上自己的名字。幼儿对名字的认识和幼儿自我意识的发展紧密关联。幼儿的这种自我意识出现时间也不尽相同，有的早在1岁多就出现了，有的要等到3岁才出现。

最初，幼儿是使用自己的名字来表达自己的意思，慢慢地，幼儿开始学会使用抽象的人称代词“我”和“我的”来表达自己的意思。这个年龄段的幼儿还不分“你”和“我”，当妈妈问“你爸爸去哪儿了”的时候，宝宝还不能把“你”替换成“我”，会说“你爸爸上班去了”。幼儿还没有形成对你、我、他的认识，还不能区别你、我、他的关系。这时候爸爸妈妈没有必要不断纠正宝宝，就让宝宝你我不分地使用吧，这是宝宝语言发展中一个自然的阶段。

独立性与依赖性

依赖性越来越强

幼儿既希望独立，又具有极强的依赖性，尤其是对爸爸妈妈或看护人的依赖，比婴儿期更加强烈。幼儿想按照自己的意愿行事，又希望爸爸妈妈陪在身边。这并不矛盾，随着月龄的增长，幼儿的阅历不断丰富，各种能力都在提高。幼儿极强的依赖性主要是为了保证自己的安全，保证自己的探索活动得以完成。

我们可以观察到，如果妈妈在身边，宝宝能独自津津有味地吃东西，

聚精会神地玩玩具。但宝宝时常会停下来，看看妈妈是否还在他身边。即使离他很远，只要他能看到妈妈的身影，就能安心下来。一旦妈妈从他的视线中消失了，宝宝会立即不安起来，停下所有他感兴趣的事情，去寻找妈妈，如果没有发现妈妈的踪影，就会嚎啕大哭。在接下来的日子里，宝宝对妈妈的依赖感会越来越强，直到4岁以后，这种依赖感才能有所减弱。

爸爸妈妈既然知道了幼儿在这个月龄段的特点，就不要违反幼儿的发育规律。有的妈妈认为，宝宝太黏人了，试图锻炼其独立性，有意不让宝宝看到她。这样做的结果会适得其反，使宝宝的依赖性变得更加强烈，独立性会越来越弱。

对恐惧的经历有深刻记忆

幼儿最怕的是爸爸妈妈或看护人不在身边，尤其是睡觉的时候，如果醒来发现爸爸妈妈或看护人不在身边，宝宝会无助地大哭。爸爸妈妈可能会发现，当宝宝睡觉时，如果有人陪在身边，他睡觉的时间会比较长；如果身边没人陪伴，他很快就会醒来。这或许就是幼儿自我保护的本能吧！

由于临时没有人看护粉粉，爸爸决定在家照看一天女儿。当女儿睡着后，爸爸打算去趟办公室。平时粉粉一觉能睡两三个小时，办公室离家不到200米，来回用不了多长时间，爸爸放心地锁上门走了。

离开不到半个小时，邻居就打电话给粉粉的爸爸："孩子哭得特别厉害，已经有很长时间了，我敲门没人开，你快回来看看吧！"当粉粉的爸爸急匆匆地赶回家的时候，孩子已经哭得满身大汗，哄了好长时间才停止哭闹，还不断地抽泣，一副委屈的样子。从此，如果没人陪着，粉粉就不肯睡觉，只要看护人离开她，她就会马上醒来。

体验糟糕的经历后害怕再次发生

幼儿常常会记住自身糟糕的体验，害怕再次发生这样或类似的事情；而对自己没有体验过的事情，即使爸爸妈妈怎样训斥和吓唬也记不住。爸爸妈妈可能会有这样的体会：曾经带孩子到医院打过针，以后只要到了医院孩子就开始哭闹，看到穿护士服的人也会哭，甚至在电视上看到医生和护士都会紧张。

不怕打针的孩子

果果打疫苗的时候，看到一屋子十几个孩子几乎都在哭，果果也感到不妙，眉头紧锁，小嘴紧闭。轮到给果果打针了。护士看到这个孩子不哭，非常高兴地说："你看这孩子多好，不哭也不闹，这么小就这么懂事。"当护士把针扎进去的一刹那，果果嗷地叫了一声，马上就安静下来。当护士慢慢地推药水时，果果还侧着头看着为他打针的护士，尽管没有哭，却也没有一丝笑意，表情很严肃。果果的表现得到妈妈、护士、姑妈、奶奶和许多小朋友妈妈的一致夸奖，果果很骄傲。以后，每次去打疫苗，家人都是大张旗鼓地带他去，因为果果一点儿也不害怕，还非常高兴地说："打针去喽！"妈妈当时担心这孩子是不是不知道痛。事实上，果果知道痛，但不害怕痛，是个小机灵。赞美和表扬能让宝宝不怕打针，可见表扬的力量有多大。爸爸妈妈是不是能从中得到启示：怎样才能够激发孩子内心的勇敢？这么大的孩子有丰富的内心世界，而我们现有的赞美远远不够。

孩子发脾气怎么办

谁都有发脾气的时候，为什么要求孩子不能发脾气呢？孩子发脾气是表达情绪的一种方式，父母不能鼓励，但也不能压制。当孩子发脾气时，父母要帮助孩子疏导情绪。有的孩子不仅仅是发脾气，还会要脾气，如果爸爸妈妈不按他的意愿行事，就会大喊大叫，跺着小脚抗议，或干脆坐在地上，甚至躺在地上。遇到这种情况，爸爸妈妈该采取什么态度和措施呢？

不好的方法

◎ 立即满足要求

当宝宝大哭大闹时，如果爸爸妈妈马上满足他的要求，宝宝就有了这样的经验：只要他大发脾气，什么要求都能得到满足。

◎ 严厉训斥

当宝宝坐在地上要赖时，如果爸爸妈妈大声训斥他，或许会立即奏效，让正在哭闹的宝宝乖乖站起来，或许会有很长时间宝宝都不敢再这样耍赖了。爸爸妈妈很是欣慰，认为采取了有效的方法。但爸爸妈妈可能不知道，这样做的结果并不乐观。因为在这种强压管制下，宝宝的心灵可能会受到伤害，或许会出现咬手指、咬下嘴唇、眨眼等行为。

◎ 动武

当宝宝躺在地上哭闹时，如果爸爸妈妈对他动武，宝宝可能会产生被羞辱的感觉。尽管这么大的宝宝不会对爸爸妈妈产生憎恨的情绪，但如果爸爸妈妈常常用这样的态度对待有“要求”的宝宝，宝宝会变得性格孤僻，对人缺乏信任，影响他的人际交往能力。

◎ 置之不理

当宝宝站在那里哭闹时，如果爸爸妈妈离他远远的，宝宝可能会有被爸爸妈妈抛弃的感觉。宝宝还会因为爸爸妈妈没有满足他的要求，不肯跟着爸爸妈妈一起走，和爸爸妈妈产生隔阂。如果爸爸妈妈总是以这样的态度对待耍脾气的宝宝，容易使宝宝对爸爸妈妈产生不信任感，不愿意和爸爸妈妈交流。

◎ 千哄万哄

如果爸爸妈妈千方百计地哄哭闹中的宝宝，甚至做出不切实际的许诺，这样做比马上满足宝宝的要求更糟糕。宝宝会不断用这种方法提出要求，从而失去对爸爸妈妈应有的尊重。

比较好的方法

当宝宝不停哭闹时，如果爸爸妈妈都在场，就可以一个人留下来，另一个人暂时离开宝宝的视线。是爸爸留下来，还是妈妈留下来，根据情况而定，最好是性格比较平和的一方留下来。通常情况下，宝宝比较惧怕爸爸，所以，爸爸留下来效果会更好。

第一步：爸爸走到宝宝身边，蹲下来，目光温和，但不露一点儿

笑容地注视着宝宝的面部，能和宝宝的眼睛对视最好，一只手轻轻地放在宝宝的肩膀上，不要拍，不要摇，默默地等待着。

第二步：如果宝宝不再腿脚乱蹬、手臂乱舞，哭声也小了，就轻轻地拍两下宝宝的肩膀，但仍然不要出声。

第三步：如果宝宝一点儿也不哭了，两眼看着你，可以开口说："爸爸相信你，你不会一直这样闹的。"如果宝宝点头，你继续说："你是个勇敢的孩子。"

第四步：当宝宝情绪好转的时候，你可以对宝宝说："这样哭闹不好，爸爸不会满足你的要求，刚才你的要求并不合理，所以，爸爸要拒绝。以后，爸爸相信你不会再有这样的表现了。"

用什么样的语言和语气与宝宝说话，也要根据当时的具体情况，结合具体问题而定。有一点是肯定的，语言要简练，就事论事，不给孩子下结论，不讲抽象的大道理。宝宝对爸爸妈妈的话可能并不完全理解或认可，但爸爸妈妈给宝宝的信息必须是准确的：他的行为和做法是不对的，爸爸妈妈不会满足他不合理的要求，但爸爸妈妈始终是爱他的。

爸爸妈妈采取这样的态度对待宝宝，宝宝从爸爸妈妈那里不断接受正确的信息，会健康地成长起来。在养育孩子的过程中，冲突不会间断，好的处理方法和沟通方式不但能顺畅地解决冲突，还能使爸爸妈妈和孩子在不断的冲突中建立起相互信任、相互理解、相互依赖的亲子关系与和睦的家庭氛围。

爸爸妈妈双方意见不统一

当宝宝哭闹时，爸爸和妈妈的处理意见可能会不一致。这时，双方要取得一致，恐怕不是一件容易的事。但有一点请爸爸和妈妈记住，无论如何，你们都不能当着孩子的面争吵。这样做不但不能使哭闹中的宝宝得到正面的教育，还会使宝宝哭闹得更厉害，或因害怕父母争吵而停止哭闹，产生内疚心理。如果某次宝宝哭闹时一方横加干涉，致使另一方无法实施自己的教育，那么这次也只好罢休，事后再解决双方的认知问题，避免下次再这样做。爸爸妈妈要记住，在孩子面前争吵，暴露对孩子教育理念的不一致性，对孩子没有任何好处。

当爸爸妈妈因为孩子发生争吵时，无论双方的理念是什么，都同样令孩子感到厌烦。在宝宝眼里，争吵的爸爸妈妈都不好，他都不喜欢。

宝宝可能受伤时

如果宝宝只是哭闹、跺脚、坐在地上或躺在地上打滚，爸爸妈妈就可以采取冷静处理的态度。但有的宝宝闹起来是不顾及安全的，可能用自己的脑袋磕撞，这时爸爸妈妈该怎么办？

我的建议是，遇到这种情况，要迅速把宝宝抱起来，放在安全的地方，如床上或铺着地毯的地板上。只要宝宝是安全的，爸爸妈妈就可以放心地让宝宝去闹，宝宝总会累的。我并不赞成爸爸妈妈因此屈从，答应宝宝的无理要求。如果爸爸妈妈因为害怕宝宝受伤，什么都依着宝宝，宝宝就会越来越频繁地使用这一招。用比较妥善的方法让宝宝停止哭闹是最好的。爸爸妈妈要掌握这样的原则：让宝宝知道用这样的方法提出要求是无效的，他什么都得不到。这样做是不对的，爸爸妈妈不喜欢他采取这种方式“要挟”父母，但爸爸妈妈始终是爱他的。

总会面临新的挑战

父母不要总感觉自己无力教养孩子。你的宝宝在不断发育，每天都有新的变化。旧的问题解决了，新的问题又会出来，你总会面临新的挑战。如果父母把养育孩子当作一种快乐和享受，学会欣赏孩子、赞美孩子，就不会有那么多烦心的事了。

让孩子去经历

孩子真的不乖了吗

常听一些妈妈抱怨：“孩子小的时候挺乖的，长大后真是淘气！”我要替宝宝鸣不平了，宝宝在长本事呀！妈妈应该鼓励孩子，放手让孩子去尝试、探索、经历。妈妈要为宝宝创造一个相对安全的环境，而不是处处限制宝宝。如果把宝宝的尝试、探索、经历看作是“不乖”，妈妈就大错特错了。我之所以说“相对安全”，是基于“绝对安全”来说的。对于这么大的幼儿来说，绝对安全的环境是没有的，即使是四壁空空的房间，孩子也有磕到墙壁的可能。安全隐患要消除，危险要规避，但不要因此限制宝宝活动。探索精神和好奇心是宝宝认识世界、学习知识、获取经验的基础。幼儿的大脑神经系统正处于飞速发展阶段，神经元之间在进行着广泛的联系，这种联系需要丰富的经历和来自外界的各种刺激来激发。宝宝缺乏丰富多彩的经历，缺乏生活体验，进步就会缓慢。在欢乐、祥和、宽松、自由的环境里成长起来的孩子，智力更发达，心理更健康。

和爸爸一起做游戏

玩是幼儿的天性，也是幼儿学习的途径。在玩中学、学中玩是幼儿的特点，陪宝宝做游戏能极大地开发宝宝的智力。如果宝宝站立得很稳，爸爸可以和宝宝做原地单脚踢球游戏。最初做这个游戏时，妈妈在宝宝后面做保护，以免宝宝抬脚踢球时，向后仰倒。如果宝宝还不会抬脚踢球，很可能是害怕摔倒，爸爸可轻轻地托住宝宝腋下，鼓励宝宝抬脚踢球。当宝宝把球踢得滚动时，爸爸托着宝宝腋下，不断追赶着小球，使宝宝能不断用小脚踢球。宝宝会为自己的能力而兴奋不已。这不但锻炼了宝宝脚的运动能力，还给了宝宝快乐和自信，同时也增进了宝宝和爸爸的感情。

要安全，不要限制

三令五申没有用，愤怒更不对

语言对幼儿没有那么大的威慑作用，宝宝不会因为妈妈的唠叨而停止做事。如果妈妈不允许宝宝动什么东西，但宝宝偏去动那种东西，或向那种东西走去，要立即把宝宝抱走，坚决地说“不许动”，同时给宝宝其他玩具，或没危险的日常物品。妈妈要行动在先，语言在后。宝宝首先要知道，然后才能理解，最后才是执行自己的理解。

尽管这次妈妈制止了宝宝的“不法行为”，过一会儿宝宝仍然会去做曾被制止的事情。此时，妈妈不要生气地说：“我已经告诉过你不能动这个，你怎么还动！这么没记性。”妈妈需要做的仍然和第一次一样，把宝宝抱离，并说“不许动”，把他的注意力转移，这就足够了。这样简单重复，会让宝宝尽快记住什么应该做，什么不应该做。

过多的语言不但不能让宝宝理解，还会使宝宝养成对爸爸妈妈的话听而不闻的习惯。有的妈妈说："我不反反复复地和他讲道理，不给他点儿厉害的，孩子就不会记住。"这是不了解幼儿的特点。爸爸妈妈不要经常训斥宝宝，更不要用愤怒的态度对待淘气的宝宝。能让宝宝动的东西就让宝宝随便动好了，能让宝宝做的事情就让宝宝尽情去做。不能动的东西，不能做的事情，一定要用具体的行动和简洁的语言制止孩子，千万不能以恶劣的态度扼杀孩子的天性。到了能明白道理的年龄，宝宝自然会明白的。孩子就是在日复一日中不断积累生活经验、接受新的事物、认识世界、认识自己的。谁也不能逾越这个成长过程，谁都不可能从婴儿一下子跳到成人。揠苗助长只会毁了幼苗，父母千万不要把"这孩子太淘气，太气人了，我真的管不了了"等诸如此类的话挂在嘴边。这不但会让父母垂头丧气，失去养育孩子的乐趣，也会让孩子感到失去了父母的爱。这样做会给孩子带来很大的心理负担，甚至是心理障碍。

吓唬孩子不好

有的老人喜欢这样哄孩子睡觉："乖乖快睡觉吧，不睡觉，大老虎就来吃你了。"如果孩子半夜醒来哭，也会对孩子说："听听，外面有野猫在叫，不要哭了，再哭就把野猫招到家里来了。"有的宝宝会被这样的话吓着，有时还会夜啼——从噩梦中惊醒。即使没被吓着，宝宝也会产生一种错觉，认为老虎和猫是可怕的动物，以后看到这些动物时，他会不由自主地害怕起来，根本不敢看一眼。不要让幼儿认为这个世界有很多可怕的东西，他的周围到处是危险。幼儿有极强的好奇心和探索精神，对周围的一切都兴趣盎然，同时也有很强的恐惧感和依赖性，如果父母和看护人时常吓唬他，就会削弱幼儿的好奇心，增加幼儿的恐惧感，增加他对父母的依赖性。

和父母分离的宝宝

宝宝会恨离开他的父母吗？

我是姗姗的妈妈，女儿一岁两个月了，我们暂时没办法把她带在身边，心里很痛苦。我的姗姗是由爷爷奶奶及叔婶一起带的（在乡下），我最早也要等到年底才能接她过来，到那时，她就两

岁了。我觉得很困惑也很伤心，女儿不愿意接我的电话，却喜欢在电话里叫爸爸，即使接我的电话也一声不吭。爷爷给她看我们一家三口的照片，她会指出哪一个是爸爸，问她妈妈是哪一个，她就没有表示了，这是为什么呢？是恨我离开了她，还是女儿更喜欢爸爸一些呢？她会不会觉得妈妈总是在表达爱她后又离开她、抛弃她，令她没有安全感？

我很理解这位妈妈的心情。其实，妈妈的伤心一方面来源于孩子的表现，另一方面是妈妈内心的感受，妈妈主观上认为自己对不起孩子，对孩子的表现很敏感，其实，孩子的表现很正常。

孩子的情感与成人有很大区别，孩子之间也存在着差异。孩子的情感明显外露，没有丝毫掩饰和虚假；同时，孩子的情感不稳定，不但容易冲动，也非常容易受周围人的情感和情绪的影响，更容易受周围环境的影响，看见别人哭她也会哭。4岁以后的孩子就不太容易受到别人的影响了。

姗姗养在奶奶家，奶奶家的人与她的爸爸不仅在感情上更亲密，在长相、举止、言谈等方面也有着很多相似之处，周围的人谈论爸爸的时候也比较多，她对爸爸的感情自然亲近了些，这是很正常的。孩子对母亲的爱是永恒的，姗姗怎么会恨妈妈呢？

宝宝哪几年最需要爸爸妈妈的陪伴？

同事建议我每隔一段时间就接女儿过来住几天，但是我担心她记得我们了，回到家乡后想念爸爸妈妈，会不会令她吃不好、睡不香呢？小宝宝在哪几年最需要爸爸妈妈的陪伴？有一定的年龄界限吗？

孩子能在爸爸妈妈身边就是最幸福的，从情感上讲，任何年龄段的孩子都需要爸爸妈妈的亲情，就是到了成人阶段也需要爸爸妈妈的爱啊！只是孩子在没有独立生活能力前，需要爸爸妈妈在物质生活上给予更多的帮助。由于各种原因，爸爸妈妈把孩子寄养在爷爷奶奶家，也是没有办法的办法，姗姗妈妈目前最应该做的是创造条件，尽早把孩子接到自己身边。

宝宝会感觉别人比他幸福吗?

姗姗的堂妹只比她小1个多月，和奶奶及叔婶生活在一起。我担心她会觉得叔婶爱妹妹多一点儿，或者妹妹总是和“爸爸妈妈”在一起而她却不能。14个月的宝宝会有这样的想法吗?

婴儿几个月时就能感受到亲人对他的爱，也会“嫉妒”被亲人抱着的其他宝宝，会有被忽视的感觉。但婴儿的这种感受都是短暂的，很多时候都是即时的，对宝宝的心灵不构成伤害。爷爷奶奶和叔叔婶婶都是孩子的亲人，爸爸妈妈不在身边，他们会更爱孩子，以弥补爸爸妈妈不在身边的遗憾。孩子在大家庭中能享受更多亲人的关怀和爱护，这对孩子的心理健康也是很重要的，姗姗和妹妹生活在一起是很好的事情。在没有条件接孩子回家的时候，应该放下心来，抽出时间到奶奶家去看孩子，过分担心对孩子没有任何帮助，还会影响自己的心情，妈妈良好的情绪和健康的心理状态对孩子的健康成长是很重要的。

第三节　营养与饮食

营养需求

热量

这个月龄段的宝宝对热量的需求和上个月差不多，每日每千克体重需摄入110千卡。不同幼儿所需热量存在着一定的差异，幼儿自身所需热量也发生着动态变化，不同季节所需热量也会有所变化。

比如，活动量大的孩子所需的热量要比活动量小的孩子高很多。有的妈妈会有这样的疑惑，孩子饭量并不小，可就是不胖，比饭量小的孩子还瘦。但是，别看孩子瘦，精力却特别旺盛，几乎没有闲着的时候。这就是吃得多却不长肉的原因，活动消耗了热量，已经没有多余的热量供他长肉了。冬季，特别是北方的冬季，人体为了抵御严寒，需要增加皮下脂肪的厚度，人体会本能地降低基础代谢率，节省更多的热量，使其转换成脂肪储存在皮下，以便保暖。为了增加热量，人体本能地喜欢摄入高热量的食物，如肉类和油脂食物。所以，冬季人们的食欲比较好，比较喜欢吃热量高的荤食。俗话说的“贴秋膘”就是为冬季御寒做准备的。因此，妈妈要想让宝宝长肉，秋冬季是好时机。夏季则不然，尽管天气炎热，人们却比冬季更爱活动，消耗更多的热量，同时又减少了摄食量，少入多出的结果就是皮下脂肪减少，散热能力增加，出汗也是为了带走更多的热量，降低体温，起到消暑的作用。所以，人们夏季食欲差、食量小，比较喜欢吃热量低的素食。“苦夏”的宝宝，夏季会比冬季显得瘦些。

宝宝的胖瘦与热量摄入和消耗关系密切。通常情况下，热量摄入大于消耗时，发胖的可能性大；热量消耗大于摄入时，消瘦的可能性大。所以，宝宝胖瘦与以下因素相关：

· 热量的摄入。所谓热量的摄入，就是吃了多少食物、吃了什么食物。每种食物所含热量都不尽相同，所以，热量的摄入不仅与食量有关，更与食物的种类有关。比如，蔬菜热量很低，有的蔬菜热量接近于零，所以，吃得再多，所摄入的热量也是很少的。油脂类食物热量很高，有的油脂类食物每克热量高达9千卡，所以，吃的量虽不多，摄入的热量却不少。

· 热量的消耗。热量的消耗包括运动、新陈代谢、生长发育等多种途径。运动量大，消耗热量就多；新陈代谢率高，热量消耗就多；生长发育需要多种营养物提供能量，幼儿处于生长发育高峰期，与不再生长的成人相比，需要更多的热量和更丰富的营养物。所以，如果幼儿摄入热量不足，瘦的速度比成人要快；当摄入的热量高于消耗的热量时，多余的热量就会转换成脂肪储存起来。

· 消化吸收。消化系统对食物的消化吸收，也决定了孩子的胖瘦。有的孩子吃得不少，食物能提供的热量也足够，但是，胃肠道消化吸收能力很差，尤其是对油脂类食物吸收很差，稍微吃多一点儿，宝宝就会出现脂肪泻（化验大便有脂肪滴，肉眼看大便油乎乎的，把大便放到一张薄薄的白纸上，拿开大便，纸上会有油渍，俗话称“吃油拉油”）。有的宝宝甚至连碳水化合物都难以吸收（化验大便有淀粉颗粒，肉眼看大便疙疙瘩瘩，有很多颗粒状物。喝奶的宝宝大便中会有奶瓣，甚至有泡沫，这是因为奶中的乳糖没有被完全吸收）。如果宝宝胃肠道有这样的问题，即使饭量不小，也会比较瘦。

当然，人体代谢没有这么简单，我只是比较简单和通俗地讲了一下与胖瘦有关的几点因素，帮助父母初步找到影响孩子胖瘦的可能原因。另外，孩子胖瘦与遗传密切相关，父母双方或一方幼时比较瘦或比较胖，孩子也多会随其父母。所以，父母不要因为自己的孩子比周围同龄孩子瘦点儿或胖点儿，就过于焦虑。

蛋白质

蛋白质是维持幼儿生长发育的重要营养物质，饮食中缺乏蛋白质，不仅会影响幼儿的生长发育，还会影响他的身体健康。所以，不能给幼儿提供低蛋白饮食。幼儿每日每千克体重蛋白质需要量为12克。蛋白质的主要食物来源有奶、禽畜、鱼虾、蛋、大豆、坚果。谷物、蔬菜水果等食物中所含的蛋白质，在人体需要的蛋白质总量中占比很小，在计算蛋白质摄入量时，可以忽略不计。幼儿每日摄入的高蛋白食物，要占每日食物摄入总量的20%左右。

有的妈妈觉得，既然蛋白质这么重要，就让宝宝多吃高蛋白食物吧！这样的做法是错误的。碳水化合物、蛋白质、脂肪、维生素、矿物质、纤维素、水这七大营养素，尽管人体需要的量不同，所需比例不同，但都起着同样重要的作用，缺一不可，哪一种营养素不足都会影响身体健康。即使是很重要的营养素，如果摄入过量，对健康非但无益，反而有害。所以，营养素的均衡是非常重要的。而要实现营养素的均衡，最重要的是膳食结构的合理搭配。

脂肪

对于成年人来说，脂肪让人欢喜让人忧，欢喜的是脂肪带来的愉悦口感，忧的是脂肪带来的健康隐患。对于幼儿来说，脂肪可是好东西，幼儿正处于快速生长发育期，细胞膜、视神经和视网膜及包括大脑在内的全身各系统，都需要脂肪提供脂肪酸，还有大家熟悉的DHA（omega-3多不饱和脂肪酸）和AA（omega-6多不饱和脂肪酸），就是由脂肪酸转换的。动物脂肪主要是饱和脂肪酸，也就是硬脂酸；植物脂肪主要是不饱和脂肪酸，也就是软脂酸。幼儿需要更多的是不饱和脂肪酸，所以，不宜给宝宝吃动物脂肪，特别是禽畜类动物脂肪。宜给幼儿提供鱼虾、坚果和其他植物脂肪。幼儿每日每千克体重需要脂肪4克。肉类和油类是脂肪的主要食物来源。鱼肉含脂肪很少，且基本上是不饱和脂肪酸，所以，鱼比较适宜幼儿食用。纯瘦肉所含油脂占40%左右，肥肉或五花肉油脂含量几乎是100%，所以，不宜给宝宝吃肥肉和五花肉。不要给宝宝吃动物油，可选葵花籽油、核桃油、橄榄油、豆油等给宝宝做饭菜，每天总量控制在5~8克。

维生素

维生素几乎存在于所有食物中，所以，宝宝只要正常饮食，几乎不会缺乏维生素。维生素有脂溶性和水溶性之分。脂溶性维生素有蓄积性，一次性大剂量摄入，或长期超过生理需要量地摄入，会出现蓄积性超量，甚至中毒，如维生素A、维生素D、维生素E。水溶性维生素排泄快，服用大剂量也会很快被排泄出体外，所以，我们每天都需要从食物中摄入，如维生素B、维生素C。脂溶性维生素在油脂类食物中含量高，水溶性维生素在蔬菜、水果、谷物中含量高。婴幼儿摄入油脂类食物少，日光照射时间相对不足，故需要额外补充维生素A和维生素D，这就是新生儿出生2周后开始补充维生素AD的原因。早产儿需要额外补充维生素E。维生素C有清除体内过氧化物（过氧化物又称“自由基”，积蓄过多对人体有害）的作用，感冒时服用维生素C可缓解感冒症状，宝宝感冒时可给宝宝喝维生素C水。

微量元素

几乎所有的父母都非常熟悉微量元素，也很重视微量元素的检测和补充。实际上，微量元素属于七大营养素中的矿物质，人体需要量低的矿物质被称为微量元素，如锌、铁、硒等；人体需要量高的矿物质被称为宏量元素，如钠、钾、钙等。对父母来讲，这样的区分显得有些凌乱，所以，微量元素几乎成了矿物质的代名词。现在临床常规检测的矿物质有钙、镁、锌、铁、铜，也称微量元素检测。在接下来的内容中，我把矿物质统称为微量元素，以便父母理解。水果中几乎不含微量元素；蔬菜中的微量元素含量不高；谷物、奶、蛋、大豆中含有人体所需的微量元素，但部分吸收较差；肉类食物中含有丰富的微量元素，且吸收好，尤其是铁和锌。奶是高钙食物的代表，肝脏是高铁食物的代表，鱼虾是高锌食物的代表。目前，临床中常见缺乏的微量元素有钙、铁、锌。所以，常见的微量元素补剂也是针对这三种。

父母常为这三种元素的补充感到困惑。到底补不补呢？补什么品牌的好呢？补得够不够，宝宝还缺不缺？其实，父母不必这般为难，这个问题是可以简单化的，我以钙为例说明。幼儿处于生长发育高峰期，骨骼增长迅速，需要大量的钙剂。奶是高钙食物的代表，幼儿每日进食奶量500毫升以上，能提供大约300毫克钙；每日摄入的奶制品（酸奶125毫升或奶酪25克）大约提供60毫克钙；蛋肉每日摄入50~80克，谷物每日摄入40~110克，水每日摄入1210毫升（按宝宝体重11千克，每千克体重需110毫升水计算），还有蔬菜、水果及其他食物，能大约提供100毫克钙。粗略计算，宝宝每日钙的总摄入量约为460毫克，基本满足幼儿每日400~600毫克钙的需求量。如果吸收和利用没问题（充足的维生素AD补充、日光浴、良好的胃肠功能、运动、镁和磷与钙的合理摄入比例），幼儿是不会缺钙的，也无须额外补充。如果宝宝身高增长比较快，食量并不大，可适当补充钙剂。但钙剂补充不是越多越好，补多了，不但会增加宝宝胃肠负担，还会影响他对食物钙的吸收和利用。

纤维素

幼儿的胃肠功能仍比较薄弱，不能消化纤维素含量过高的食物。另外，纤维素含量过高的食物，会影响蛋白质、钙、铁、锌的吸收。所以，幼儿不能额外补充纤维素，也不宜摄入高纤维素食品。

水

水绝不是可有可无的，每天必须让孩子喝白开水，这对孩子的健康非常重要。常听有的妈妈抱怨："孩子就是不喝白开水，只愿意喝苹果汁、梨汁、橙汁、西瓜汁，宁愿喝甜的钙水，也不喝白开水。"说白了，孩子就是喜欢喝甜水和有滋味的水。这样下去的结果就是，等到能自己做主了，孩子就开始买饮料喝。这不能说是孩子的错，喜甜是孩子的天性，孩子从婴儿期就熟悉了甜水的味道，当然就难以接受不甜的白开水了。习惯成自然，好的习惯，必须从小开始培养。不良的习惯一旦养成，纠正起来是很难的。如果宝宝已经养成了喝甜水的习惯，妈妈从现在开始就要逐渐降低水的甜度，争取让宝宝养成喝白开水的习惯。除去奶和食物中的水，每天还需要额外喝400~600毫升的水。

饮食安排

幼儿每餐食物中都应该包含谷物（占食物总量的50%左右）、蛋或肉（占食物总量的20%~25%）、蔬菜（占食物总量的25%~30%）。每天的食物中应包含谷物2~3种、蔬菜2~3种、水果1~2种、蛋1~2种、奶1~2种、肉1~2种，还有其他杂食，每天保证宝宝进食10种以上的食物。此外，每天都应该保证宝宝喝奶（500毫升）、吃蛋（1个）、吃水果（与蔬菜量差不多）。每周都应该保证宝宝吃动物肝2~3次、鱼虾2~3次、豆制品1~2次、坚果1~2次，以及菌菇类、木耳、海带、紫菜1次。争取每餐食谱不同、每天食谱变化，下一周可重复上一周的食谱。按照这样的原则给宝宝提供食物，基本上能够满足宝宝每日所需营养。

父母的任务是给宝宝提供合理的膳食，以保证宝宝摄入均衡的营养。至于孩子是否喜欢吃父母为他准备的饭菜，孩子能够吃下多少饭菜，那是孩子的权利，父母要学会尊重孩子对食物的选择。

任何一种食物都不可能代替所有的食物，营养再高的食物也不能提供人体所需的所有营养素。因此，均衡的营养、合理的膳食搭配是很重要的。

一周食谱举例

◎ 周一

早餐：奶、碎菜鸡蛋羹、奶馒头。

上午加餐：水果。

户外活动：喝水。

午餐：软米饭（小米、大米、红豆），碎菜炒肉末（茄子、土豆、甜椒、鸡肉末），海米冬瓜汤（冬瓜，海米浸泡去盐后剁碎）。

下午加餐：奶。

户外活动：喝水。

晚餐：馄饨（混合了芹菜末、胡萝卜末、黄瓜末的牛肉馅或混合了西红柿末、碎虾仁的猪肉馅），汤中放紫菜。

睡前：奶。

◎ 周二

早餐：奶、奶油面包、鸡蛋羹、蔬菜沙拉。

上午加餐：水果。

户外活动：喝水。

午餐：米饭（大米、紫米、燕麦），炖排骨（猪排骨、莲藕、芋头、白萝卜、红枣，把炖熟的排骨肉剔下与莲藕、芋头、白萝卜一起剁碎，再放些汤）。

下午加餐：奶。

户外活动：喝水。

晚餐：馒头，炒碎菜，猪肝汤（猪肝、甜椒、葱头、胡萝卜）。

睡前：奶。

◎ 周三

早餐：奶，馄饨(对虾、鸡蛋、碎菜末做馅)，汤中放香芹、菠菜。

上午加餐：水果。

户外活动：喝水。

午餐：南瓜大米饭，清蒸鳗鱼，炒碎菜（西葫芦、山药、胡萝卜）。

下午加餐：奶。

户外活动：喝水。

晚餐：馒头，豆腐猪肉丸子汤，汤中放多种蔬菜。

睡前：奶。

◎ 周四

早餐：奶、豆沙包、水煎蛋、蔬菜沙拉。

上午加餐：水果。

户外活动：喝水。

午餐：小馒头，海带炖肉（牛肉、海带、土豆、红萝卜，肉和菜剁碎加汤）。

下午加餐：奶。

户外活动：喝水。

晚餐：软米饭（大米、白豆），清蒸鳕鱼，豆腐汤（南豆腐、鸭血豆腐、奶白菜）。

睡前：奶。

◎ 周五

早餐：奶，三鲜面（荷包蛋1个、面条、对虾、碎菜）。

上午加餐：水果。

户外活动：喝水。

午餐：花卷，油菜炒香菇，三色猪肝汤（猪肝、西红柿、甜椒、葱头）。

下午加餐：奶。

户外活动：喝水。

晚餐：玉米面发糕，清蒸多宝鱼，鸡汤炖菜（鸡汤、土豆、笋、丝瓜）。

睡前：奶。

◎ 周六

早餐：奶，麦穗疙瘩汤（麦穗疙瘩、鸡蛋1个、虾皮一小把洗净去盐、香菜末）。

上午加餐：水果。

户外活动：喝水。

午餐：小馒头，炖鲈鱼，豆腐汤（豆腐、碎白菜叶、海米末）。

下午加餐：奶。

户外活动：喝水。

晚餐：三鲜馅小饺子（虾肉、猪肉、鸡蛋、香菇、油菜、木耳末），银耳大枣枸杞汤。

睡前：奶。

◎ 周日

早餐：奶，面包，水煮鸡蛋，蔬菜沙拉。

上午加餐：水果。

户外活动：喝水。

午餐：八宝稠粥，炖乌鸡，炒三丁（茄子丁、甜椒丁、土豆丁）。

下午加餐：奶。

户外活动：喝水。

晚餐：三鲜馅包子，三色鸡肝汤（鸡肝、胡萝卜、油菜、葱头）。

睡前：奶。

为什么会有如此多的喂养难题

宝宝只能吃到妈妈为他准备的饭菜，但他已经有了自我意识和独立愿望，很多时候，宝宝并不能把妈妈为他准备的饭菜“照单全收”。一方面，妈妈认为宝宝应该吃这些有营养的食物，应该吃这么多的食物；另一方面，宝宝既不按妈妈的要求吃妈妈为他准备的食物，也不按妈妈的期望吃完妈妈准备的饭菜。这也成了“吃饭难”的原因。

宝宝有政策，父母有对策

对宝宝来说，接受某种新口味的食物，通常要经过10次以上的尝试。给宝宝吃从来没吃过的食物时，宝宝既感到新鲜、好奇，又害怕、拒斥。父母要有耐心，不要走两个极端，要么彻底不给吃了，要么强迫宝宝吃。

宝宝政策	妈妈对策	不能这么做的原因
宝宝政策：拒绝吃某一种食物。	妈妈对策：等宝宝饿的时候，再给宝宝吃。妈妈的理论是“饥不择食”。	不能这么做的原因：宝宝太饿或情绪不好时，不是添加新食物的时机。如果宝宝表现出很不喜欢吃某种食物，应该考虑改变烹饪方法，再尝试着给宝宝吃。如果宝宝还是不吃，就等几天再给宝宝吃。和宝宝较劲的结果只会更糟糕，强迫的结果是宝宝更不接受那种食物了。不愉快的进食经历，是导致宝宝厌食的原因之一。
宝宝政策：特别爱吃某种食物。	妈妈对策：既然宝宝这么爱吃，就让宝宝吃个够。妈妈的理论是“之所以特别爱吃某种食物，一定是宝宝身体里缺乏这种食物中所含的营养素”。	不能这么做的原因：宝宝特别爱吃某种食物，并不意味着宝宝身体里特别缺乏这种食物中所含的营养素。相反，宝宝过多地摄入某种食物，不但会加重胃肠负担，长期下去，还会营养不均衡。再有营养的食物也不能一味地喂给宝宝吃；宝宝再爱吃的食物，也要适当限制，不能让宝宝吃厌、吃腻为止。

追着喂饭

妈妈端着饭碗，跟在宝宝后边，宝宝跑到哪儿，妈妈就追到哪儿，宝宝停下来，妈妈就赶紧喂宝宝一口饭。宝宝还时常把小头扭到一边，或把饭吐出来。妈妈意识到，养成这样的吃饭习惯非常不好。可又能怎么样呢？“总不能让宝宝饿着吧。”我常听妈妈这样申辩。

“不要跑了，再跑妈妈不给吃了。”这些话语对宝宝来说都是“废话”，宝宝一句也听不进去，妈妈应该马上停止这样做。这个月龄段的孩子非常活跃，很难老老实实地坐在那里等着妈妈喂饭，妈妈可不要顺着宝宝来，宝宝跑到哪里就追到哪里。应该让宝宝坐在餐厅里进餐，给宝宝准备一个幼儿餐椅，没吃完饭，不能离开。

规矩多

过多的规矩并不能使幼儿尽快学会吃饭。在饭桌上，妈妈总是说“不要这样，不许那样”，幼儿可能会对吃饭失去兴趣，给厌食或偏食埋下风险。在餐桌上，父母应该更多地鼓励宝宝，营造其乐融融的进餐环境，不但对宝宝好，对父母也好。

不要强化宝宝偏食倾向

我常常听到爸爸妈妈当着孩子的面讲类似的话：这孩子不爱吃某某食物；这孩子就爱吃某某食物；这孩子偏食得厉害，真是拿他没办法；这孩子不爱吃饭，只爱吃零食……爸爸妈妈当着孩子的面这么说，对于孩子来说，相当于承认孩子的饮食习惯是被爸爸妈妈认可了。不但如此，孩子还从爸爸妈妈那里验证了自己的饮食习惯。孩子原本没有这样的总结能力，不知道自己到底有怎样的饮食喜好，爸爸妈妈给了他明确的结论，这无形中帮助孩子加深了不当的饮食习惯。不但在饮食上，在其他方面，爸爸妈妈也常常会这么做。在这里我要劝告爸爸妈妈，在孩子面前讲话要谨慎，不要强化孩子不该做的事情。

让吃饭成为快乐的事

宝宝对饮食挑剔，是自主能力提高的表现。强迫宝宝吃东西，则是导致宝宝厌食的主要原因。孩子在一天天长大，对饮食的喜好也会发生变化。不能要求孩子每天都按照爸爸妈妈的安排和要求，吃完为他准备的所有饭菜。不必因为担心宝宝营养不足而强迫他吃饭。还宝宝吃饭的快乐，让吃饭变得更自然一些，宝宝就不会那么抗拒了。让宝宝自己动手吃饭，会极大地调动他的主观能动性，增加他吃饭的乐趣。宝宝越早学会自己吃饭，越不容易出现吃饭问题。

不要忽视谷物

父母都认为宝宝最需要优质的蛋白质，便使劲让宝宝吃各种蛋、肉、奶制品，用奶代替水，用蛋肉代替粮食。给宝宝吃牛初乳、高蛋白粉、各种高营养素片，以及名目繁多的补养品，却忽视了谷物的摄入。

谷物常被人认为营养价值不高，是廉价的食物，不被推崇。宝宝能吃就吃，不能吃就算了。其实，父母忽略了，宝宝每天需要的热量绝大部分应该由谷物提供。谷物提供热量，既直接又快速，所产生的代谢产物是水和二氧化碳，水可以被身体重新利用，二氧化碳通过肺呼出体外。对身体来说，谷物属于“绿色食物”。如果由蛋肉等高蛋白食物提供热量，蛋白质和脂肪在产生热量的同时，还会产生有害的代谢产物，增加肝肾负担。

新鲜、自然、丰富的食物

直接吃大地生长出来的自然食物，要比吃经过加工的添加了防腐剂、食用色素、香料、味精、糖精、油脂、过多的食盐等的工业加工食品好得多。适当多吃一些含麦麸的面食，要比吃精细加工过的面粉更有利于健康。无论什么食物，也不可能提供人体所需的所有营养素。合理搭配是最好的饮食习惯。

在饮食喜好方面，孩子之间存在着个体差异。有的孩子喜欢吃盐味重的炒菜，喜欢吃油多香甜的饭菜，这没有什么奇怪的。妈妈孕期和哺乳期、父母日常的饮食习惯，对孩子日后的饮食习惯都会产生潜移默化的影响。可以说，幼儿的饮食习惯是父母影响和培养的结果。要想孩子不偏食，父母首先不能偏食。

喂养的误区

食物营养最重要，无须注重搭配

不重视食物搭配是常见的喂养误区。大部分父母知道蛋黄和菠菜含有丰富的铁，却很少知道蛋黄和菠菜中铁的吸收比较差。动物肝和动物血含铁高，吸收好，是最佳的补血食品，瘦肉、红枣、芝麻等也是高铁食物。维生素C有利于铁的吸收和利用，高铁食物宜与富含维生素C的食物同食。所以，动物肝与西红柿、甜椒、葱头等食物一起烹饪，有利于铁的吸收。草酸有碍铁的吸收，动物肝不宜与绿叶蔬菜一起烹饪。

零食绝对不能吃

宝宝只要醒着就会动个不停，会消耗很多的热能。正餐之外适当地补充一些零食，能更好地满足宝宝新陈代谢的需求，也是宝宝摄取营养的重要途径。外出郊游时带些零食，既能充饥，又给了宝宝吃零食的机会，给旅途增加了许多快乐。父母需要做的是控制宝宝吃零食的尺度，而非完全拒绝宝宝吃零食。

边吃饭边喝水

饭前、饭后或吃饭时喝水会稀释消化液，减弱消化液的活力，特别是对于消化功能还未发育完善的宝宝来说更是如此。边吃饭边喝水还会出现胃部饱胀感，影响食量。而宝宝口渴时，只想喝水，不想吃饭。所以，两餐之间不要忘了给宝宝喝水。

第四节 日常生活护理

睡眠变化

一觉睡到大天亮

随着月龄的增加，宝宝白天的睡眠时间逐渐缩短。到了这个月龄段，有的宝宝上午不再睡觉，只在午饭后睡上两三个小时；早起的宝宝，上午还会睡一个小时左右；有的宝宝傍晚还要睡一小觉。多数宝宝会从晚上八九点钟，一直睡到早晨五六点钟，甚至睡到六七点。这会让爸爸妈妈非常高兴，爸爸妈妈再也不用半夜睡眼惺忪地起来哄孩子了。

开始半夜醒来

并不是所有的宝宝到了这个月龄段都能一觉睡到天亮。在睡眠方面，存在着显著的个体差异。

·如果宝宝半夜醒了，不哭不闹，自己在那里玩，父母千万不要出声，也不要理会，只需要静静地等待宝宝自己入睡。

·如果宝宝半夜醒来，翻过来滚过去，注意不要让宝宝碰到你的身体，宝宝正处于浅睡眠期，很容易被惊醒。如果不被惊醒，宝宝会从浅睡眠转入深睡眠。一旦被惊醒，他就彻底醒了。

·如果宝宝半夜醒了，哼哼唧唧，不断吸吮手指，不要误以为宝宝渴了饿了，抱起宝宝就喂水喂奶。这样反复几次之后，宝宝一觉睡到天亮的日子就一去不复返了。

·如果宝宝开始哭闹，但只是小声哭，爸爸妈妈只需要轻轻拍拍宝宝，不要出声也不要抱起宝宝，宝宝很快就会平静下来。

·如果宝宝哭声变大，就抱起宝宝，轻摇轻晃，哼着摇篮曲，等待宝宝平静下来。这时既不要开灯，也不要大声说话。

·如果宝宝开始剧烈哭闹，爸爸妈妈万万不可急躁，一定要保持冷静，仍然轻拍轻摇，宝宝就能尽快安静下来。

·如果宝宝已经清醒，可尝试着给宝宝喝点儿水。如果宝宝拒绝喝水，可以问问宝宝是否要喝奶，如果宝宝不反对，就可喂点奶。

总之，冷静而耐心地对待半夜醒来的宝宝，会让宝宝更顺利地再次入睡。

从来都没一觉睡到天亮

有的宝宝从出生到现在，从来没有睡过一个整夜，总是在半夜醒来，甚至多次醒来。这样的孩子一定有睡眠障碍吗？答案是否定的，除非医学上证明你的孩子有睡眠障碍，否则你就要相信孩子是正常的。

宝宝从来都没睡过一个整夜，最有可能的原因是，早在新生儿期，爸爸妈妈或看护人就总是抱着孩子，宝宝睡梦中有点儿动静，就马上抱起来，又是哄，又是拍，又是摇。宝宝已经习惯了这样的睡眠方式——深睡眠自己睡，浅睡眠抱着睡；一旦进入浅睡眠，就必须抱起来哄，自己不会从浅睡眠转入深睡眠。尽管已经养成了这样的睡眠习惯，宝宝也不会一直这样下去的，随着月龄的增加，宝宝会慢慢学着自己入睡，学着从浅睡眠转入深睡眠。但这需要过程，有的宝宝到了幼儿期就不再半夜醒来，有的宝宝要再过半年或一年，才能一觉睡到天亮。

无论如何，有一点是肯定的，如果宝宝不能一觉睡到天亮，爸爸妈妈必须有极大的耐心，抱怨和生气只会使事情变得更糟。

白天睡眠变化大

有的宝宝不但上午不再睡觉，午饭后也不想睡觉了，到了傍晚可能就困得睁不开眼了，连晚饭都不能和爸爸妈妈一起吃。睡到晚上七八点宝宝醒了，精神十足，到了半夜才肯睡觉。这可苦了爸爸妈妈，累了一天，终于到晚上该休息了，宝宝却睡醒了。怎么办？爸爸妈妈应该帮助宝宝改变睡眠习惯，让宝宝逐步从傍晚睡觉改到午饭后睡觉。

早睡早起

有的宝宝晚上睡得很早，早晨醒得也很早，是那种日落而息、日出而起的孩子。这样的宝宝被认为具有良好的睡眠习惯。但对于有的爸爸妈妈来说，这可不一定是好事。因为他们喜欢晚睡晚起，早早醒来的宝宝是不会让他们睡懒觉的。早睡早起的睡眠习惯有利于身体健康，如果爸爸妈妈确实无法实现早睡早起，就继续你们的睡眠习惯，同时也尊重宝宝的睡眠习惯，总有一天你们和宝宝会养成同样的睡眠习惯。

早睡但不早起

有的宝宝尽管晚上睡得很早，但早晨并不能很早起床，原因是半夜醒来要妈妈陪着玩。让爸爸妈妈最难以忍受的是半夜醒来哭闹的孩子，因为担心这是疾病所致，爸爸妈妈还会带孩子去就诊。如果接连几个星期都是这样，爸爸妈妈的忍耐可能就到了极限，可能会大声训斥孩子。遇到这种情况，爸爸妈妈最需要做的就是学会接受和理解。宝宝会一天天长大，一天天进步，爸爸妈妈的接受和理解会使孩子更早地建立起良好的睡眠习惯。

变化无常

这个时期的幼儿每天都在发生着变化。前段时间还不午睡的宝宝，可能从今天开始又午睡了；前几天还一觉睡到天亮的宝宝，可能突然半夜醒来玩；前段时间还晚上八九点睡的宝宝，可能突然到了十点还不睡；前几天还睡到早晨八九点的宝宝，可能突然成了“唱晓的百灵鸟”。

面对孩子的变化无常，让爸爸妈妈坦然处之实在不容易。倘若宝宝不睡觉，但玩得很开心，没有异常情况，爸爸妈妈的担心程度就会低得多。如果宝宝在睡眠前后或睡眠中哭闹，爸爸妈妈则会非常不安。睡眠中突然大哭，有可能是宝宝白天受到某些刺激，或玩得过猛，被噩梦惊醒。这时，妈妈要搂住孩子，不要出声，也不要使劲摇晃，静静地抱着孩子，孩子就会慢慢平静下来。

训练尿便需争取宝宝合作

这个月龄段的宝宝不能控制尿便是再正常不过的事了。如果宝宝已经能够控制排尿或控制排便，那是相当优秀的。如果宝宝愿意接受训练，从现在开始教宝宝控制尿便未尝不可。但现在孩子愿意接受训练了，并不意味着他能够坚持下来，直到能够很好地控制尿便。孩子很可能会一反常态，开始出现反抗、抵触、执拗等情绪。这个时候，父母最好“软着陆”，切莫硬碰硬。

如果宝宝从一开始就对父母的训练很反感，甚至反抗，父母就没必要坚持训练了。坚持的结果，不但不能使宝宝学会控制尿便，反而会推迟宝宝能够控制尿便的时间。所以，是否开始训练宝宝控制尿便，应该根据宝宝的意愿，顺势而为。

有些原本已经能控制尿便的宝宝又开始尿床、拉裤子了，这是正常现象，父母不要认为宝宝出现了行为倒退。这说明，前一段时间，宝宝并非真的能够控制尿便了，只是在父母的提醒和帮助下，把尿便排在了便盆中。新奇劲过去了，宝宝不再对把尿便排在便盆中那么感兴趣了，自然又回到了“过去”。

两种态度

当宝宝把尿便拉在裤子里时，父母采取什么样的态度，对宝宝控制尿便有很大的影响，对宝宝的心理发育也会产生间接影响。

◎ 第一种态度

妈妈不耐烦地说："你这孩子，告诉你多少次了，有大便告诉我！"妈妈一边为孩子收拾残局，一边唠叨着，动作也是很粗鲁的。

结果会怎样呢？孩子会有一种羞耻感，觉得自己做错了事，自己的排泄物被妈妈厌恶了。宝宝或许会从此对排便产生厌恶感，拒绝排便，导致大便干燥；或许会感觉自己被妈妈抛弃了，不再信任妈妈。在孩子的心里，妈妈是他最信任、最依赖、最亲近的人，如果孩子感到妈妈不爱他了，或不信任妈妈了，就会从内心产生一种恐惧感。

◎ 第二种态度

妈妈平静而和蔼地说："宝宝拉了，趴在这里，妈妈帮宝宝收拾干净。"妈妈边收拾，边告诉宝宝："要坐在便盆上拉，妈妈喜欢会坐便盆的宝宝，下次有大便告诉妈妈，好吗？"

这样宝宝得到的信息是明确而清晰的。宝宝不会因为妈妈的好态度和好言语而放纵自己。孩子需要妈妈的鼓励，总是想做得好，让妈妈高兴，希望和妈妈建立一种相互信任的关系。孩子的情感是很丰富的，如果爸爸妈妈忽视了这一点，就会伤害到孩子。如果爸爸妈妈能控制好自己的情绪，学会尊重孩子，对孩子的教育就成功了一半。

常有小病不是体质差

宝宝常有小病不是体质差。父母对待宝宝生病的态度、采取的措施和护理方法等，与宝宝未来的体质好坏关系密切。幼儿经常流鼻涕、打喷嚏，有时发烧，有时咳嗽，有时大便不正常。父母切莫见不得孩子生病，有点儿风吹草动就往大医院跑，有点儿异样就给宝宝吃消炎药等。这样做的后果是宝宝身体越来越弱，药吃得越来越多，药效越来越差。

宝宝拥有先天的免疫系统，能够抵御外界微生物的侵袭。也就是说，每一次生病，对免疫系统都是一次考验，我们要呵护宝宝的免疫系统，让宝宝在遭受致病微生物侵袭时，主要依靠自身免疫力发挥作用，药物只作为一种辅助，以此来帮助宝宝增强自己的免疫力，而不是削弱和破坏其免疫力。

不同季节的护理要点

春季护理要点

春天是万物复苏的季节，最适宜带宝宝郊游，让宝宝认识大自然中的一草一木，是提高宝宝认知能力的好时机。教宝宝看嫩芽的形状、叶子的茎脉、忙碌的昆虫等，是让幼儿热爱大自然、关心大自然、开发幼儿智力的好方法。

柳絮到处飘落的季节，有的宝宝会产生过敏反应，如鼻子痒、流鼻涕、打喷嚏，甚至出皮疹。如果宝宝有过敏症状，就注意避开会引起过敏的环境。多数情况下过敏症状过一段时间就会好的，不需要治疗。如果有咳嗽、喘息等比较严重的过敏反应，请及时带宝宝看医生。

春季幼儿有患疱疹性咽峡炎的可能，典型症状是持续发热3天左右，体温可达38℃以上，退热药临时有效，停药后体温再次上升。检查可见咽部疱疹，疱疹溃破可形成溃疡。此病属自限性疾病，自然病程1周左右。有的宝宝会因疱疹溃破导致咽部疼痛，口水增多，不敢进食。

春季气候干燥，是咽炎的多发季节，要注意补充水分，鼓励宝宝勤喝水。春季气温忽高忽低，气候不稳定，北方有春寒现象，冻人不冻水，虽然冰雪开化，却仍是寒风瑟瑟，不要过早地减衣服。南方过了春节，天气就一天比一天暖和，爸爸妈妈可根据自己的感受，给孩子减衣。

春季是幼儿身高增长最迅速的季节，要注意补充营养，不要让孩子缺钙，缺钙会影响身高的增长。北方冬季寒冷，日光照射不足，钙的吸收受到影响，春季户外活动时间增加，骨骼吸收钙的速度加快，要给宝宝提供高钙食物，如奶制品、虾皮等，可适当补充钙剂。如果宝宝食欲不是很好，食量比较小，身高增长速度减慢，建议给宝宝适当补充锌剂，增加食欲。再好的营养品都比不上合理的膳食，一定要给宝宝提供丰富的饮食，为宝宝制定合理的膳食结构，烹饪宝宝喜欢吃的佳肴。充足的睡眠、适当的运动、愉快的心情也是宝宝身高增长的重要因素，爸爸妈妈不可忽视。

夏季护理要点

◎宝宝“苦夏”的表现

宝宝也会“苦夏”？当然！幼儿甚至比成人更容易“苦夏”。宝宝出现以下情况时，爸爸妈妈要想到“苦夏”的可能。

· 食欲下降，到了喝奶或吃饭的时间，宝宝却没有吃饭的欲望，甚至皱起眉头，表现出无精打采的样子。

· 食量减少，原来一次能喝200毫升的奶，可现在连100毫升都喝不了了。原来一会儿就吃完了一碗饭，可现在磨磨蹭蹭的，不但吃得少，还吃得慢。

· 睡眠不安，原来一晚上有几个小时安稳的睡眠，现在几乎整夜翻来覆去，感觉不舒服的样子。

· 从外表上看，和前一段时间相比宝宝既没有胖，也没有瘦。

· 气色不是很好，面色显得有些黄白，口唇颜色也不如原来红润了。

◎宝宝“苦夏”怎么办

· 给宝宝提供可口的饭菜，在保证营养的前提下，尽量做清淡易消化的食物。

· 不强迫宝宝吃饭，尤其是当宝宝拒绝吃某种食物时，一定不能因为怕宝宝营养不够强迫宝宝吃。

· 每天给宝宝做点儿消暑、助消化的食物，如绿豆汤、苦瓜水、山药莲子百合粥等。蛋、奶和豆制品要比肉类食物易消化，也能保证蛋白质和营养的供应，可适当减少肉类食物，增加奶、蛋和豆制品类食物。但要注意，夏季豆制品很容易变质，最好自己磨豆浆喝，如购买豆腐，一定要购买放在冷餐柜中的豆腐和豆浆。

· 尽量给宝宝创造凉爽舒适的环境，闷热的环境会加重宝宝的“苦夏”症状。

◎ 防晒伤

有的宝宝对紫外线过敏，照射阳光后，皮肤发红，甚至起红色小丘疹，有痒感，抓挠后，会出现一道道抓痕，甚至出血结痂。有的宝宝对紫外线异常敏感，阳光照射后会出现明显的晒伤，皮肤出现红肿热痛，甚至破损，宝宝会因此哭闹不止。涂抹治疗晒伤的外用药，会使疼痛加重，孩子哭闹得更厉害。晒伤治疗不能立竿见影，所以，一定要注意防护，如果宝宝晒后皮肤明显发红，就有被晒伤的可能，要注意防晒。防晒的方法有很多，如使用防紫外线伞、戴遮阳帽、穿长袖衫和长裤、涂防晒霜、在树荫下乘凉等。

◎ 防蚊虫叮咬

为了避开高温，家人会在傍晚带宝宝到户外活动，而这时正是蚊子活跃的时候。为了防蚊，可在宝宝身上擦防蚊水，也可在衣服上喷花露水或贴上防蚊贴，洗澡时在水中加艾叶草、十滴水或维生素B1片等，还可拿把扇子在宝宝周围慢慢扇风。被蚊子叮咬后，涂肥皂水或苏打水有止痒作用，也不会起很大的包。涂淡氨水也很有效，但要注意安全，不要把淡氨水放在宝宝能拿到的地方。

◎ 避免病从口入

夏季蚊蝇比较多，如果宝宝吃了被携带病毒细菌的苍蝇污染的食物，就有罹患肠炎的可能。在冰箱内放置的食物要加热后再给宝宝吃。冰箱不是消毒柜，食物不能久置冰箱中。酸奶在常温下放置时间长了，宝宝喝后会腹泻，所以从冰箱取出后在常温下放置超过2个小时的酸奶就不要给宝宝吃了。

◎ 防乙型脑炎

乙脑疫苗是国家计划免疫项目，每个孩子都必须接种，而且要复种。如果由于某些原因，宝宝没有及时接种乙脑疫苗，要及时与防疫机构取得联系，进行补种。如果到了乙脑流行季节，补种已经来不及了，或宝宝不能接受乙脑疫苗，爸爸妈妈千万要保护好宝宝，不要让宝宝遭受蚊子的叮咬。

◎ 防皮肤感染

幼儿好动，很有可能出现皮肤擦伤。宝宝活动时，要给宝宝穿能盖住膝盖的裤子，穿短裤时最好戴上护膝。不要给宝宝穿拖鞋，最好不要穿前面露脚趾的那种凉鞋，以免磕伤脚趾甲。夏季出汗多，常洗澡，破损的皮肤不易愈合。皮肤一旦受伤，要彻底清理伤口，以免感染。

◎ 防痱子

夏季要勤洗澡，不要让汗液长时间停留在宝宝身上；不提倡使用痱子粉，最好选择痱子水或痱子乳膏；不要给宝宝穿太多衣服或盖太厚的裤子；洗澡时可在水中加十滴水或艾草；给宝宝多饮水，让宝宝多进食易消化的清淡食物。

◎ 防感冒

夏季感冒多是出汗后受凉所致。室外烈日炎炎，宝宝汗流浃背，回到家里，室内温度很低，汗一下子就下去了。这是夏季常见的感冒诱因。因此，要避免室内外温差过大，比较安全的温差是7℃，但这很难做到。比如，在炎热的夏季，室外温度高达36℃以上，考虑到7℃的温差，室内温度应调到29℃，而29℃的室温仍会让人感到闷热，可考虑调到26℃、27℃，但不要把室内温度调得太低。

秋季护理要点

夏秋交替，气温不稳定，要注意根据天气变化增减衣服，不要过早地给宝宝增加衣服。秋天常常是早晚凉、正午热，带宝宝外出时，要适时调整宝宝的穿戴。当妈妈感觉热的时候，要在宝宝还没有出汗前把外衣脱掉。如果宝宝已经出汗了，就不要脱掉衣服了。到了傍晚，再给宝宝加上衣服。

到了深秋，宝宝的呼吸道会受到冷空气刺激，出现咳嗽等症状，爸爸妈妈不要动辄给宝宝吃抗生素，可给宝宝煮梨水喝，还可放少许陈皮和罗汉果。

秋末冬初，宝宝可能会感染轮状病毒，患上秋季腹泻。即使服用了预防秋季腹泻的疫苗，也难免被感染。秋季腹泻的典型症状有呕吐、发热和腹泻。宝宝如果患了秋季腹泻，妈妈不要着急，留取大便及时送医院检验，如确诊，遵医嘱用药。需要提醒的是，秋季腹泻是病毒感染，不需要服用抗生素，更不需要静脉输入抗生素。治疗的关键是补充丢失的水和电解质，口服补液盐是最佳选择，一点点、不间断地喂，丢多少补多少。辅助治疗用品有益生菌、蒙脱石散和锌剂，抗病毒药对秋季腹泻的治疗效果不是很确切。秋季腹泻的病程在1周左右。

冬季护理要点

冬天不要急于给孩子加衣服，让宝宝慢慢适应逐渐转冷的天气，以便宝宝能够承受冬天的寒冷。

通常情况下，南方的父母不会给孩子穿很厚的衣服，尽管南方室内温度比北方的还要低；也不会因为冬季到来，减少宝宝的户外活动时间。所以，南方的宝宝通常比北方的宝宝更能耐受寒冷。

因为北方寒冷，取暖设备比较完备，冬季的室内温度比南方还高。这也是北方冬季护理宝宝的最大问题，就是室内温度过高，室外温度过低，室内外温差很大。而且，北方冬季干燥，这也是冬季北方的宝宝容易感冒的诱因之一。

要想让宝宝少感冒，锻炼宝宝的耐寒能力是很重要的。室内温度不要过高，建议最高不要超过24℃。干燥也是感冒的诱因之一，室内湿度最好在50%左右。

冬季是流脑的流行季节，流脑并没有因为预防接种的普及而消灭，仍时有发病。要在冬季来临时给宝宝接种流脑疫苗。

冬季是幼儿呼吸道感染的高发季节，宝宝可能会反复感冒、咳嗽、发烧，要谨慎使用抗生素。滥用抗生素不但会产生大量的耐药菌（就是说大部分的抗生素不能杀死这种细菌），对孩子身体也有伤害，没有副作用的抗生素几乎不存在。

预防意外事故发生

随着月龄的增加，宝宝肢体和手的精细运动能力有了很大进步。3岁前的幼儿没有危险意识，什么都敢动，什么都敢拿，什么地方都敢上。父母一定要注意预防意外事故的发生。

孩子从高处摔下来是比较常见的现象，尽管摔伤的概率不大，但总是存在着风险。幼儿对未发生的、看不到的危险是没有恐惧感的。他的恐惧感更多是来源于过去的经验，这种经验被储存在大脑中，成为一种符号。当宝宝再次遇到类似的危险时，储存在大脑中的记忆就会被调动起来，刺激神经中枢，得出“此事危险”的结论。但是，一次不强烈的刺激，不足以让十几个月的幼儿产生“危险经验”。即使产生了，也是短暂的，过一段时间，他就忘得一干二净了。

不仅亲历的危险会让幼儿产生恐惧感，父母告诉过的、老师教过的，还有在电视上、图书里看到过的，也会让幼儿获得“危险经验”。

预防意外无小事

只有父母想不到的意外，没有绝不可能发生的意外。具有足够的预防意识，能避免绝大多数意外的发生，至少能减轻伤害。比如带孩子乘车，把孩子放在安全座椅上，要比抱着孩子安全得多；让孩子坐在后排座位上，要比坐在副驾驶座位上安全得多。

·“不可能发生这样的意外”的思想不能有。

·当意识到“这样做会有危险”时，你要果断而坚决地制止可能招致危险的行动。

·当意识到“这个环境不能保证孩子安全”时，你要马上把孩子抱离。

·尽管你已经把孩子置于你认为安全的环境中了，也不能把孩子一个人丢在一边不管，你的视线始终不能离开孩子。

·当不能保证新来的保姆拥有安全知识和技能时，你不能把保姆和孩子单独留在家里。

·不要只以你的视角考虑环境是否对孩子安全，还要从孩子的视角去考虑。

·不要对高处等你认为孩子够不到的地方掉以轻心，孩子可能毫不费力就能爬到你放置危险物的高处。

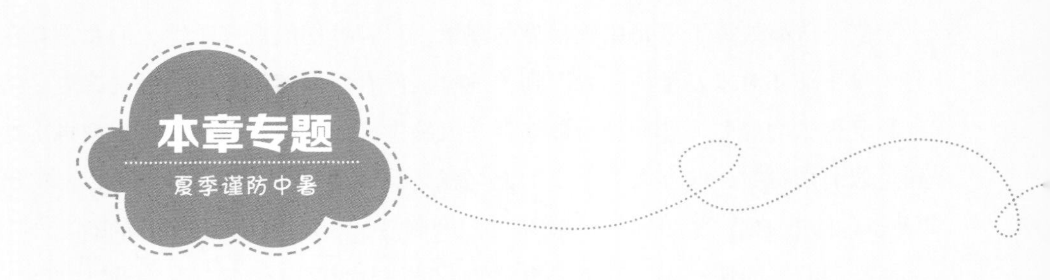

在炎热的夏季，父母很容易判断典型的中暑，但不典型的中暑就不那么好判断了，容易被误认为是感冒或其他状况。所以，父母要了解中暑这件事。

◎ 发生中暑的外在条件

天气闷热，没有一丝凉风，感觉有些低气压，胸部闷闷的，因感到燥热，心静不下来。

室内温度比较高（30℃以上），不断地出汗，身上感觉总是湿漉漉、潮乎乎的，用手摸摸皮肤，会感觉粘手。

天气很热，但感觉汗液出不来。

宝宝在太阳光下玩耍时间过长。

◎ 宝宝中暑时可能出现的症状

宝宝刚才还欢快地玩耍，突然就没了精神。

面色发白，有些烦躁，开始闹人，困倦。

食欲下降，甚至拒食。

恶心，甚至呕吐。

体温升高或多汗。

◎ 预防宝宝中暑的有效方法

天气闷热，气温过高时，要想办法降低室内温度。

空调并非不能使用，只是不要把温度调得太低。如果是中央空调，可调到24℃；如果是单机空调，可调到26℃。可用薄布挡在中央空调的通风口处，以免冷风直接吹到宝宝。单机空调可把风叶朝上张开，让风直接吹向房顶，要调至最小风速。南方水汽大，可打开除湿功能。北方“桑拿天”时也可把除湿功能打开。

如果使用电风扇，一定不能让电风扇直接吹向孩子的方向。没有安全防护的电风扇，一定不要放在孩子能够触摸到的地方，以防宝宝把手伸向电风扇的叶片。

多给宝宝喝水，夏季宝宝出汗多，显性失水和非显性失水都比较多。但是，幼儿不到渴得不得了的时候，不知道要水喝。所以，不能等到宝宝要水喝的时候，才给宝宝喂水。爸爸妈妈或看护人一定要主动给宝宝喝水，每天最少要喝400毫升的水。

带宝宝到户外玩耍时，一定要把宝宝带到有树荫的地方，切莫让宝宝在太阳下玩太长的时间。

最好在早上和傍晚稍微凉爽的时候带宝宝到户外玩耍。

户外非常热的时候，不要让宝宝持续追逐奔跑，玩一会儿，就让宝宝休息片刻，喝点儿水，再去玩。

◎ 怀疑宝宝中暑时，父母怎么办

请立即把宝宝带到通风凉爽的地方。

给宝宝喝水，也可喝绿豆汤或苦瓜水。

如果宝宝发热，不要给宝宝服用退热药，而是把宝宝放到温水中（水温比体温高0.5℃）泡3~5分钟。让宝宝多喝水，在水中放几滴藿香正气水。

如果宝宝恶心呕吐或体温超过39℃，请立即带宝宝去医院。

第三章

14~15个月的宝宝

本章提要

» 令人忍俊不禁的“燕飞式”走路姿势；
» 用手指向自己想要的东西，用食指和拇指捏起很小的物体；
» 模仿父母发音、开口说话的宝宝多了起来；
» 越来越有主见，不听话，耍小脾气；
» 父母的养育策略对宝宝至关重要……

第一节 生长发育

大运动能力

“燕飞式”走路

刚刚学习走路的宝宝，会像燕子飞翔一样，把两只胳膊张开。宝宝运用自己的胳膊调整身体平衡，如同飞机的机翼、蝴蝶的翅膀。这是这个月龄段宝宝特有的走路姿势。给宝宝留下美好真实的瞬间吧，那将是爸爸妈妈送给宝宝的一份特殊礼物。待到宝宝走稳了，身体平衡了，胳膊就会自然地垂放在身体两侧，前后摆动向前行走了。

不管宝宝从多大开始迈出第一步，从开始走路到走得稳当，通常都需要6个月的时间。如果宝宝从11月龄时开始迈出第一步，到了这个月走得就已经比较稳了。如果宝宝在13月龄时才开始迈出第一步，那么到了这个月，走路不稳是很正常的，妈妈无须着急。

宝宝像个“不倒翁”

宝宝开始学习走路时，不是向左歪，就是向右歪，不是向前冲，就是向后仰，往往把爸爸妈妈吓出一身冷汗。可宝宝就像个不倒翁，总能回到原点。即使倒了，也毫不在乎，骨碌一下就重新站起来，仍然乐此不疲地摇来摆去。只要父母别惊呼，宝宝就不会紧张，更不会退缩。

用脚尖站立

宝宝会走了，可爸爸妈妈发现，宝宝有一只脚是以脚尖着地的，甚至看起来像在跛行。这可急坏了爸爸妈妈，不知道宝宝得了什么病。请爸爸妈妈不要着急，宝宝在学习走路初期，会有这种现象，随着不断练习，他就不会这么走路了，爸爸妈妈要耐心等待。如果爸爸妈妈很担心，带宝宝去看一下医生也无妨。如果医生确定宝宝没有什么问题，爸爸妈妈就可放心了。

小脚丫也长本事了

宝宝会扶着栏杆或其他物体，抬起一只小脚丫，把脚下的皮球踢跑了。爸爸妈妈可别小瞧宝宝的这一抬足，抬腿踢球这个动作，需要宝宝同时具备很多能力才能完成。只有当宝宝有了平衡能力，一条腿足以支撑起整个身体，同时又能够把一只脚腾空，并摆动下肢的时候，才能把球踢出去。在宝宝还不能独立完成抬腿踢球这个动作时，父母也可托住宝宝腋下，帮助宝宝完成这个动作。

弯腰拾物

有的宝宝不扶着物体，就能弯腰拾物；有的宝宝几个月后，才会弯腰拾物；有的宝宝早在上个月，甚至更早时就具备这个能力了；有的宝宝蹲下拾物时会摔屁墩儿。宝宝存在这些能力发展上的差异是正常的。

宝宝的平衡能力

人的耳朵里有一个特殊的传感器，是专门负责人体平衡的，这个灵敏的传

感器无时无刻不在帮助我们，让我们保持某种姿势，不至于常常摔倒。在宝宝的小耳朵里，也有这么一个传感器，随着宝宝月龄的增加，这个传感器越来越能干，伴随着宝宝一步一步成长起来，帮助宝宝学会在黑暗中、水平面上、斜坡上保持身体直立。随着宝宝平衡能力的增强，凭借直觉，宝宝似乎明白了怎样让自己的身体保持平衡。

走路“外八字”

◎ 妈妈的疑问

我的女儿15个月了，她从13个月时开始走路，至今仍能明显看出两个脚尖在迈步时均向外撇。有没有什么好方法可以纠正孩子走路的姿势？另外，有人对我说，我的女儿可能缺钙，所以走路才会一撇一撇的。是这样吗？

咨询类似问题的父母还真不少。当宝宝走路呈现“外八字”或“内八字”时，妈妈常常会将这种现象和缺钙联系在一起，甚至怀疑宝宝大脑有问题。其实，宝宝从学习走路，到走得很稳，通常需要半年的时间。在这半年中，宝宝不但走不稳，还经常摔跤，走路姿势也常现异样，父母要给宝宝学习的时间。但是，有如下情况时父母需要带宝宝看医生：

·鸭步样走路。如果宝宝走路像只小鸭子，一拽一拽的，要及时看医生，排除髋关节问题。

·脚尖走路。如果宝宝还是用脚尖走路，腿硬硬的，很不协调，要及时看医生，排除肢体运动障碍。

·两腿软软的，站不稳，即使爸爸妈妈扶着，也不能迈步走路，就要注意了，最好带宝宝看医生，排除神经肌肉系统疾病。

上下楼梯

宝宝可能会发现上楼梯比下楼梯容易，也可能会独自爬上6~10个台阶。如果妈妈牵着宝宝的手，宝宝或许能爬上好几段台阶。

精细运动能力

宝宝的精细运动能力主要表现在手的运用能力上。到了幼儿期，随着月龄的增加，宝宝手的运用能力进步飞快。宝宝手的精细运动能力反映了宝宝的智力发育水平，要给宝宝充分的动手机会。这个月龄段的宝宝，动手能力已经比较强了，会模仿着别人用手做各种事，比如把手机放到耳朵上、使用空调和电视遥控器、用梳子梳头、用扫帚扫地、把玩具收到玩具柜中等。

会搭积木，会拿勺吃饭

宝宝的小手越来越灵活了，会把两块积木搭起来，动手能力强的宝宝，可能会把三四块积木搭在一起。宝宝会把小桶中的玩具拿出来，并放回小桶；宝宝还会自己拿勺吃饭，能用两只手端起自己的小饭碗，很潇洒地用一只手拿着奶瓶喝奶、喝水。爸爸妈妈可能会惊讶地发现，宝宝还能用食指和拇指捏起线绳一样粗细的小草棍，拾起地上或床上的一根发丝。

用手指向他要的东西

宝宝对所见物品变得敏感起来，而且开始对物品感兴趣，想通过手的触摸认识物品。过去，宝宝还不能通过用手指向某种物品来告诉妈妈他要什么，因此常常无缘由地哭闹。现在，宝宝会用手指向他想要的物品了。

宝宝常用他的小手指指那里、指指这里，父母猜来猜去，不知道宝宝要做什么。这个月龄段的宝宝还不能用语言完整地表达自己的意思，但宝宝的小脑袋已经很好用了，主意多多，想法多多，要求多多，宝宝是用动作代替语言在和父母进行交流。

手指被卡住了怎么办

宝宝学会了把一个指头插到瓶口中，只要看到有孔洞的地方，就会把手指插进去。如果瓶口比较小，插进瓶口中的手指很可能抽不出来，宝宝就会哭闹。一旦发生类似情况，父母首先要冷静下来，以免引起宝宝恐惧。如果父母着急，宝宝就会害怕，哭闹会更厉害，甚至拒绝帮忙，拼命地往外拔手指，结果会越拔越紧。

遇到手指被卡住的情况时，父母可接一杯温水，沿着宝宝的手指慢慢倒水，手指湿润能减少手指与瓶子的摩擦。然后，一人握住宝宝的手指，一人握住瓶子，瓶子与宝宝的手指保持水平，轻轻而缓慢地一边往外拔手指，一边稍微转动瓶子，宝宝的手指就可以出来了。

切莫使劲往外拔宝宝的手指，更不能把瓶子砸碎。如果宝宝手指卡得比较紧，用上述方法也没有拔出，需立即带宝宝到医院。

宝宝喜欢把手指插进孔中，还有一个潜在的危险，就是把手指插入电源插座孔中。所以，家中的电源插座都要安装上保护罩。

握笔涂鸦

握笔涂鸦是宝宝锻炼手的灵活性和准确性的好方法。父母无须告诉孩子画什么，只需给宝宝提供画纸、画板、画笔、画册和涂鸦的地方，让宝宝自我发挥创意，任意涂鸦。

第二节　智能与心理发育

开口说话的宝宝多了起来

当与宝宝年龄相仿的小朋友基本上都会说话了，可宝宝还不开口说话时，父母会非常着急，担心宝宝的语言发育有什么问题。不必着急，这个月的宝宝还不开口说话的为数不少。

说三个字的语句

有半数宝宝能够说出8~19个字词，或用代表这些字词意思的动作来表达自己的意愿。有半数宝宝能理解100~150个具有代表性的词语的含义，还有半数宝宝能理解20个以上短语的含义。说话早的宝宝可能会说出几句由两三个字组成的语句，但一句话也不会说的宝宝并不意味着异常。

有意识地喊爸爸妈妈

大多数宝宝到了这个月龄，能够有意识地叫“爸爸”“妈妈”，甚至会叫“爷爷”“奶奶”“叔叔”“姑姑”。宝宝或许早在1岁前就会有意识地叫“爸爸”“妈妈”了，但直到现在仍然停留在这个水平，这是正常的。如果宝宝这个月才会有意识地叫“爸爸”“妈妈”，也是正常的。如果宝宝还不能有意识地叫“爸爸”“妈妈”，但他知道谁是他的爸爸妈妈，谁是他的爷爷奶奶和姥姥姥爷，能听懂爸爸妈妈对他说的话，父母就无须担心宝宝存在语言发育问题。

◎ 终于开口说话了

妈妈和熠熠“心灵相通”，熠熠手指一伸，妈妈就能领会，十有八九能猜对他要做什么。妈妈常说熠熠啥都懂，就是不说，要干什么，就用手指着，嘴里啊啊的。妈妈带熠熠去酒店看朋友，熠熠爬上沙发，用手指着沙发，嘴里啊啊的。这位朋友以为熠熠邀请她坐在沙发上，就坐下了，妈妈也坐在了沙发上。熠熠仍然用手指着，嘴里啊啊的。妈妈和朋友聊天，没理会宝宝。熠熠突然非常清晰地说：“妈妈，脱鞋！”妈妈惊呆了，天哪，宝宝终于开口说话了！原来，宝宝被妈妈的不理解和不理睬逼得开口说话了。由此可见，父母一定要给宝宝开口说话的“机会”。

非语言交流

宝宝喜欢和人交流，但语言表达能力有限。有的宝宝至今还一句话也说不出来；有的宝宝虽已开口说话，但只会说极少的字词，根本无法表达他要表达的意思。

宝宝非常聪明，既然暂时还不能使用更多的语言进行表达，就会利用手势及身体语言。所以，我们会看到一言不发的宝宝做各种手势给你看。宝宝会拉着你的衣襟，表示让你去做什么，还可能伴随着类似词语的声音。父母要努力解读孩子的身体语言和你听不懂的话语，帮助宝宝度过这一特殊时期。

无处不在的语言

宝宝天生具有学习语言的潜能。日常生活中，宝宝学习语言的潜能被发挥得淋漓尽致：一方面，宝宝要使出浑身解数，让父母明白他的意思；另一方面，宝宝要利用各种能力，明白父母的意思。宝宝甚至能从父母的面部表情、说话的语气以及动作和手势，解读“无处不在的语言”，理解父母的意思。在宝宝看来，语言无处不在，一个字、一个词、一个声音、一个手势、一个姿势、一个表情都是语言。这或许就是宝宝学习语言的奥秘吧！

◎ 孩子自己的语言

爸爸喜欢大声朗读脍炙人口的文章。一天，爸爸随手拿到一本《古文观止》，翻开一页，便抑扬顿挫地朗读起来。读后，他随手把书放在了桌上。这时，有趣的事发生了，宝宝拿起书，翻到一页，叽里呱啦地用自己编的语言“读”了起来，还模仿爸爸的停顿或重音，一会儿看着书，一会儿抬起头，看一眼被他吸引过来的“观众”，露出自豪的笑容。那时，宝宝刚好两岁半。

整合听到的词语

宝宝所说的话并非都是父母教的，也并非在完全复述父母的话。宝宝会重新把自己掌握的字词组织起来，整合成他所听到的和理解的语言。因此，宝宝会说出父母从来没说过的话。宝宝是在潜意识支配和思维控制下使用语言的，就是说宝宝在开口说话前，已经把语言内化了，再经由大脑编码完成，表达自己的看法和意愿。

把宝宝有趣的语言记录下来

宝宝在语言学习阶段，每天都会说出很多有趣的语言，令爸爸妈妈捧腹大笑。孩子们有趣的语言有些实在令人震惊，这么小的孩子竟然能说出这么经典的语言！那是宝宝的发明和创造，不是成年人的语言，而只属于那个年龄段的孩子。等孩子慢慢长大了，就听不到宝宝儿语了。我建议，父母准备一个本子，专门记录宝宝有趣的话语，记录下宝宝的妙语连珠，作为珍藏。以后翻看时，父母和孩子定会重新感受当时的快乐。

宝宝为何急得大叫

宝宝能听懂的词语远比能说出的多，当宝宝想表达自己的要求，却不能说出他想说的话的时候，宝宝会有一种懊恼情绪，因此会急得大叫。

对气味表现出明显的倾向性

宝宝有灵敏的嗅觉和味觉

在婴幼儿期，宝宝的嗅觉和味觉相对于成年人来说要灵敏得多。妈妈是否还记得，宝宝在婴儿期的时候，对奶味很敏感？如果把妈妈的内衣放在宝宝头部一侧，宝宝会立即把头转向内衣，并做出吸吮的动作。如果用奶瓶给宝宝喂奶，再用奶瓶给宝宝喂水时，很可能会遭到拒绝。如果给宝宝喂过甜水，宝宝就会拒绝喝白开水。

宝宝对不同气味的反应

这个月龄段的宝宝，对气味的反应似乎没有婴儿期那么强烈了。但父母会发现，宝宝对气味表现出了明显的倾向性。当宝宝闻到他喜欢的气味时，他会比较兴奋；当闻到他厌烦的气味时，宝宝会表现出烦躁不安，甚至哭闹。

芬芳的花香味、香甜的饭菜味都会令宝宝喜欢。宝宝喜欢被妈妈抱着，除了有对妈妈的依恋外，还有对妈妈身体散发的芳香和奶香味的喜欢。如果爸爸身上有浓重的烟酒味或汗气味，宝宝通常会拒绝让爸爸搂抱。

味觉与视觉的关系

在婴儿期时，如果用奶瓶给宝宝喂过苦药，再用奶瓶喂奶时，宝宝会拒绝喝奶，即使在奶嘴上抹糖或把奶水滴到宝宝嘴里，宝宝仍然会拒绝吸吮奶嘴。这是因为，尽管味道改变了，但外表没改变，宝宝看到的仍然是奶瓶，宝宝记住了就是这个奶瓶曾经让他喝了难喝的苦药水，这就是视觉与味觉的内在联系。

到了幼儿期，宝宝对这种内在联系有了初步的判断能力。同是奶瓶，如果妈妈往里面放的是奶，宝宝就会喝；如果放的是药水，宝宝就拒绝喝。这意味着宝宝已经能够简单区分不同的事物了。

协调—理解—记忆的交互

当宝宝把协调、理解和记忆能力交互在一起时，他就能听从单一步骤的口头指令了。比如妈妈说，请把拖鞋给妈妈或请宝宝到这边来。宝宝可能会做得准确无误，但宝宝常常是默默地完成妈妈的指令，还不会通过语言来应答妈妈的请求。

会走对宝宝来说是巨大的改变，宝宝开始自己决定去哪里、做什么。宝宝喜欢把东西从一个地方移到另一个地方，像个爱搬家的小松鼠。宝宝常常从玩具筐中把玩具拿出来，再把玩具一个个地放进筐里。宝宝会把成人视而不见的东西当成宝贝，把地上的沙粒或泥巴抓起来，放到嘴里尝一尝。妈妈看到这种场景时，第一反应常是惊呼，告诉宝宝不能吃脏土，但宝宝还不能理解“脏”这个概念，全然不知妈妈为什么对他的行为有如此反应。这么做的结果是使宝宝陷入迷惑不解的状态，或使宝宝踌躇不前，削弱了他的冒险精神，使他产生恐惧感。妈妈要用宝宝能够理解的语言告诉宝宝不能吃，或者用更有吸引力的事物转移宝宝的注意力。

主动与外界交流

宝宝看见陌生人时会表现出警觉的样子。如果陌生人试图向前接近宝宝，宝宝可能会本能地向后退，寻求亲人的保护，并警惕地盯着陌生人的眼睛。宝宝尽管有些害怕陌生人，但能勇敢地直视陌生人。如果陌生人表现出友好的态度，与宝宝有很好的交流，做宝宝喜欢的游戏，给宝宝有吸引力的物品，宝宝很快就会和陌生人成为“好朋友”。如果玩兴正浓，“好朋友”要离去，宝宝还会用哭来挽留他的“好朋友”。妈妈和宝宝一起送“好朋友”到户外是不错的“转移法”。到了户外，新的兴奋点会让宝宝很快忘却刚才的事情。

宝宝是喜欢与人交流的。父母一定还记得，婴儿期的宝宝，几乎见谁都笑，只要对方给他的是笑脸。随着宝宝慢慢长大，安全感开始萌发，宝宝开始对陌生人表现出警觉，用不信任的眼神盯着陌生人，如果陌生人试图向前，宝宝就会拿出最有利的武器——哭！这个月龄段的幼儿，不但有了被动捍卫自己的意识，还有了记忆曾经的“伤害”的能力。比如护士给他打过针，再见到护士时，尽管没给他打针，他也会先大哭起来，以此宣告：不要给我打针！

所以，如果你的宝宝表现出看见陌生人就躲，到了陌生的环境就怕，是再正常不过的事了。父母不必担心，这种情况不会持续很久，宝宝会不断成长。随着宝宝慢慢长大，开始有了初步的识别和分辨能力，他会开始有选择地认生，有选择地拒绝那些在他看来可能会构成威胁的人和事。

用刺激动作吸引妈妈的注意

宝宝只要醒着，就几乎不会停下来，什么都敢动，完全不知道规避危险，常常引来妈妈的惊呼。有的宝宝似乎掌握了这个规律，要想吸引妈妈的注意，就需要做点儿什么，哪怕遭到妈妈的呵斥，也要不断地做妈妈不让做的事情。

妈妈让宝宝穿衣服时，宝宝也会和妈妈周旋，穿一件衣服要花几分钟，换个尿布会忙出一身汗。会走的宝宝还会跑来跑去，和妈妈兜圈子，就是不让妈妈给自己穿衣服。宝宝可不是在气妈妈，而是和妈妈玩耍呢。妈妈切莫生气哟！

喜欢自然、动物、植物

户外活动对宝宝的智力发育是非常重要的。宝宝看到、听到、闻到、摸到和感受到的，都可以刺激大脑神经建立起相互联系。

宝宝对外界的事物有很强的好奇心和探索精神，兴趣点非常多。他对一粒沙、一把土、一棵草、一朵花、一片叶都兴趣盎然。宝宝对活动着的东西更感兴趣，小至蚂蚁，大至大象，都能引起宝宝的极大关注。如果妈妈带宝宝去有小动物的朋友家做客，宝宝就会兴致勃勃，不肯离开；如果只是听成人们说话，宝宝很快就会烦的。宝宝天生就喜欢在户外活动，在家里如果没有妈妈的陪伴，就会哭闹。到了户外，宝宝根本不找妈妈，自然界的一切都能引起宝宝的兴趣。

兴趣是宝宝学习的动力，宝宝对感兴趣的事学得很快，因此开发宝宝智力和潜力的最好方式是找到宝宝感兴趣的东西。

有了更多的情绪

有情绪是正常的

宝宝喜欢脱鞋、脱袜子、摘帽子，这是这个月龄段宝宝的特点，妈妈穿戴的速度赶不上宝宝脱的速度。妈妈可不要为此生气，更不能大动干戈。宝宝越来越有主见，不再听爸爸妈妈的话，还常常耍小脾气，这些都是宝宝正常的情绪表现，父母不必气恼，更不要恼羞成怒。现在是建立宝宝自信心的关键期，切莫打击宝宝。

请接受和尊重孩子独特的性格

我曾不止一次被父母问及：孩子性格内向，需要如何改变？孩子性格外向，怎么才能扳过来？我问他们，为什么要改变孩子的性格？内向孩子的父母多认为，孩子太内向，将来到社会上会处不好人际关系，被人歧视，受人欺负。外向孩子的父母多认为，孩子太外向，大大咧咧的，不容易坐下来认真读书，将来到社会上容易乱交朋友，甚至上当受骗。这样的认识实属偏颇。

当然，有这种认识的父母并不普遍，也不具有代表性。但是，在我周围，不能接受或不愿意接受孩子性格的父母的确不少。临床儿科医生都会遇到这样的问题，那么儿童心理科医生恐怕会遇到更多类似的问题吧。

婴儿带着独特的性格来到世界上，无论是什么样的性格，父母都应该愉快地接受。父母既要为孩子的优点喝彩，也要欣然接受孩子的不足，并积极加以改变。孩子的性格有先天遗传因素的影响，也有后天养育方式和家庭环境的影响。孩子遗传了父母任何一方的性格和气质，无论是父母喜欢的，还是父母不喜欢的，都无须沾沾自喜或自责、内疚，更不该相互指责和抱怨。孩子是独立的个体，有权拥有自己独立的性格，并受到父母和周围人的友好对待与尊重。

宝宝情绪的表达方式

宝宝生来具有最基本的情绪反应，包括快乐、愤怒、平静、悲伤和恐惧等。到了这个月龄段，宝宝的快乐不仅仅建立在吃饱喝足、充足的睡眠、被拥抱和抚摸之上，他有了更多的快乐来源和丰富的快乐感受。比如，带宝宝去动物园，给宝宝讲有趣的故事，让宝宝看生动的动画片，爸爸的汽车钥匙、妈妈的化妆镜，都会给孩子带来快乐的感受。

到了这个月龄段，宝宝愤怒的频率和程度逐渐增加。父母会有这样的感受：宝宝原来很容易满足，是那种“给点儿阳光就灿烂”的孩子；现在不知怎么了，动不动就要脾气，甚至大哭、摔东西。父母可能会纳闷，这孩子怎么越大越不听话了呢？其实，这是宝宝成长发育过程中的正常表现，宝宝开始在更广泛的情境下表现出愤怒的情绪。宝宝愤怒的频率和程度，会随着月龄的增加而逐渐增加，一直持续到2岁半左右，然后，宝宝逐渐开始学习梳理情绪，并逐渐萌生出更高级的情绪反应。

父母如何面对愤怒中的宝宝呢？是被动等待，还是主动应对？是以静制怒，还是以恶制怒？针对这些问题，没有适合所有状况的规范和方法。仁者见仁，智者见智。孩子愤怒的缘由，孩子当下的状况，父母当下的情绪和控制情绪的能力，孩子的性格，父母的性格，不同的文化背景，不同的家庭环境，不同的养育方式，不同的被养育方式……都影响着孩子的愤怒程度和持续时间，同样也影响着父母的处理方法和态度。但是，不管有多少不确定性，有一点是可以确定的，那就是父母越是有能力控制自己的情绪，就越能够更好地应对愤怒中的孩子。

我想强调的是，孩子的任何情绪反应，无论是快乐还是悲伤，无论是愤怒还是恐惧，都是正常的情绪反应，对孩子都有正面的意义，对孩子的身心发育都有帮助。如果父母只接受孩子快乐的情绪，拒绝孩子愤怒的情绪，会极大地阻碍孩子正常的心理发育。更何况，很多时候，孩子愤怒是为了获得战胜挫折和困难的力量。

这个月龄段的宝宝的悲伤多是短暂的，很快会转成愤怒。所以，宝宝感到悲伤后，多是以愤怒的情绪来表达。

这个月龄段的宝宝会表现出分离焦虑和陌生人焦虑，并由焦虑产生恐惧。随着月龄的增加，宝宝对恐惧的感受会逐渐增强；之后，随着幼儿分离焦虑和陌生人焦虑的减弱，宝宝的恐惧感又开始逐渐减弱。所以，父母会发现，宝宝在8个月以前，很少会因为妈妈离开和见到陌生人而产生焦虑情绪，更少有恐惧感；8个月以后，宝宝会越来越离不开妈妈、越来越认生；2岁半后，宝宝逐渐不再那么依赖妈妈，也不再那么认生了。

分离焦虑和陌生人焦虑以及恐惧感在宝宝中存在着个体差异，与孩子的性格、气质、生活环境、养育方式等因素有关。所以，有的孩子非常认生，几乎一步也离不开妈妈，有的孩子则不然。如果孩子特别认生，在朋友和邻居面前，父母常会感到难为情。其实大可不必，这只是孩子现阶段的特点而已。为了改善孩子的认生状况，有些父母会不断地带宝宝见陌生人，不断地要求宝宝向陌生人示好，其结果只会让孩子出现更严重的陌生人焦虑。不如顺其自然，随着月龄的增加，宝宝对危险和安全有了初步的辨别能力，陌生人焦虑情绪自然会减轻。

第三节　营养与饮食

营养需求

本月宝宝的营养需求与上个月相比，没有明显的差异。宝宝的食量或许比上个月大点儿，也或许比上个月小点儿，父母不必太过在意。只要宝宝精神好，玩得欢，尿便正常，睡眠也不错，就说明宝宝是健康的。宝宝哪一顿少吃了一口，哪一顿多吃了一口，很少是由疾病所致。要想一想，为宝宝准备的食物是否好消化？宝宝的活动量是大还是小？宝宝进餐时情绪如何？是否有导致注意力不集中的事情？宝宝饭前是否吃了零食，喝了过多的水？这些因素都有可能导致宝宝食量减少。

宝宝在婴儿期主要是根据体重和身高增长情况来判断喂养状况。幼儿期以后，宝宝的体重和身高增长速度较婴儿期减缓，如果这个月和上个月相比，体重没有明显增长，并不意味着宝宝吃的有问题。如果连续两三个月体重和身高增长都不理想，请带宝宝看医生，看看是否有喂养问题。

宝宝到了幼儿期，营养需求有所改变，对微量元素和碳水化合物的需求增加。饮食结构发生了质的改变，由单一奶类为主转成多种食物搭配，奶类只是饮食结构中的一种。父母需要给宝宝提供更加丰富的食物，并合理搭配，营养均衡是最基本的要求。这是在接下来的喂养中，父母需要注意的。

幼儿平衡膳食宝塔中和成人最大的不同是奶类，2岁前，奶类都在幼儿膳食中占有很大的份额，几乎占每天食物总量的1/3，甚至1/2。无论是母乳、配方奶喂养的宝宝，还是混合喂养的宝宝，每天摄入奶量都应保持在500毫升以上；谷物、蔬果、蛋肉三种食物的比例分别占50%、30%、20%左右，水果量和蔬菜量相当；每天为宝宝提供15种左右的食物。按照这样的原则配餐，可为宝宝提供均衡的营养。

不好好吃饭

在临床工作和健康咨询中，常遇到父母或因孩子偏食，或因孩子厌食，或因孩子挑食，来看医生。很多妈妈对孩子不好好吃饭的描述，几乎如出一辙：

孩子必须到处溜达着吃饭，否则就拒绝吃饭；必须开着电视，孩子才能边看电视边吃饭；孩子吃饭时，手里必须玩着玩具，而且不只一个玩具；每顿饭都是满屋子追着喂，孩子满屋跑，啥时停下来，父母就乘机喂一口饭；孩子吃饭太慢了，一顿饭要吃上一个多小时……孩子不好好吃饭，不会自己拿勺吃饭、不会自己拿着杯子喝水等，一系列的吃饭问题，可以说几乎都不是宝宝的问题，也不是宝宝没有这个能力，更多的是父母没给宝宝锻炼的机会，是养育方式的结果。

宝宝胃容量有限

每个成人的饭量不同，同龄幼儿的饭量也有大有小。饭量大小与诸多因素有关，胃容量是因素之一。有的人喜欢吃七八分饱，有的人喜欢吃十分饱，有的人吃饱后一口也吃不下去了，有的人吃饱后还能接着喝汤、吃水果。这就是人与人之间的差异性，幼儿也是如此。

3岁以后，宝宝会告诉妈妈：他吃饱了，一点儿也吃不进去了；他喜欢吃什么，不喜欢吃什么；他肚子不舒服，吃不下饭。这个月龄段的宝宝还不具备这样的能力。那么，妈妈的任务就是给宝宝提供搭配合理的膳食，做宝宝喜欢的饭菜，帮助宝宝养成良好的饮食习惯。宝宝能吃多少就吃多少，妈妈切莫过多要求，更不要强迫，不可把吃饭当作筹码，要尊重宝宝的食量。

尊重宝宝对食物的选择

每个孩子对食物都有自己的喜好，妈妈应该尊重宝宝对食物的选择。如果宝宝这段时间不爱吃鸡蛋黄，就换换鹌鹑蛋或鸽子蛋，或改变烹饪方法，做出宝宝爱吃的口味。如果宝宝不愿意吃青菜，可以用青菜包饺子、馄饨和包子。

养成良好的进餐习惯

在培养宝宝良好的进餐习惯方面，有一点需要父母特别注意，那就是父母的榜样作用。宝宝有极强的模仿能力，很多生活习惯都来源于对父母的模仿。父母想让宝宝有良好的进餐习惯，自身就要养成良好的饮食习惯。

显示出饮食喜好

对味道的喜好

这个月龄段的宝宝开始显示出对味道的喜好。有的宝宝喜欢吃甜食，有的宝宝喜欢吃口味重的食物，有的宝宝喜欢吃香喷喷的肉，有的宝宝喜欢吃酸甜的食物。宝宝的饮食偏好，既与父母的饮食偏好有关，也与父母的喂养方式有关。有的宝宝口味很久不变；有的宝宝没有特殊的味道偏好，什么都喜欢吃；有的宝宝对饮食比较挑剔，吃什么都不香。什么都喜欢吃的宝宝当然是最受父母欢迎的，但这样的宝宝并不多。从现在开始，父母要尽量给宝宝提供味道丰富的饮食，培养宝宝什么都吃的饮食习惯。

对色泽的喜好

有的宝宝喜欢色泽鲜亮、对比度强的菜肴，比如山药、木耳，再配几片胡萝卜；有的宝宝喜欢纯色的白米饭，放上红豆、绿豆，变了颜色就不喜欢吃了；有的宝宝对饮食色泽没有偏好，或只重味道，不在乎色泽。对饮食色泽的偏好，主要来源于视觉。可见，人不仅仅是因为饥饿才要吃饭，也不仅仅是因为食物的味道好才有食欲，食物的外观对食欲的影响不可小视。给宝宝做饭时，应该注意这一点。

对餐具的喜好

我们都有这样的体会：同样的茶，因为使用的茶具不同，喝的人便会感觉味道不同。一桌丰盛的菜肴，放在毫无欣赏价值、做工粗糙的餐具里，与放在精美漂亮的餐具里，给用餐者的感受是不一样的。给宝宝准备漂亮的小碗、小碟和小勺会让宝宝更喜欢吃饭。

对同桌吃饭人的喜好

我们都有这样的体会：如果围坐在餐桌边的是亲人或好友，我们心情愉快，就会感到饭菜很美味；如果是初次见面，或因公聚餐，即便是再丰盛的菜肴，也会让人无法完全投入享受。宝宝当然喜欢和父母同桌吃饭。妈妈下班回到家时，如果正赶上宝宝吃饭，见到妈妈，宝宝会立即离开饭桌找妈妈。直到妈妈也坐在饭桌旁，宝宝才肯乖乖吃饭。

对食物烹饪方法的喜好

有的人喜欢吃炖菜，有的人喜欢吃水煮菜，有的人喜欢吃凉拌菜，有的人喜欢吃煎炒烹炸的菜肴……等到宝宝能吃多种烹饪的菜肴后，他也会有某些喜好。在此，我希望父母不要培养宝宝对油炸、油煎、烧烤食物的喜好，这些烹饪方法做出的食物不是很健康；也希望父母不要培养宝宝吃快餐的习惯，快餐中的油、糖含量通常比较高。

吃也是一种能力

会厌的角色

宝宝的咽部有一个叫作会厌的“小盖子”，这个“小盖子”会在气道口和食管口之间来回摆动。平时，它多是盖着食管口，让气道口敞开，以便宝宝呼吸、说话。当宝宝吞咽唾液或食物时，它就会盖住气道口，以免唾液或食物误入气道。如果宝宝吞咽时说话或大笑，气道的气体就会冲开这个小盖子。倘若此时唾液或食物正好在食管口，就有误入气道的可能，宝宝就会出现呛噎的情况。宝宝比成人容易出现呛噎，因为宝宝咀嚼和吞咽以及支配会厌的能力还不够成熟。所以，宝宝进食时，其他人不要引诱宝宝说话或大笑，也不能让宝宝在运动中进食。

宝宝不擅长吞咽

我的宝宝马上就15个月了，吃饭时，一口喂得多点儿，或喂了粗糙点儿的食物，或进食稍微多点儿（与同龄孩子比并不多）就会恶心，然后将胃里的东西都吐出来。相比其他食物，宝宝更爱喝奶。请问宝宝出现这种情况是何原因？从现在开始锻炼，宝宝会慢慢学会咀嚼和吞咽吗？

我仔细向妈妈询问了对宝宝的喂养情况。原来，直到8个月宝宝还没有吃过果泥和菜泥，家人一直把水果和蔬菜榨成汁喂宝宝，直到现在还没有喂过宝宝固体食物。把切成块的水果放到宝宝嘴里，宝宝咀嚼几下就整块地吐出来。现在宝宝主要是喝奶、吃米粉和加工好的泥糊食物。

很明显，宝宝至今还不能很好地吃饭，主要原因是没有按步骤给他添加辅食，没有按部就班地给宝宝添加糊状食物、半固体食物、固体食物，使得宝宝的吞咽和咀嚼能力没有得到适时的锻炼。从现在开始，妈妈不要再犹豫了，应该循序渐进地让宝宝逐渐学会吃固体食物。既不能操之过急，也不能心存顾虑，更不要因担心宝宝呛着、噎着，就不给宝宝创造吃固体食物的机会。

消化食物的能力

如果宝宝前一段时间吃得很多，会有积食的可能；如果宝宝前一段时间病了，胃肠道也有被侵袭的可能，从而影响消化能力；如果宝宝正在吃对胃肠有刺激的药物以及钙、铁、锌等微量元素，会影响宝宝的消化功能；如果宝宝前一段时间吃了抗生素，导致菌群失调，消化功能也会受到损害，影响食欲和食量。

妈妈常遇到的喂养问题

常见问题举例

· 宝宝不能坐下来安静地吃饭，一顿饭要起来几次，或边走边吃，甚至要妈妈追着喂饭。

· 宝宝特别挑食，一口青菜也不吃，只爱吃肉；无论如何，宝宝就是不吃鸡蛋，怎么做都不吃。

- 到现在还不能吃固体食物，吃了就呛，还常常干呕。
- 夜里要起来几次，不吃奶就翻来覆去地睡不踏实，甚至哭闹。

还有一些问题，就不一一列举了。有些问题是婴儿期喂养问题的延续；有些问题是妈妈无意中培养起来的，宝宝已经形成了不良习惯，只有在试图改正时，妈妈才知道不良的习惯养成容易，改起来可就难了。

这个月龄段的宝宝不能安静地坐在那里吃饭，不是异常表现。别说吃饭，就是做游戏宝宝也很难坚持比较长的时间。这个月龄段的宝宝注意力集中的时间很短，通常情况下在10分钟左右。食欲好、食量大的孩子能够坐在那里吃饭，一旦不饿了，就会到处跑。食欲不是很好、食量小的孩子，几乎不能安静地坐在那里好好吃饭。这么大的孩子，对他不感兴趣的事情，注意力几乎1分钟都集中不了。帮助宝宝养成坐下来吃饭的习惯，最好的方法是让宝宝坐在专门的餐椅上，以免宝宝乱跑。

突然喜欢喝奶

15个月的宝宝也会出现厌食饭菜的现象。有的宝宝不但厌食饭菜，也不喜欢喝奶。有的宝宝出现了厌食饭菜现象，却开始喜欢喝奶，甚至开始依恋母乳。

如果宝宝奶量增加，饭量却减少了，父母不必着急，要尊重宝宝的选择，一两周后，宝宝就会重新喜欢吃饭了。

拒绝使用奶瓶

母乳喂养的宝宝在断了母乳后拒绝用奶瓶喝奶，这并不是件坏事。这个月龄段的宝宝已经具备了用杯子喝奶的能力。使用杯子喝奶还有个好处，就是不会在晚上吸着奶瓶睡着了，对宝宝的牙齿健康更有益。宝宝把奶或饭撒到衣服上、脖子上、地上都是正常的，妈妈不要大声呵斥。珍惜孩子需要你牵着手走的日子，因为它很短暂。

第四节　日常生活护理

宝宝睡眠时间真的少吗

妈妈眼中的睡眠时间少

情形一：每天睡眠时间不足12个小时 妈妈记录宝宝的睡眠时间，发现每天不足12个小时，据此认为宝宝的睡眠时间不足。	分析：每个宝宝睡眠的时间都不尽相同，有的宝宝可能一天能睡14个小时，有的宝宝每天只能睡10个小时。睡眠质量和睡眠时间一样重要，有的宝宝虽然睡眠时间不长，但睡眠质量非常好，白天精神抖擞，吃喝玩耍都正常，这就说明宝宝睡眠很好。
情形二：白天睡眠时间短 宝宝晚上睡得很好，从晚上八九点睡到第二天早晨六七点。白天尽管睡两三次，但每次都是20分钟就醒了。	分析：宝宝随着月龄的增加，白天睡眠时间会越来越短，晚上睡眠质量会越来越好。只要晚上睡得好，白天睡得少些也没关系。
情形三：夜间吃奶频繁 宝宝夜间要醒来吃奶两三次，睡眠时间肯定不足。	分析：宝宝夜间吃奶时大多是处于浅睡眠状态，睡眠时间不需要减去这段。如果宝宝只是翻动，并没有醒来要喝奶，也没哭闹，就不要打扰宝宝，更不要立即把乳头送给宝宝。
情形四：晚上睡得晚。	宝宝傍晚睡一觉，晚上自然会睡得晚。可妈妈认为只是打了个盹，不算睡觉。 无论是小睡，还是久睡，都是睡眠，宝宝小睡的时间也要计算在内。
情形五：感觉宝宝睡眠不足 妈妈说不出宝宝到底睡多长时间，也没仔细算过，只是感觉宝宝睡得比较少。	分析：妈妈没有真正计算过宝宝的睡眠时间，就认为宝宝的睡眠时间短，只能说太过焦虑了。

这个月龄段，能一觉睡到天亮的宝宝多了起来，可能上个月还醒来要奶吃的宝宝，这个月就不再醒夜，这是再好不过的了。但是，有的宝宝依然如故，

仍然半夜醒来吃奶，不喂奶就睡不踏实，甚至哭闹。

如果宝宝已经有了良好的睡眠习惯，就要帮助宝宝坚持下去；如果宝宝还没养成良好的睡眠习惯，那么从现在开始培养也不晚。

有的宝宝还会在夜间醒来哭闹，甚至比原来醒得更频繁、哭得更剧烈。父母或看护人一定要耐心地对待夜哭的宝宝，千万不要急躁。如果医生确定宝宝不是因为疾病而哭闹，父母就可放心了。

夜间频繁醒来的几种情况

情形一：确实不能睡大觉 宝宝一夜醒来几次，每次都是睁开眼睛彻底醒过来。醒来后，或哭闹，或吃奶，或玩耍，妈妈需要哄十几分钟甚至二十几分钟后宝宝才能入睡。	建议：宝宝总是半夜频繁醒来，确实让爸爸妈妈很辛苦。但如果宝宝并没有什么病，尽管夜间频繁醒来，白天却是精神抖擞，非常健康，那么，爸爸妈妈请耐心等待吧，宝宝随着月龄的增加，就会一觉睡到天亮了。
情形二：不断哼唧 宝宝一夜不断地哼唧，但没睁眼，没有真的醒来。每次拍一拍或把乳头送到宝宝嘴里，宝宝很快就能安静了。	建议：宝宝根本没有彻底醒来，只是处于浅睡眠状态。宝宝处于浅睡眠状态时，就会动作多多；宝宝处于深睡眠状态时，才会一动不动。浅睡眠和深睡眠相互交替，一晚上要有几次这样的交替。妈妈无需担心，不要干预浅睡眠和梦中的宝宝，更不要用乳头哄宝宝睡觉。
情形三：不断翻动 宝宝一夜都不能安稳地睡觉，总是翻来覆去，但没有真的醒来。可是妈妈怕宝宝醒来哭，只要宝宝翻动，就马上拍拍，或抱起来哄，反而把宝宝真的弄醒了。	建议：发生的原因同情形二。如果宝宝没有哭，妈妈就不要打扰宝宝，宝宝是在做梦，或处于浅睡眠状态。处于浅睡眠状态的宝宝是在储存和整理白天接收的信息，不要把宝宝吵醒。
情形四：夜间把尿 为了不让宝宝尿床，只要宝宝翻动或哼唧，妈妈就抱起宝宝把尿，宝宝因拒绝把尿而哭闹，宝宝就真的醒了。	建议：这么大的宝宝不能控制尿便是正常的，给宝宝穿上纸尿裤就行，不必起来把尿。

情形五：睡眠不同步 宝宝睡得早，父母睡得晚，父母和孩子的睡眠时间不同步。父母还没睡醒，宝宝却睡足了。	建议：宝宝喜欢早睡早起是好事，早睡早起对宝宝的健康有益。父母乘机调整睡眠时间，和宝宝保持同步，可是一举两得的好事。
情形六：白天睡得过多 宝宝白天睡两三觉，每觉都睡一两个小时，晚上当然就睡不了太长时间了。	建议：逐渐减少宝宝白天的睡眠时间，晚上的睡眠时间自然就会延长了。
情形七：生病了 缺钙、缺铁性贫血、腹胀、腹痛、消化不良、发痒性皮疹、感冒鼻塞、发热、腹泻等都会影响宝宝的睡眠。	建议：带宝宝去看医生。
情形八：夜间醒来哭闹 宝宝夜间常醒来哭闹，但白天宝宝却特别高兴，玩得好，吃得好，没有任何异常。对宝宝来说，这或许是因为做了噩梦；或许是因为白天玩得疲惫不堪，晚上浑身酸痛；或许是因为晚上吃多了，胃不太舒服；或许是因为憋着尿便，肚子不舒服。无论我们是否找到了宝宝夜哭的原因，有一点是肯定的，宝宝一定有他哭闹的原因。	建议：夜哭不是宝宝的过错，父母切莫嗔怪孩子，我知道妈妈们都很辛苦，但请记得，耐心和爱心是让夜哭的宝宝安静下来的最好方法。
情形九：夜间醒来喝奶 宝宝已经15个月了，可每天晚上还是要醒来喝奶，不给喝就哭，有的妈妈因此决定断了母乳。	建议：妈妈能做的就是尊重宝宝的选择，在可能的情况下，逐渐推迟喂奶时间。宝宝夜里醒来喝奶并非不可接受的事情。请妈妈耐心等待宝宝长大，总会有一天，即使你主动喂奶，宝宝也不吃了。

尿便管理

这个月龄段的宝宝还不能控制尿便是很正常的事情。如果宝宝不愿意把尿便排在便盆中，仍然喜欢穿着纸尿裤，就让宝宝继续穿着好了。训练尿便的有关内容请参阅第二章。

不同季节的护理要点

春季护理要点

上个月需要注意的护理要点，这个月仍要注意，另有以下几点补充。

◎ 注意南北差异

北方的春季，气候变化比较大，几乎每天都会刮风。通常在上午11点到下午的2~3点，刮的是干燥的风，有时会夹带着风沙，在这种情况下应尽量减少户外活动，以免沙粒刮到宝宝的眼睛里。在南方，春季气温已经比较高了，要注意给宝宝防晒。

◎ 注意地域气温的差异

带宝宝出门，一定要带上备用衣服。即使在距离很近的两个城市，甚至在同一个城市，也会有天气差异很大的可能，也会有刮风下雨、气温骤降的可能。“五一”国际劳动节时，北京的一家人到北戴河游玩。妈妈觉得，北京已经春暖花开了，北戴河离北京不到300公里的路途，气候不会有多大的差异，所以，没带多余的衣服。到了北戴河，一家人站在海边，吹着海风，感到寒气袭人。孩子牙齿打颤，冻得哆哆嗦嗦。无奈，他们只好回到汽车里，隔着玻璃窗望一望海浪击石后就打道回府了。

◎ 春捂

“春捂秋冻”是前人流传下来的育儿经验，是有其道理的。那么，生活中该怎么运用“春捂秋冻”呢？“春捂”到什么程度呢？

“春捂”主要适合北方。初春，北方常春寒料峭，春天总是姗姗来迟。所以“春捂”中的春，说的是初春，不是整个春季。如果到春暖花开的时候，还在“春捂”，就是捂汗了。“春捂”到什么时候还要看天气。孩子和妈妈对气候的感觉差不太多，如果妈妈感觉热了，就先减衣试试，如果没有感觉到冷，就可以给孩子减衣了。可先减上衣，再减裤子，再换鞋子，最后换帽子。

夏季护理要点

宝宝几乎不停地运动，睡觉的时候也常会出汗。如果汗液清洗不及时，就很容易出痱子。勤洗澡是最有效的防痱方法，宝宝一旦生了痱子，一是勤洗澡，二是让宝宝保持凉爽，三是涂抹痱子水和止痒剂。不建议使用痱子粉，以免粉剂被汗液浸湿，粘在皮肤上，影响皮肤呼吸，刺激皮肤。

如果宝宝一天24小时都穿着纸尿裤，很可能会出现红臀，甚至出尿布疹，要时常让宝宝的小屁股透透气。

常有妈妈问：使用电蚊香或驱蚊药对宝宝有害吗？消灭害虫的产品属于农药，国家有严格的质量标准，所以只要是通过国家检测的产品，就可以放心使用。但最环保的还是蚊帐。

夏季一定要让宝宝多喝水，外出时要给宝宝准备足够量的水。

秋季护理要点

◎ “秋冻”要适度

和“春捂”一样，“秋冻”也要适度。如果宝宝在秋季受凉咳嗽了，可能会咳嗽很长时间。所以，天气变冷时要及时给宝宝加衣。

◎ 若要小儿安，三分饥与寒

这也是养育孩子的经验总结。按照字面意思，这是让宝宝饿着三分、冻着三分。其实，“三分饥与寒”的意思不是让宝宝吃七分饱、穿七分暖，只是提醒妈妈，不要让宝宝吃得过饱，以免宝宝消化不良，也就是人们常说的积食；不要给宝宝穿得太多，以免出汗后受到冷风侵袭而感冒。妈妈无须刻意限制宝宝食量，宝宝知道饱饿。宝宝不吃了，妈妈就不要强迫宝宝吃；宝宝还要吃的时候，不能因为要饿三分，而不给宝宝吃。不能捂着孩子，也不等于要冻着孩子。

冬季护理要点

冬季是呼吸道感染的高发季节，预防很重要。如果宝宝特别爱感冒，这次还没好彻底，又开始下一轮了，就要请医生帮助，仔细寻找原因了。不要只是一次次地治疗感冒，不断地让宝宝吃药。

有的宝宝自身免疫力差，呼吸道抵御致病菌的能力弱，尽管妈妈时刻注意、处处小心，宝宝仍易患感冒，这时需要医生帮助寻找原因，如是否有缺铁性贫血？是否有缺锌、缺钙等营养问题？是否有过敏情况，导致呼吸道黏膜长期充血水肿，对致病菌的抵御能力降低？

如果宝宝一天都不到户外活动，到了晚上，宝宝可能会不好好睡觉。所以，不要中断宝宝的户外活动。即使是在寒冬腊月最冷的时节，也不要停止宝宝的户外活动。

宝宝冬季感冒最主要的原因就是冷热不均。环境温度不单单是指家里的温度，也包括带宝宝去的朋友家，以及儿童游乐场、商场、超市、宾馆、饭店等公共场所的温度。这些地方的室内温度与家里的温度显然不会一样，宝宝很有可能会因冷热不均而感冒。

冬天早晨气温低，妈妈给宝宝穿得厚厚的，到了10点左右，气温升高，宝宝额头也开始出汗了。这时，给宝宝脱衣服就会导致感冒。难道说孩子热了也不能脱衣服？不是的，关键问题是在宝宝出汗后再脱衣服，宝宝就容易外感风寒。所以，妈妈要趁宝宝还没出汗时，先给他脱去一层衣服。出汗了，应该先让宝宝安静下来，擦干汗水，再减去衣服，让宝宝继续玩耍。如果感觉气温比较低，需要加衣服，就随时添加。

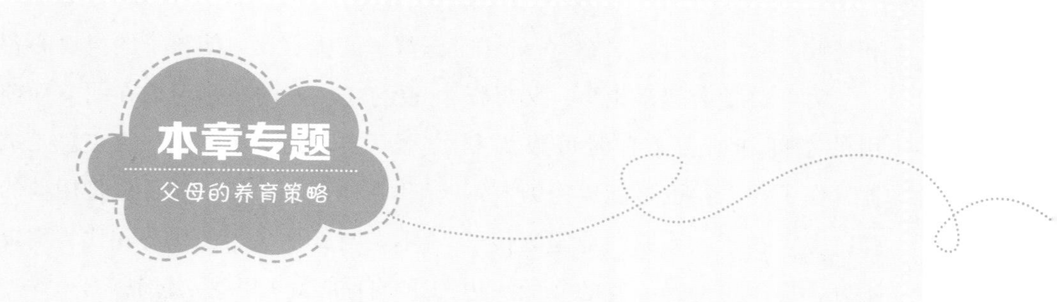

父母到底应该怎样教导孩子？没有一个程序可以套用，对不同阶段的孩子表现出的令人费解的问题，我们找不到简短而确切的解决方案。因为，至今我们仍然不能真正了解孩子的世界，我们对自己婴幼儿时期的记忆，大多模糊得都无从回忆。父母对孩子的认识主要来源于自己的观察，对孩子内心世界的了解主要依靠推论和猜测。

我要对父母说的是，当通过书本和咨询，不能找到合适的养育策略和方法时，无须烦恼，更不要对自己产生怀疑。凭借做爸爸和妈妈的直觉、凭借对孩子全面的了解和真正的理解、凭借对养育孩子的理解以及对孩子浓浓的爱意，一定能够找到适合你和孩子的最好的养育方法。

鼓励孩子建立自信

父母要鼓励孩子建立自信，但不要滋生孩子的自满情绪。孩子做成了一件事，父母要给予表扬和肯定；孩子没有做成，父母要给予鼓励和支持。给孩子时间和空间，让孩子坚持下去，并在适当的时机给孩子以帮助，共同完成任务。

父母要让孩子明白，他有能力做成某一件事，做成一件事需要坚持和努力。同时，也要让孩子认识到自己有所能、有所不能。乐于助人是一种美德，欣然接受帮助也是一种修养。

如果任何时候都表扬孩子，总是说孩子是最棒的，甚至说是世界上最棒的，这不是在鼓励孩子，更不是在建立孩子的自信，而是滋生孩子的自满情绪。久而久之，孩子就会心怀自满，受不得一点儿挫折和失败。

父母要学会就事论事，父母惯用的态度和语言，有时可成为利器，伤了孩子；也可能成为糖衣炮弹，害了孩子。无原则地宠溺孩子不好，更严重的是，有的父母一边宠惯娇纵，一边打击伤害孩子，导致孩子既骄横又不自信。有的父母一边告诉孩子，他是最棒的，一边抱怨他是糟糕透顶的孩子，孩子对自己的认识出现了混乱。宠惯和娇纵主要体现在生活上几乎完全代劳，甚至不让孩子做力所能及的事情。比如：15个月的宝宝，妈妈还要喂饭吃，甚至到处追着喂饭；摔倒了，从不让宝宝自己站起来，立即扑上去抱起；被小朋友“欺负”了，不让孩子自己解决问题，而是妈妈站出来替孩子讨回“公道”。打击和伤害主要体现在不允许孩子犯“错误”，不能接受自己的孩子比别人的孩子“差”，不能容忍孩子探索性的破坏行为，不能容忍孩子具有冒险精神。

有的父母心里认定自己的孩子好，从内心深处不允许自己的孩子差，但说出来的都是别人家的孩子好，也常常拿孩子的缺点和别人家孩子的优点比，使孩子的自尊心备受打击。有的父母习惯在朋友面前否认自己的孩子。如果宝宝总是被和其他孩子比较，而且总是用他的不足与其他孩子的优势相比，宝宝的自信心就难以建立起来。

制定执行规则

对于这个月龄段的宝宝来说，父母给予的爱和关心是宝宝健康成长的保证。但是，也不能忘记树立父母的威信。我不赞成武力解决，更反对言语中伤，是要让孩子清楚，在重要问题上，父母说话是算数的，是信守诺言的。只有这样，父母制定的规则孩子才能执行。

父母制定的规则应该保持一致性，不可随着自己的情绪变动。高兴时就没有规则，生气时就增加规则，会使得宝宝无所适从。

避免成人的眼光

父母不能用成人的眼光审视孩子，不能用成人的标准判断孩子的对错，不能从成人的角度确定孩子该做什么、不该做什么。父母应坚持一个原则：只要对孩子没有危险和伤害的事情，就尽可能地放手让孩子去做。孩子就是在不断探索、尝试、试验和实践中得到锻炼，积累经验的。只有经历过，才能给孩子留下深刻的印象。如果父母对孩子限制过多，怕这怕那，就会扼杀孩子“小科学家”式的探索和创新精神。放手让孩子们按照自己的规律成长往往能事半功倍。

妈妈就像灯塔上的灯

这个月龄段的宝宝，一方面有了独立的意愿和探索冒险精神，另一方面又容易产生恐惧和孤独感。宝宝的理解力还是相当有限的。当一件他不能理解和解释的事情发生时，当他不知道眼前发生的事情是否对他有威胁时，当他看到他从未看到过的稀奇古怪的东西时，宝宝就会自然而然地产生一种恐惧心理。如果不切实际地让宝宝接受他还不能理解的事物，不但不会使宝宝进步，还会导致他过度恐惧，出现退缩。

现在很多父母早在孕期，就给宝宝进行着一系列的开发和训练，在宝宝出生后的几年里，更是紧锣密鼓地教育灌输。现代的父母不缺少对孩子的教育，缺少的是对孩子的理解和正确的指引。面对孩子，父母应该把自己放在辅助和辅导的位置上，而不是主导的位置。“妈妈就像灯塔上的灯，给予孩子安全的感觉，让他们出发去探索新的世界，再回到安全的港湾。”我很喜欢这句话。我把这句话献给养育孩子的妈妈，看到这句话时，满身疲惫的妈妈是否有了一丝轻松的感觉？

第四章

15~16个月的宝宝

本章提要

- 会走的宝宝多了起来；
- 到了语言学习高峰期，之前不开口说话的宝宝也开始努力学习语言；
- 开始记住东西放在哪里；
- 自我意识变得强烈起来，比原来闹人是有理由的；
- 不愿意和小朋友分享食物或玩具是正常表现，需要慢慢培养和学习分享。

第一节　生长发育

生长发育指标

体重

15个月的男宝宝	体重均值10.68千克，小于8.57千克为过低，大于13.32千克为过高。
15个月的女宝宝	体重均值10.02千克，小于8.12千克为过低，大于12.5千克为过高。

宝宝体重增长缓慢，与饮食有密切的关系，父母应该先从饮食方面寻找原因，如食量不足、饮食结构不合理、过多食用零食影响了正餐等。还有的宝宝怎么吃都不胖，有的宝宝吃得不多却也不瘦。因为除了吃的因素，胖瘦还与个人体质、运动量、代谢分泌和消化吸收功能有关。单纯的体重值不能反映宝宝的体型和胖瘦，到了幼儿期，我们要综合考虑年龄、身高和体重这三个因素。

◎ 标准体重

如果宝宝体重标准，但膳食结构不合理，摄入的是高热量、低蛋白、低维生素和低矿物质的食物，那么即使宝宝看起来不胖也不瘦，但由于营养摄入不均衡，宝宝也可能会患有营养不良性疾病。例如，摄入高铁食物少，宝宝会出现缺铁性贫血。所以，评估宝宝营养状况时，不能仅凭体重或只看宝宝胖瘦。

◎ 体重超标

宝宝体重超标时，不宜限制食量，可适当调节膳食结构。不给宝宝吃高糖、高油、高脂食物，适当增加蔬菜比例，降低畜肉和谷物比例。

◎ 体重不足

宝宝体重不足时，首先要带宝宝看医生，只要确定宝宝没有疾病，妈妈就可以放心了。父母切莫强迫宝宝多吃，因为强迫的结果是，宝宝不但体重没有增加，还可能厌食。父母可从以下几下方面寻找原因，并采取相应措施。

·食量小

每个宝宝的食量都不尽相同，有的宝宝生来胃口就大，吃饭时让妈妈很放心。有的宝宝胃口特小，吃一点儿就饱，但放下碗筷后很快又饿了，这样的宝宝适合少食多餐，父母可多给宝宝吃一两顿。

·活动量大

有的宝宝什么问题都没有，就是光吃不长肉。这是因为，宝宝活动量大，热量消耗多，已经没有多余的热量转换成脂肪了，宝宝当然胖不起来。这样的宝宝最适合加餐了。如果宝宝玩累了，就让宝宝休息一会儿，给宝宝补充点能量，加一点儿餐，如水果、酸奶、奶酪、饼干等。带宝宝外出时，爸爸妈妈或看护人不要忘记带吃的，因为宝宝活动量会更大，消耗也会更多，要及时给宝宝补充能量。

·偏食、挑食

偏食、挑食是不健康的饮食习惯。有的宝宝天生食欲差，婴儿期就不爱喝奶，辅食也不爱吃；有的宝宝像父母其中一方，对食物特挑剔，无论什么好吃的，都不会狼吞虎咽地吃；有的宝宝偏食、挑食，是慢慢养成的习惯，一旦养成了，短时间内很难纠正过来。对偏食、挑食的宝宝，要想办法引起他对吃饭的兴趣，可以让宝宝参与备餐、做饭、盛饭等活动；可以让宝宝学着点餐；也可以购买漂亮的食谱书让宝宝翻阅，诱发宝宝的食欲。等宝宝长大了，或许他对饭菜就不那么挑剔了。

·胃肠功能差

有的宝宝胃肠功能一直比较差，多吃一点儿胃肠就不舒服。针对这种情况，家长可以在医生的指导下给宝宝服用一些助消化的药物，也可以看中医，用中医的方法调理宝宝的脾胃。

·肠道营养吸收能力差

有的宝宝吃饭没问题，但肠道营养吸收能力差，就是俗话说的“吃啥拉啥”。宝宝在婴儿期时，大便中就有很多大颗粒的奶瓣，或者大便呈油脂样，将宝宝的大便放在一张白纸上，然后把大便移走，白纸上会留下油渍。化验能看到大便中有脂肪滴。如果是这样，要带宝宝看消化科医生，给宝宝服用一些助消化的药。

·肠易激综合征

宝宝的食欲和饭量都没问题，但肠蠕动快，吃了就拉，就是俗话说的“直肠子”。如果是这种情况，需要看医生，确定宝宝是否有肠易激综合征。

·小病不断

生病会影响宝宝的食量，也会影响营养的吸收和利用。如果宝宝总爱生病，请带宝宝看医生，寻找原因，进行必要的干预。

身高

15个月的男宝宝	身高均值79.8厘米，小于74厘米为偏低，大于85.8厘米为偏高。
15个月的女宝宝	身高均值78.5厘米，小于72.9厘米为偏低，大于84.3厘米为偏高。

◎ 影响身高的因素

身高受很多因素的影响，如遗传、性别、种族、地域、营养、运动、睡眠等。随着宝宝年龄的增长，身高的差异会越来越明显。我们知道，随着生活水平和质量的提高，人均身高水平已有所提高。均衡的营养、充足的睡眠、健康的心理、良好的生活状况，有助于孩子身高的增长。

头围

这个月龄段的宝宝头围与上个月没有明显差异。在1~2岁这一年里，宝宝头围可增长1~2厘米。头围与胸围有一定的比例关系。一般宝宝刚出生时，头围要比胸围大，通常大2厘米左右。1岁时，头围和胸围就旗鼓相当了。到了幼儿期，头围会比胸围小，小的数值恰好是宝宝的实际年龄。如宝宝2岁时，头围比胸围小2厘米；3岁时，头围比胸围小3厘米。

上面的数据是大多数宝宝的标准，但也存在着个体差异。有的宝宝胸廓比较宽，有的宝宝头比较大。头围大小与遗传有一定的关系，如果父母有一方的头比较大，宝宝的头围可能就比一般孩子的大。

囟门

通常情况下，幼儿前囟在1岁半左右闭合，有的可延迟到2岁以后闭合，也有的早在1岁左右就闭合了。

每次做常规检查时，如果医生说“孩子的囟门可够小的”或“孩子的囟门怎么还这么大呀”，妈妈就会非常着急。其实，幼儿囟门的大小存在着个体差异，有的宝宝出生时囟门就比较大。但是，如果宝宝囟门不但没有闭合，还比原来增大了，就不能视为正常了，要带宝宝去看医生。

乳牙

◎ 乳牙萌出速度

在这个月龄段，多数宝宝会萌出10颗乳牙。但乳牙萌出数目存在着显著的个体差异，有的宝宝直到1岁才开始有乳牙萌出，有的宝宝早在4个月就有乳牙萌出了，有的宝宝至今才有几颗乳牙，有的宝宝已有16颗乳牙了。宝宝乳牙萌出有早有晚，萌出的乳牙数量有多有少，妈妈不必为此纠结。宝宝在3岁前，都会一个不差地出齐20颗乳牙。

还有一种情况，宝宝的乳牙出得很早，也很快，可是，后来连续几个月都没有乳牙萌出。这是为什么呢？妈妈不必着急，在接下来的几个月里，宝宝会奋起直追，乳牙萌出速度加快，在乳牙该出齐的年龄，圆满完成任务。

◎ 出牙迟与缺钙

父母常因为孩子出牙迟或出牙少而怀疑他缺钙。其实，因缺钙引起出牙迟的现象并不多见。早在胎儿时期，宝宝的乳牙就已经形成，只是埋藏在牙床下面，如同埋在地下的种子，只待破土而出了。如果宝宝吃固体食物比较晚，牙床得不到充分的摩擦，乳牙萌出可能就会比较晚。

◎ 给宝宝清洁牙齿

当宝宝的第一颗乳牙萌出时，就应该给宝宝清洁牙齿了。每天早晚两次，用纱布或指套牙刷帮助宝宝清洁牙齿，要把牙齿表面的食物擦干净，进食后用清水漱口。

大运动能力

常见的走路问题

有的宝宝早在1岁左右就会走了，有的宝宝至今还不会独立行走，有的宝宝已经走得很好了，有的宝宝还需要父母牵着小手走路。在走路方面，宝宝之间存在着很大的差异。宝宝至今还不会独立行走，并不意味着宝宝的发育有什么问题，更不意味着宝宝发育落后。但如果牵着宝宝的手，宝宝还不会向前迈步，就需要带宝宝看医生了。

宝宝刚刚开始独自走路时，会用独特的“蹒跚学步”姿势行走，两腿叉开，两脚之间的距离比较远，两只胳膊张开，颤颤巍巍地向前走，看起来像是要往前跑。那是因为，宝宝还不能控制自己的身体，也不能控制行进的速度，似乎在靠着惯性往前冲，停不下来。随着宝宝的成长，慢慢的，他就能走得很稳了，想停就停，想走就走。宝宝的肢体协调能力在不断进步，会独立行走的宝宝还会拉着小车走呢！

◎ 走路时脚尖朝里

有妈妈询问我，女儿已经15个多月了，活泼好动，她是13个月时会走的，一直是右脚尖朝里。妈妈以为女儿过段时间会变好，可最近发现，女儿不但脚没好，两个肩膀也不一样高，右侧肩膀明显比左侧高，是不是宝宝的发育有问题？

◎ 走路时脚尖朝外撇着

还有妈妈询问：我的女儿现在快16个月了，走路时可明显地看出两个脚尖均向外撇，而且撇得比较厉害，我想咨询一下，有没有什么好方法可以帮助她纠正走路的姿势？

◎ 走路外八字

也有妈妈询问：我的孩子现在快16个月了，走路有外八字，左脚比右脚更严重，严重到了走路时身体有点儿侧着，很难看。请问怎么办？

询问类似问题的妈妈有不少。宝宝开始学习走路时，会出现各种各样妈妈认为不正常的姿势。事实上，妈妈认为不正常的情况，有很多都是正常的。宝宝刚刚学习走路，需要一个逐渐熟练的过程，不可能一开始就走得很好，像大孩子那样，两条腿笔直地行走。出现诸如脚尖着地、外八字、内八字等姿势，都是学习走路过程中的正常现象。如果宝宝走路姿势严重异常，应带宝宝去看医生。如果医生说没问题，家长就不要自寻烦恼了。

宝宝从抬头、翻身到手臂支撑着从坐、爬到站立，从妈妈牵着走到独立行走，仅仅用了十几个月的时间，真的是个奇迹！宝宝每发展出一项新能力，每一次进步，都需要付出巨大的努力，都需要一个过程。我们要学会等待，为宝宝的每一个能力喝彩，为宝宝的每一次进步高兴，给宝宝以鼓励和帮助。总是觉得宝宝做得不如人意，总是觉得孩子有问题，总是抱着怀疑的态度对待发育中的宝宝，这对孩子是很不公平的。

当然也要及时发现宝宝发育过程中的问题，及时发现疾病是应该的，也是很重要的，但不能动辄认为孩子有问题，总是带着一大堆疑虑养育孩子。从孕期开始，妈妈就接受产前检查，出生后，医生也会仔细评估宝宝的健康状况。接下来，至少有8次的例行健康体检和评估（宝宝出生后42天、3个月、6个月、9个月、12个月、18个月、24个月、36个月）。如果有问题，医生会发现并干预的。

父母只需在例行的健康体检前，准备好要问的问题，问题解决了，就无须多虑了，尽享育儿的快乐。

◎ 可能引起走路姿势异常的疾病

· 佝偻病

佝偻病引起的骨骼异常改变可能引起宝宝走路姿势异常。常见的骨骼异常改变有头部改变，描述为方颅、臀形颅、马鞍颅，以及囟门大和闭合延迟。胸部改变描述为鸡胸、肋缘外翻、郝氏沟、串珠肋、胸骨凹陷。腿部改变描述为O形腿、X形腿。

这些骨骼异常改变，有经验的医生通过观察、触摸等检查，可初步做出判断。现在，我国对佝偻病的预防工作做得很好，临床中很少能见到严重的佝偻病，其引起的骨骼异常改变就更少见了。

· 髋关节发育异常和脱位

髋关节脱位表现出的典型行走姿势是鸭步。若有异常，早在婴儿期，甚至新生儿期，医生就可以通过体格检查做出初步判断，通过B超或X射线检查最终确诊。如果到了宝宝会走的年龄才发现这一问题，会给治疗带来很大难度，治疗效果也往往不佳，影响宝宝的体能发育。所以，髋关节发育异常和脱位，早期诊断和早期治疗非常重要。

· 神经肌肉发育异常

某些患有神经肌肉发育异常的幼儿，如进行性肌营养不良、进行性脊肌萎缩症等，也可出现走路姿势异常的现象。

佝偻病属保健科，髋关节发育异常属骨科，神经肌肉发育异常属神经科。如果父母怀疑宝宝患有类似疾病，请带宝宝到相应科室检查。

◎ 摔跤不是能力倒退的表现

常有妈妈询问：宝宝一直走得很好，可最近总是摔跤，孩子是不是得了什么病？

这种情况通常是因为宝宝会走后就试图跑。这个月龄段的宝宝对身体控制得还不是很好，协调能力比较差，两条腿的步伐不一致，常会出现一只脚绊到另一只脚，然后就摔倒了。所以，原本走得很好的宝宝现在开始摔跤了。

◎ 往后退着走

宝宝练习行走时，通常会先扶着物体横着走，然后推着小车或牵着父母的手往前走，最后学会独立行走。不管是先横着走，还是先往前走，或是向后退着走，都是正常现象，父母不必为此担心。

蹲下拾物

要完成蹲下拾物这个动作，不但需要小脑的平衡能力发展到一定水平，还需要肌肉、神经、脊椎以及肢体的协调运动能力发展到一定程度。如果宝宝的腿部力量不够，试图蹲下时就会摔倒。蹲下再站起则需要全身协调。

皮球是锻炼宝宝蹲下站起的好玩具。宝宝会把手里的皮球抛出去，再去追赶在地上滚动的皮球。当皮球停止滚动时，宝宝会蹲下拾起皮球，然后继续抛出、追赶。宝宝非常喜欢这种有趣的游戏，如果宝宝还不会独立行走，就会爬着去追球。

这个月龄段的宝宝爬行能力非常强，爬的速度飞快，还会往高处爬，爬过障碍物。如果宝宝还需要借助物体才能从卧位转成站立位，妈妈就需要观察一下，最好能带宝宝去看医生。

弯腰拾物摔倒

宝宝弯腰拾物，在站起来的那一瞬间，可能会摔倒，或向前扑倒，或向后仰倒。多数情况下，在仰面摔倒的瞬间，宝宝都能够本能地向上抬头，以免头部受伤。如果是向前摔倒，因为有上肢的支撑，很少会摔得“嘴啃地”，把面部磕破。这个月龄段的宝宝难免摔跤，父母不要表现出紧张神情，更不要大声惊呼。

往高处爬

宝宝已不满足于简单的运动项目，开始尝试高难度动作了。站在床边，就要抬腿往床上爬，全身使劲，小脸憋得红红的，一股不达目的誓不罢休的劲头。

宝宝还会往沙发、茶几、电视柜上爬，爬到餐椅上后再往餐桌上爬。

爬楼梯

如果家里有楼梯，这个月龄段的宝宝会开始喜欢爬楼梯。看护人托住宝宝腋下或扶着胳膊，宝宝就会抬脚上楼梯。宝宝向上爬楼梯相对安全，向下爬楼梯可就危险了，妈妈一定要做好安全防护。

翻箱倒柜

如果柜门没关紧，宝宝就能打开柜门，把柜子里的东西翻腾出来。宝宝会把玩具箱中的玩具倒腾出来再放进去，之后再倒腾出来，一遍遍地玩，乐此不疲。

手部运动

宝宝会运用腕关节的运动摇拨浪鼓。宝宝还可以运用手腕的运动能力，把手伸到容器中取东西，查看物体的每个表面，用勺子舀起碗里的饭送到口中，端起杯子把水喝完。宝宝大脑中支配双手的区域几乎占据了整个前额部大脑，如果宝宝出生后一直不使用双手，那么支配双手的大脑区域不但不能发达起来，还会逐渐萎缩。

扔东西

对自己不喜欢的东西，宝宝会毫不犹豫地扔掉；对喜欢的东西，宝宝又攥得紧紧的，谁也拿不走。宝宝耍脾气的时候，会把手里的东西扔掉，捡给他，他会再扔掉。这时的扔东西，是宝宝在发泄不愉快的情绪，不同于婴儿期的好玩。

精细运动能力

宝宝开始喜欢摆弄玩具，打开盖子看看里面装的是什么，按一下、敲一下、摇一摇。宝宝的小手变得灵活起来，会把几块积木搭在一起，会把瓶盖拧开，把盒子打开再盖上。有的宝宝会玩穿珠子的游戏。如果有机会接触平板电脑，他甚至会选游戏，手指一点，游戏就出来了。

第二节 智能与心理发育

语言能力

语言发展

这个月龄段的宝宝能理解近200个词语；能使用更多的身体语言，尤其喜欢用面部表情、手势等来表达自己的意愿；每天可以学习20多个新的词语。

◎ 惊人的身体语言

宝宝的身体语言比口语发展得更快。因此，父母理解宝宝时，不仅要听宝宝在说什么，更要看宝宝在用肢体语言"说"什么。当宝宝要妈妈抱抱时，他会把两个胳膊举起来，并仰头望着妈妈，眼里充满着期待。宝宝的意思是"妈妈，我走不动了，抱抱我吧"。这时，妈妈不是把宝宝抱起来就完事了，妈妈要对宝宝充满理解，用语言告诉宝宝："妈妈知道，宝宝走累了，想要妈妈抱抱，是不是呀？"

当宝宝伸出胳膊，用小手指着正在行走的羊群，什么也没说或仅仅发出"嗯、嗯"或"咩、咩"或"看、看"时，宝宝是在告诉妈妈：我发现了羊群，

看那群羊多么好玩啊！小羊吃什么？像我一样喝奶吗？它们身上为什么有卷卷的毛，而我却没有？为什么不像我一样穿衣服？它们住在哪里？它们的爸爸妈妈在哪里？……妈妈要尽可能多地想象着宝宝的问题，给宝宝讲述“羊的故事”。这就是对宝宝的语言和智能开发，是对宝宝好奇心的满足，是对宝宝探索精神和求知欲的引导。

◎ 模仿爸爸妈妈发音

宝宝尽管还不会说话，但能根据爸爸妈妈的发音，模仿一些简单的音节，如阿姨、哥哥、苹果、板凳等。有的宝宝开始用简单的词汇表达意思。当他想喝奶时，宝宝会冲着妈妈说“奶”，他要表达的完整意思是“妈妈，我饿了，要喝奶”。

◎ 说出有意义的词句

多数宝宝到了这个月龄段，能说出几个有意义的词句了。有的宝宝几乎每天都会说出新的词句。有的宝宝则是某一天喜欢说话，某一天很少说话。

如果宝宝至今还不能说出一个有意义的词句，父母一定会很着急，因为父母可能会看到，周围和宝宝年龄差不多的小朋友，几乎都开口说话了，甚至能和妈妈对话了。请不要着急，再耐心等待几个月，宝宝就会开口说话了。切莫在宝宝面前表现出焦急的样子，更不能为了让宝宝早点儿开口说话，过度开发语言，让宝宝不知所措，反而更不开口了。要知道，欲速则不达呀！

◎ 跳跃和爆发式语言

宝宝一直不开口说话，有一天突然说出一句完整的语句，并不是一件离奇的事。宝宝的语言发育有时是呈跳跃式和爆发式的。

宝宝还不会说话，甚至连最简单的“爸爸妈妈”都没说过。但是有一天，宝宝突然开口说话了，清晰地叫了声“爷爷”。全家人都惊呆了，宝宝会叫“爷爷”了！爷爷更是激动不已，一遍遍地让宝宝叫。可是，宝宝再也没有叫过一声“爷爷”，一周过去了，两周过去了……全家人着急了。其实，宝宝是被全家人的激动吓到了，很长时间都不敢再开口说话，2个月后才再次开口说话。

◎ 发音不准确

宝宝常常不能准确地发音，这是宝宝在语言学习阶段中会出现的正常现象，妈妈不必着急。比如宝宝会把“姥姥”叫成“袄袄”，那是因为宝宝还不能准确地发卷舌音。随着宝宝的长大，发音就准确了。

◎ 语言与思维活动

语言可以延长宝宝集中注意力的时间。这个月龄段的宝宝很难静下来，几乎一刻也不停歇。但是，如果妈妈给宝宝讲很有趣的故事，宝宝就会很专心地听妈妈讲，集中注意力的时间可达10分钟以上，这就是语言的魅力。通常情况下，幼儿在1岁半可集中注意力5~8分钟，2岁左右可集中注意力10~12分钟，2岁半左右可集中注意力10~20分钟。

语言能力是反映智力水平的指标之一。宝宝对语言的理解过程是思维活动的过程。思维是大脑对客观事物的概括和反映，是一个复杂的认知过程。这一过程和语言能力的发育密不可分。婴儿在9个月左右就产生了思维能力。但这时的思维是低级的、具体形象的思维活动，属于“前语言思维”。到了幼儿期，随着语言能力的发展，幼儿的思维开始向高级的、抽象的和概括性的逻辑思维发展。语言在逻辑思维中占有重要的地位。

◎ 聆听父母说话

宝宝会抬着头，两眼盯着父母，兴致勃勃地聆听父母说话。遇到这种情形，父母不要打扰孩子，也不要问“宝宝在听爸爸妈妈说话呢”。你们只管说下去，而且要用简单、准确、清晰的语言表达你们谈话的内容。宝宝聚精会神地听父母说话也是他学习语言的过程。

◎ 知道自己的名字

宝宝已经知道自己的名字，当妈妈叫宝宝的名字时，宝宝会立即有所回应。但是，这个月龄段的宝宝还不理解人称代词。比如，你跟宝宝说：“把皮球给我。”如果妈妈不配合手势，指着自己，宝宝就不知道妈妈刚才说的“我”指的就是妈妈。宝宝也不会转换人称代词。比如，妈妈对宝宝说：“你想喝奶吗？”宝宝不知道这里的“你”指的就是宝宝。如果问宝宝：“你妈妈在哪里？”宝宝会说“你妈妈在……”而不会把“你妈妈”转换成“我妈妈”。通常情况下，宝宝到了3岁左右才能知道你、我、他的含义，也可以相互转换了。

语言对宝宝的影响

◎ 在孩子面前说话要有所顾忌

这个月龄段的宝宝几乎能听懂爸爸妈妈说的所有的话，即使听不太懂，宝宝也能从爸爸妈妈的语气、情绪、表情、手势中揣测。因此，爸爸妈妈不能无所顾忌地想说什么就说什么，不要相互指责，一定要考虑到孩子的感受。当怀疑孩子生病或发育上有问题时，不要当着孩子的面谈论。带宝宝看医生时，也尽量不要当着孩子的面把你的怀疑说出来。

◎ 耍脾气缘于不会说

宝宝耍脾气，甚至摔东西，很大一部分原因是不能用语言表达他的感受，说出他的需求。父母要理解孩子，帮助孩子学习运用语言，通过语言表达自己的意愿和需求。

◎ 妈妈没有时间陪宝宝时

宝宝闹着让妈妈陪着玩，可妈妈正在赶一篇急着发的报告，便对宝宝说：“别捣乱，没看见妈妈忙着吗？自己去玩。”这样的语言容易给宝宝输送这样的信息：妈妈不想陪宝宝玩，妈妈不高兴了。宝宝会委屈得哭起来。

妈妈应该采取这样的方式。停下手中的工作，蹲下来，扶着宝宝的肩膀，两眼温和地注视着宝宝，语调平和地对宝宝说：“妈妈很愿意陪你玩，但妈妈有一个非常重要的任务，一定要在今天完成。现在妈妈不能陪你玩，你自己先玩，好吗？等妈妈把这个任务完成了，一定陪你玩，来，我们拉钩。”宝宝可能还不能完全理解妈妈的话，不能理解妈妈的“任务”是怎么回事，为什么要在今天完成，但是，宝宝从妈妈的态度中，接收到的是积极的信息，不会因为妈妈不陪他玩，而感到被妈妈丢弃了。

◎ 听不进爸爸妈妈说的话

爸爸妈妈可能会有这样的认识：宝宝听不进爸爸妈妈说的话，越是不让动的东西，越要动，而且对“不”字听而不闻，爸爸妈妈几乎无法制止宝宝的行动。其实，宝宝不是听不进去爸爸妈妈的话，而是不喜欢让爸爸妈妈控制他的行为。这么大的孩子已经有了自己的主见，当他对一件事情兴致正浓时，爸爸妈妈的“不”当然起不到任何作用，宝宝有“过滤”爸爸妈妈的话的能力。

语言能力的开发和训练

宝宝是在日常生活中学习语言的。没有任何一种语言训练方法比营造日常生活中良好的语言环境更重要。

◎ 背儿歌，听故事，理解语言

教宝宝背儿歌是训练宝宝抽象语言能力的方法之一。教几句儿歌，然后妈妈说一句，宝宝接一句，这样能让宝宝对儿歌产生兴趣，宝宝背的儿歌越多，对抽象语言的理解能力就会越强。给宝宝讲有趣的故事也是帮助宝宝理解语言的好方法，宝宝最喜欢听与自己和爸爸妈妈以及他认识的人有关的故事。

◎ 扮演角色

在角色扮演游戏中，宝宝的想象力可能会出现跳跃式发展。他会模仿妈妈给他喂水的过程，用杯子或奶瓶给玩具娃娃喂水。宝宝会把自己喜爱的动物玩具或小布娃娃放在他的小车里，推着小娃娃“散步”。宝宝把物体和事件在脑海中联系起来，这就是幼儿想象力的跳跃，上面的情形就是宝宝对妈妈把他放在童车中推着散步的联想。宝宝还会把他的小手套穿在布娃娃的脚上，把小布娃娃当成小弟弟，带宝宝去户外活动。每次出门时宝宝都想带上小布娃娃，如果有一次没有带，宝宝会提醒妈妈带上小布娃娃，或许会直接抱上小布娃娃出门。

◎ 把日常用具当玩具

宝宝对玩具的兴趣不取决于玩具价格的高低，不会因为玩具高级、昂贵就爱不释手。在宝宝眼里，几百元的玩具和一分钱不值的小木棍没有什么差别。

相比较而言，宝宝更喜欢日常用具，而不是漂亮的玩具。一个小饭勺、一个小饭盆、一个小空瓶子、一把小牙刷、一根小棍、一棵小草、一张小纸片、一个小纸杯、一个小瓶盖……都能引起宝宝极大的兴趣。让孩子认识日常用品，学习一些日常用品的使用方法，对开发孩子的动手能力和想象力有帮助。如果宝宝看到过父母刷牙，当拿到牙刷时，他也会学着父母的样子刷牙；如果宝宝看到过父母用梳子梳头，当拿到梳子时，他也会学着父母的样子梳头。

◎ 不满足于知道物品名称

这个时期的宝宝常常指着某些物品，眼睛看着妈妈，嘴里“啊、啊”地叫着，表现出迷惑的样子。妈妈以为孩子在问这是什么，就告诉了孩子。可是，宝宝仍然做着同样的动作，原来，宝宝已经不满足于仅知道这个物品的名称了，宝宝想知道更多有关这个物品的事。比如：宝宝指着转动的洗衣机时，不是要问这是什么，而是要妈妈告诉他，这个洗衣机是干什么的、为什么会转动呢。妈妈可以给宝宝演示洗衣机的整个工作过程，尽管宝宝还不能理解，但宝宝会很满足。

视觉发育

爱看色彩斑斓的图画

宝宝对色彩有着天生的喜爱，喜欢看色彩斑斓的图画，更喜欢看色彩鲜艳且在不断变化的画面。妈妈可能会发现，宝宝非常喜欢看电视中的广告，甚至比对幼儿节目更感兴趣。其中的缘由是，电视广告不但色彩鲜艳，而且画面变化多、速度快。这么大的宝宝注意力集中时间比较短，对变化缓慢、变化少的画面，很快就会失去兴趣，且容易感到疲倦。

过早地接触电视、电脑有害

不断变化的画面会导致宝宝眼肌疲劳，过多、过快的色彩变换不利于宝宝的视觉发育。如果宝宝长时间看这样的画面，就会影响视觉发育。常有妈妈问，宝宝一天可以看多长时间的电视。目前没有关于这方面的数据统计。我的建议是，不要养成每天看电视的习惯，习惯一旦养成，改起来可就难了。不要整天都开着电视，每时每刻都受到电视画面和声音的干扰。即使看电视，一次最好不要超过10分钟，每天看电视的总时长不要超过半小时。最好在固定时间开电视，看完后立即关掉，保持规律。

看电视是一种被动接受知识的过程，不利于培养宝宝的主动思维能力。宝宝不能靠看电视学知识，一定要控制宝宝看电视的时间。现在的宝宝不但看电视，还通过笔记本电脑、平板电脑、投屏、手机等多种设备看动画片、看动漫、听故事、玩游戏等。实际上，对于孩子来说，借助任何视屏设备看视频都会伤害视力。这个月龄段的孩子，眼肌和视神经以及眼底正处于发育期，长时间地盯着视屏会影响视力发育。所以，尽可能不让宝宝看视屏，即便看也要限制时间，筛选出适合孩子看的内容。

听觉发育

喜欢听音乐

宝宝喜欢听节奏感强的音乐，会随着音乐摇摆身体。父母可以每天给宝宝放一段音乐，培养宝宝的乐感。宝宝不只是喜欢听儿歌，而是喜欢所有美妙的歌声和音乐。国内外的古典和现代经典音乐都可以放给宝宝听，还可以给宝宝听一些民族和地方戏曲。

给宝宝听音乐时，要注意关闭低音炮，低音炮对宝宝的听觉神经有损害。音量不要放得太大，太大的声音会伤害宝宝的听觉。

噪声对幼儿的听力损害是最大的，应该尽量让孩子远离噪声。

认知能力

这个月龄段的宝宝几乎认识家里的所有物品，知道常见物品的名称，甚至知道一些物品的用处并能够操作。比如：知道遥控器是用来开电视的，并能够准确按下开机按钮，打开电视，甚至还能调声音和频道。如果妈妈问几点了，宝宝尽管不能说出几点了，但知道墙上挂的表能够告诉妈妈现在几点了。宝宝知道吃的东西应该放在冰箱中。爸爸下班回来了，宝宝知道给爸爸拿拖鞋，并且不会拿错。宝宝想出去玩，就会牵着妈妈的手，走到门口，让妈妈开门。如果妈妈常带宝宝到某家医院打疫苗或看病，那么只要到了这家医院门口，宝宝就会拒绝进入医院，甚至用哭来阻止妈妈带他进医院。这些都是宝宝的认知能力，宝宝的认知能力是非常重要的，没有最基本的认知能力，就没有最基本的生活能力。

宝宝的认知能力是一点点提高的，可以利用“猜一猜”等游戏提高宝宝的认知能力。把放有两个苹果的盘子端给宝宝看，拿走一个苹果，放在你的身后或衣兜里，让宝宝猜一猜，苹果到哪里去了？如果宝宝很容易就发现了藏在身后的苹果，说明宝宝对这个现象已经有足够的认知了，可以换一些复杂的游戏。

认识客观存在

宝宝一觉醒来，如果没有发现妈妈的踪影，可能就会大哭。但是，只要听到妈妈的声音，宝宝就会停止啼哭，这是因为，宝宝能辨别出妈妈的声音，听到了妈妈的声音，就知道妈妈没有消失，只是没在眼前。如果宝宝仍然哭，也并非认为妈妈不存在了，而是因为妈妈没有及时过来抱他。宝宝在没有认识到“事物是客观存在的”这一观念前，必须看到妈妈，才知道妈妈在。百天前的宝宝，甚至必须在妈妈抱着他时，才能知道妈妈在他身边。随着月龄的增加，宝宝对客观存在有了进一步的认识。当妈妈上班的时候，他知道妈妈并没有消失，只是暂时分别。

分类和分辨能力

宝宝能给物体做简单的分类。比如：妈妈对宝宝说，把玩具都放进玩具箱，把拖鞋放进鞋柜。宝宝就会按照妈妈的吩咐去做，不会把拖鞋放进玩具箱，也不会把玩具放到鞋柜里。

宝宝还能区分物体的大小。比如：妈妈说把小球放到小玩具箱里、把大球放到大玩具箱里，宝宝就会按照妈妈的吩咐去做。

宝宝对物体的形状和颜色分辨能力还比较弱，比如，让宝宝把红球拿来，宝宝可能会把黄球拿来；让宝宝把方盒子拿来，他可能会把圆盒子拿过来。

很少有宝宝能依据物体的本质进行分类。比如：一个玻璃杯、一个塑料杯和一个陶瓷杯放在一起，妈妈让宝宝把玻璃杯拿过来，宝宝可能会拿过来一个陶瓷杯。

如果妈妈说“把妈妈的皮鞋拿来”，宝宝会向放置妈妈皮鞋的地方走去。如果妈妈说“把梳子拿过来”，宝宝会走到梳妆台前。这就说明宝宝知道某一物体是放在某一地方的。

主动追逐物体

宝宝会主动追随感兴趣的物体，并常常伸出小手，张开手指或向物体存在的方向挥动手臂。当看到一只小狗时，宝宝会立即被小狗吸引。小狗跑到哪里，宝宝的视线就追随到哪里，直到看不见或失去兴趣为止。宝宝还会伸出小手，试图摸一摸小狗，也会向小狗挥动手臂，试图和小狗进行交流，嘴里还会发出“啊、啊”的声音，这表示他对眼前的事物感兴趣。当宝宝能够用口头语言表达他的意思时，宝宝可能就不再使用上述身体语言了，而是直接说“我要小狗陪我玩”。

认识时间

从现在开始，父母可以教宝宝认识时间，可以引导宝宝逐渐建立生活秩序。教宝宝认识钟表和日历，让宝宝认识白天和黑夜。让宝宝知道，太阳出来了是白天，太阳落下去、月亮升起来是黑夜。让宝宝看天上的太阳、月亮和星星，注意要看刚刚升起和快要落山的太阳，以免过强的阳光刺痛宝宝的眼睛。

宝宝认识挂在墙上的钟表，认识日历牌。但认识几点钟的宝宝不多，知道哪年哪月哪日和几时几分几秒的宝宝更是少之又少。但是，只要父母很有时间概念，宝宝就会较早地知道时间的概念。

把东西放到固定地方

如果妈妈放东西很有秩序，总是不断地告诉宝宝什么东西放到哪里了，宝宝就能够记住很多放置东西的地方。当妈妈让宝宝把什么东西拿来时，宝宝就会把东西拿给妈妈，还能把东西再放回原处。

宝宝可以听从妈妈的指挥，把东西放到指定的地方，这可是不小的进步。妈妈需要训练宝宝的秩序性，比如告诉他锅碗瓢盆要放在厨房里、椅子要放在桌子的旁边、被子要放在床上、鞋子要放在鞋柜里、玩具要放到玩具箱里等。这种方位感的建立和秩序性的培养是对幼儿能力很好的训练与开发。

反复做一件事

宝宝一旦拥有某一项能力，就会反反复复地去实践。反复做同一件事，宝宝不但从中获得了快乐，还学到了知识，提高了能力，掌握了技巧。父母不要干预孩子这么做，要对孩子反复做一件事给予最大程度的包容。

自己动手解决问题

宝宝开始学习自己动手解决问题。当有鼻涕流出来时，他会用袖口去擦，

妈妈不要训斥宝宝，应该给宝宝在衣服上别一个小手绢，并告诉宝宝，有鼻涕流出来时，就用这个小手绢擦鼻涕。这是宝宝增长能力的时机，妈妈的任务是为宝宝解决问题，而不是加以限制。

自己吃饭的快乐

让宝宝参与做饭，做吃饭前的准备工作，拿碗、勺子和筷子，并依次摆好。如果家人按照固定座位吃饭，宝宝就会按照座位摆好。如果宝宝会走了，就鼓励宝宝自己把小凳子搬到饭桌旁，让宝宝自己坐到板凳上。让宝宝自己拿勺吃饭、端碗喝汤，这样不但能锻炼宝宝的生活能力，还能增加宝宝的食欲，增添宝宝吃饭的乐趣。妈妈还可以让宝宝帮着收拾碗筷、擦桌子，让宝宝自己脱鞋、脱袜子和穿鞋戴帽。宝宝玩完玩具，让宝宝自己把玩具放到玩具箱里。鼓励宝宝把门厅的拖鞋摆整齐。鼓励宝宝给妈妈梳头、给爸爸拿衬衣，让宝宝体会到帮助他人带来的快乐。只有给宝宝创造机会，宝宝才能学会生活技能。

不服输的精神

这个月龄段的宝宝正处在不服输的年龄，越是他不会做的，他就越要做，即便是做不成，也不会轻易放弃。爸爸妈妈应该鼓励宝宝这种不服输的精神，给宝宝充分展示自己能力的机会。比如：宝宝自己系纽扣，怎么也系不上，妈妈可一边帮助宝宝系，一边教宝宝如何系。如果宝宝不希望妈妈帮助，一定要自己完成，妈妈就应该支持，可用其他衣服演示给宝宝看。

自我意识增强

随着宝宝长大，他有了越来越强的自我意识。喜欢自己做事，不愿意受约束，自我意识变得强烈起来。爸爸妈妈会觉得，孩子越来越不按照他们的意愿行事了。让宝宝坐下来吃饭、给宝宝洗澡、哄宝宝睡觉、给宝宝穿衣服等这些妈妈曾经在很短时间就能熟练完成的事情，现在变得不容易起来，妈妈不要生气，更不要气馁，这是宝宝成长的过程。慢慢地，宝宝开始明白事理，逐渐习惯生活秩序，会很好地和妈妈配合的。

学会分享

宝宝对小朋友有了一丝亲近感，看到小朋友，想伸手摸摸；看到小朋友手里的东西，想伸手去拿。如果小朋友不给，他还会拿着妈妈的手去拿。宝宝偶尔会把自己的东西递给小朋友玩，但常常改变主意，玩具还没递到小朋友的手里，他就把手缩回去了。宝宝还不会和小朋友一起玩，仍然是你玩你的、我玩我的。他有时会停下来，看着小朋友玩，有时候会过去拿小朋友的玩具。被拿走玩具的小朋友可能会因此哭闹，宝宝不会因为小朋友哭了，就把玩具还给小朋友。如果小朋友拿了他的玩具，他可能也会哭。如果妈妈试图劝说宝宝，把玩具给小朋友玩一玩，宝宝就更难主动把玩具递给小朋友了。

上面的现象反映出来的是，宝宝还没学会分享，同情心还没被挖掘出来。学会分享和产生同情心是幼儿心理发育中的重要一课，需要父母的教导和培养。

耍脾气、不听话、闹人、摔东西

◎ 耍脾气

1岁多的宝宝已经不满足于只是吃饱穿暖、躺在妈妈的怀里、睡在妈妈的身边了。

如果宝宝开始“磨人”，妈妈可以找孩子喜欢的游戏和事情，让宝宝有玩不腻的游戏，看不够的新奇事物，听不厌的音乐、歌曲、故事。只要是宝宝喜欢的，在保证安全的前提下，都可以放手让宝宝去做。

爸爸妈妈认为不该给宝宝玩的，从一开始就不要让宝宝玩。比如：为了哄孩子吃饭，爸爸把手机拿出来给宝宝玩。结果，宝宝喜欢上了玩手机，见到爸爸就想玩手机，如果爸爸不给，宝宝就会开始哭闹。

◎ 不听话

这个月龄段的宝宝对妈妈的某些限制开始表现出反抗情绪。当宝宝正玩得兴致勃勃时，如果妈妈叫他过去吃饭，他可能会无动于衷。如果妈妈硬是把他抱到饭桌旁，宝宝就会大叫、挣扎，或干脆再次回到游戏现场拒绝吃饭。

在今后的日子里，类似这样的冲突可能少不了。给宝宝洗脸、洗澡、穿衣等，妈妈要做的事情，都可能与宝宝发生冲突。该怎么办呢？可以转移宝宝的兴趣点，但洗脸、穿衣、睡觉可能永远成不了宝宝的兴趣点，这时就可以把宝宝不感兴趣的事情“包装”成宝宝感兴趣的事情。比如：宝宝不爱洗脸，妈妈可以和宝宝做一个游戏，让宝宝给他喜欢的娃娃洗脸，妈妈给宝宝洗脸。睡觉是宝宝最不感兴趣的事，但睡觉前听故事却是宝宝感兴趣的，所以，为了听故事，宝宝甚至会催着妈妈带他上床睡觉。

闹人

宝宝的语言表达能力有限，但宝宝懂的事越来越多了，并有了越来越多的主见。当宝宝苦于不能表达自己的意愿时，可能会表现出沮丧、烦躁，甚至哭闹。当宝宝饿了、渴了、累了、烦了时，情绪上也会发生变化，宝宝会变得不耐烦。语言表达上的限制、沟通能力的不足、生理上的不舒服交织在一起，宝宝没有理由不闹人。

摔东西

这个月龄段的宝宝可能会因为生气，把手里的东西摔到地上。宝宝生气最常见的原因，是语言运用能力的不足与逐渐萌生的自我意识之间的矛盾。如果父母不能明白孩子要表达的意思，宝宝就会生气、沮丧、摔东西，以此发泄自己的情绪。遇到这种情形时，父母需要做的是走到孩子身边，蹲下来，和蔼而友善地看着宝宝，说：“让爸爸妈妈猜一猜，宝宝为什么生气？”宝宝会从父母的宽容中得到安慰。

第三节　营养与饮食

营养需求

宝宝这个月的营养需求和上个月没有大的差异。有的宝宝食量会有所增加，但因为食物种类增加了，父母就很难感觉到宝宝食量增加了。有的宝宝食量不但没有增加，还比原来有所减少，父母不必着急，不要强迫宝宝吃更多的食物。父母的任务是给宝宝提供合理的膳食结构、烹饪美味可口的饭菜。

在这里，我们再温习一下营养素的有关知识，以便父母给宝宝制定合理的食谱。以下七大营养素对宝宝生长发育很重要，缺一不可。

碳水化合物

宝宝所需热量主要由碳水化合物提供，约占所需总热量的50%；其次是脂肪，它们提供的热量约占35%；第三是蛋白质，它们提供的热量约占15%。提供碳水化合物的主要食物是谷薯，也就是我们说的粮食和薯类；提供脂肪的主要食物是奶、蛋和肉，其次是油、坚果和豆类；提供蛋白质的主要食物是奶、蛋和肉，其次是坚果和豆类。

几乎所有的食物都包含这三大营养素，但有些食物中的某类营养素含量较低。为了便于估算和操作，在为宝宝准备膳食时，父母考虑主要营养素提供的热量就可以了。蛋白质能提供的热量比例小，脂肪能提供的热量尽管比例不小，但每天食入的脂肪量有限，也可忽略不计。所以，计算宝宝摄入的热量时，只计算谷物提供的热量就可以了。

蛋白质

宝宝所需蛋白质主要通过奶、肉和蛋摄入，幼儿每天每千克体重需摄入3克蛋白质。通常来说，100毫升母乳含蛋白质约1.5克，100毫升配方奶含蛋白质约3.3克（尽管含量高，但消化吸收率不如母乳），100克鸡蛋含蛋白质约15克，100克瘦肉含蛋白质约10克，100克对虾含蛋白质约20克，100克谷物含蛋白质约8克。

◎ 举例说明

宝宝16个月，体重11千克，每天需要摄入的蛋白质为11×3=33（克）。

如果宝宝每天摄入奶量500毫升，摄入蛋白质为1.5×5=7.5（克）；鸡蛋一个（40克），摄入蛋白质为15×0.4=6（克）；瘦肉50克，摄入蛋白质为10×0.5=5（克）；谷物及其他食物摄入蛋白质约15克。总计33.5克。

脂肪

宝宝所需脂肪主要由油、肉和奶提供。幼儿每天可摄入油脂8克左右。在为宝宝准备膳食时不用特意计算油脂的含量，只要宝宝每天摄入足够的蛋白质食物，再加上烹饪用油，食物中的油脂含量就足够了。

维生素

几乎所有的食物都含有维生素，只要宝宝正常进餐，基本就能满足对维生素的需求。需要特别说明的有以下几点：

· 食物中所含的维生素D和阳光照射皮肤产生的骨化醇（维生素D），能满足这个月龄段宝宝的大部分需求。不足部分需要通过其他渠道额外补充。可以通过每天服用维生素D补剂补充食物中的不足部分。但维生素D是脂溶性维生素，具有蓄积性，不能补充过量，以免蓄积在体内，损害脏器。

· 维生素B和维生素C是水溶性维生素，没有蓄积性，所以，每天都需要从食物中补充。几乎所有的食物都含有维生素，只是含量高低不同，只要每天给宝宝提供合理均衡的膳食（说白了就是什么都做，给宝宝换着花样做），就能够满足宝宝对水溶性维生素的需求。

·每天都给宝宝补充多种维生素补剂实无必要，食物中的维生素已足够丰富了（维生素D除外，它部分由紫外线照射皮肤产生，宝宝日照不足时，需额外补充），让宝宝好好吃饭最重要。

矿物质

微量元素是指体内含量占体重万分之一以下的矿物质，如锌、硒等。含量占体重万分之一以上的矿物质叫宏量元素，如钙、铁等。现在，父母习惯把部分宏量元素也叫作微量元素。为了阅读方便，本书也不做细分。在前几章中已讲过微量元素补充问题，为避免重复，这里仅做几点补充。

·随着宝宝慢慢长大，宝宝能吃的食物种类越来越多了。如果宝宝吃饭正常，不需要额外补充任何微量元素，食物中的矿物质是最均衡、最全面的，利用率高，易消化吸收。

·如果宝宝高钙食物吃得少，如不爱喝奶，不喜欢吃鱼虾等海产品，或对高钙食物过敏，可适当补充钙、锌和碘剂。如果宝宝不吃动物肝和血等高铁食物，可适当补充铁。

·在不缺乏微量元素的情况下盲目补充，损失的不仅是钱，还破坏了宝宝的胃肠功能，也扰乱了他体内微量元素的生理平衡，同时增加了宝宝吃药的负担。

水

水是人体不可或缺的营养素，有的妈妈认为，宝宝喝的奶、汤、果汁、粥和其他饭菜里都有水，就不用再喝水了。还有的妈妈认为，白水没什么营养，喝汤和果汁更好，能同时补充水和营养。这些话听起来不无道理，但从营养学和健康的角度讲不是这样的。妈妈需要记住，除了饮食中的水分，宝宝每天至少应喝300毫升白水。

纤维素

纤维素主要存在于蔬菜和谷物等植物类食物中。只要宝宝正常进食这类食物，就不需要额外补充纤维素。多数父母知道纤维素可缓解便秘，如果宝宝便秘，妈妈可能会给宝宝吃纤维素补充剂，但过多的纤维素会影响宝宝对矿物质和蛋白质的吸收。所以，如果宝宝是容积性便秘，可用乳果糖代替纤维素补充剂。

总结

16个月的宝宝，体重11千克，每天进食粮食150克、奶500毫升、一个鸡蛋、鱼虾或肉50克、坚果或豆类25克、蔬菜和水果各100克、水600毫升，就能基本满足宝宝每天的营养需求了。

上面的数据只是一个例子。即使是同年龄、同体重、同样身高的宝宝，所需营养素都存在着明显的个体差异。同一个孩子每天所需的营养素也不尽相同。另外，某些特殊情况，如生病、气候炎热、身体不舒适、心情糟糕、饮食结构不合理等，也会影响宝宝对营养素的需求，由此影响宝宝食量和对食物的选择。所以，这些计算方法，只是作为父母给宝宝备餐时的一个参考。在实际生活中，父母最需要做到以下几点：

- 尊重宝宝的食量和对食物的选择；
- 保证宝宝摄入所需的营养；
- 给宝宝提供合理的膳食；
- 给宝宝提供更多的新鲜食材；
- 尽量不给宝宝吃加工食品；
- 烹调食品时避免高钠、高油、高糖，做到多蒸煮、少油炸；
- 给宝宝营造轻松愉快的进餐环境；
- 培养宝宝良好的进餐习惯和健康的饮食习惯；
- 不强迫宝宝吃完父母认为应该吃下的食物；
- 不强迫宝宝吃他拒绝吃的食物；
- 不把吃作为交换条件，“要挟”宝宝。

为宝宝提供饮食的五原则

原则一：全面

饮食结构决定了宝宝的营养水平。让宝宝摄入全面均衡的营养物质，是宝宝正常生长发育最基本的保证，也是影响宝宝体能和智力发展的重要因素。

碳水化合物、蛋白质、脂肪、维生素、矿物质、水和纤维素这七大营养素必须从食物中获取，没有任何一种食物能够提供幼儿所需的全部营养素。所以，父母一定要保证宝宝摄入食物的多样性和全面性。

原则二：多样

父母列出来的食品名单越长，给宝宝吃的食物种类越多、越全面、越丰富就越好。很多父母为宝宝不好好吃饭、偏食、挑食、食量小而烦恼，其实，父母应该给宝宝最大的食物选择自由，强迫孩子进食是造成孩子吃饭难的首要原因。宝宝对某一种食物吃得多寡不重要，重要的是能否吃多种多样的食物。

原则三：均衡

尽管宝宝营养摄入得全面、多样，但如果摄入的各种营养素比例不均衡，同样会影响宝宝的生长发育。所以，医学中的“营养好”包含的另一要点是营养均衡。喜欢吃的就没有节制、不喜欢吃的一点儿也不吃是不好的饮食习惯。要给宝宝搭配好食谱，尽量做到营养均衡。

原则四：新鲜

给宝宝少吃或不吃工业深加工食品、合成食品、腌制食品、冷冻食品、反复融冻食品、剩饭剩菜等，尽可能给宝宝吃天然新鲜的食物。

原则五：健康

健康的美味是少油、少盐、少糖、少调味剂和添加剂的。给宝宝做饭，要尽量避免食物中营养素的流失，采取保留食物天然清香味道的烹调方法。宝宝的味蕾非常娇嫩和敏感，不要给宝宝重口味的食品，减少饭菜中的油、盐、糖和刺激性强的调料。少给孩子吃快餐、糖果、奶油和巧克力。

只要父母遵循全面、多样、均衡、新鲜、健康这五个原则，就为孩子合理饮食提供了保证。

为宝宝制定饮食方案

食谱设计和搭配原则

每餐应包含的食物种类	谷物、蔬菜、蛋或肉，如果是软米饭、炒菜，3类食物可按5:3:2的比例搭配。
每天应吃的食物种类	谷物、蔬菜、蛋或肉、奶、水果、水。

每天应吃的食物种类及其数量	15种，其中谷物3种、蔬菜3种、蛋1种、肉2种、奶1种、水果2种、水1种，其他食物（见下）2种以上，油、盐等。
每周应吃的其他食物及其频率（不包括上述每天应吃的食物种类）	豆腐或豆浆1~2次，动物肝或血2~3次，坚果2~3次，红枣2~3次，蘑菇类1~2次，木耳等山珍1次，鱼、虾、扇贝、海带等水产品3次。如果宝宝有便秘，晨起可喝少许蜂蜜水。

一天食谱安排

6:00~6:30 母乳或配方奶。

7:30~8:00 早餐：素馅小包子、蛋羹。

9:00~9:30 喝水。

10:00~10:30 加餐：水果。

11:30~12:00 午餐：大米和薏米软饭、山药木耳炒百合（木耳切末）、猪肉丸子冬瓜汤。

12:30 午睡。

14:30~15:00 加餐：母乳或配方奶或酸奶或奶酪。

15:30 喝水。

17:30~18:00 晚餐：海鲜面（手擀面、虾、菠菜）。

19:00 洗澡。

19:30 喝水。

20:00 加餐：母乳或配方奶。

20:30 刷牙，上床，讲故事，准备睡觉。

21:00 入睡。

爸爸妈妈可每天更换谷物、蔬菜、蛋肉和水果等食物的种类，并合理搭配，每天保证给宝宝提供的食物种类达15种。一周内争取饭菜每天不重复，变着花样给宝宝配餐，宝宝就不容易厌食了。每个孩子的食量不尽相同，有大有小。宝宝也不会每顿都吃同样多的食物，这一顿少吃点儿，下一顿多吃点儿，都是很正常的，爸爸妈妈要正确对待，坦然处之，不要给孩子施加压力。

对于这么大的宝宝来说，最好的零食是水果、水和奶。带宝宝旅游或出门的时候，可让宝宝食用一些小零食。餐前半小时不给宝宝吃任何食物。

食物的烹饪方式建议

◎ 一天食谱安排提示

宝宝早晨起床后洗脸刷牙，喝点白开水（20毫升左右），玩一会儿，开始吃早餐。

如果宝宝胃口比较小，可在起床后就喝奶，半小时后再吃早餐。如果宝宝胃口大，可以把奶放到早餐中。

有的妈妈喜欢给宝宝早餐吃粥，我不大赞成，早餐已经有奶了，再吃粥，稀的食物太多，宝宝的胃容量哪有那么大。

午餐是一天中最重要的一餐，一定要认真地为宝宝准备。

晚餐也应该提供肉类，量要比中午少，鱼肉好消化，可放在晚餐。

要在睡前半个小时喝奶，睡前刷牙漱口，否则会影响宝宝的牙齿健康。喝完奶就睡，也会让宝宝胃不舒服，睡眠不安稳。

如果喝豆浆，要放在早晨或午睡后，不要放到晚上，因为黄豆易胀气，引发宝宝腹胀，宝宝会睡不安稳。不要给宝宝空腹喝豆浆。

营养和饮食中的常见问题

夜间吃奶问题

有的宝宝半夜仍会醒来喝奶，甚至要醒来几次，这种情况多发生于母乳喂养的宝宝。宝宝吃奶并非全是因为饿，也有对妈妈的依恋。宝宝半夜吃奶会让父母比较辛苦。如果父母都要上班，妈妈也断了母乳，可把宝宝交给看护人。如果仍是母乳喂养，妈妈就只能再辛苦一段时间了。待到宝宝2岁时可断母乳。

咀嚼和吞咽问题

◎ 仍然不会吞咽，为什么？

我儿子已经16个月了，可还是不太会吞咽食物，饭菜总是含在口腔前部，撑得鼓鼓的，就是不往下咽。如果我告诉宝宝把饭咽下去，宝宝非但不咽，还把饭全部吐出来。他喝奶倒是特好，但是却不会吃水果，如果不把水果榨成汁，他就不吃，即使水果被切得很小，他也是在嘴里含几下就吐出来。这是为什么呢？

我让这位妈妈把宝宝带到门诊，检查后没有发现任何异常。我又询问了妈妈有关孩子喂养的问题。妈妈说，宝宝是配方奶喂养，4个月就开始在他的饮食中添加果汁、菜汁了，6个月开始加米粉，米粉都是放在奶里，他偶尔吃点儿面条和米粥，菜泥和果泥都不吃，直到现在还是以喝奶为主。因为孩子不会咀嚼，妈妈怕孩子饿坏了，就把什么都放在奶瓶里让他喝。一瓶奶200多毫升，宝宝几分钟就喝完，也不吐奶。但妈妈此前从来没给孩子吃过固体食物。

很显然，孩子从来没有经过咀嚼和吞咽的锻炼。从现在开始，妈妈就要帮助并鼓励宝宝吃固体食物。从半固体食物开始，逐渐过渡到固体食物，不要再把水果和蔬菜榨成汁了。经过一段时间的锻炼，宝宝咀嚼和吞咽的功能会逐渐成熟。

第四节 日常生活护理

睡觉不踏实

父母切不可总把孩子睡觉不踏实与缺钙联系在一起。如果白天活动不足，宝宝就会出现睡觉不踏实的情况。如果活动过度，太累了，宝宝也会翻来覆去地睡不踏实。如果宝宝身体哪里不舒服，同样会有不安的表现。宝宝偶尔睡觉不踏实，妈妈不必在意，再观察几天，看是否会持续下去。如果持续一两周都这样，就要看医生了。

◎ 夜间频繁醒来是何原因？

我的宝宝晚上睡眠不好，一晚上要醒四五次，有时还不停地哼哼。宝宝睡不好时，有时用手拍拍他，不用起来，他就能睡过去；有时就不行，他会爬过来，还抬起头哭。前些天给宝宝做头发检测，显示他缺钙，铁和锌的检测值也接近正常值的最低值。是否需要给宝宝补充以上元素？

宝宝缺钙时可能出现睡眠问题，主要是易惊醒，同时伴有出汗多。头发和指血检测“微量元素”缺乏循证医学证据，不能作为锌、铁、钙等元素缺乏的诊断依据。正规医院早已停止头发和指血的微量元素检测项目。如果医生怀疑宝宝缺钙（医学名称是维生素D缺乏性佝偻病），会给宝宝做必要的检查项目，如静脉血钙磷镁含量检查、静脉血碱性磷酸酶检查、腕骨钼靶X线片等。春季时，户外活动时间长，宝宝会接受到更多的紫外线，产生更多的骨化醇，骨代谢加速，会消耗更多的钙质，引发血钙减低，致使宝宝夜眠不安。但血钙水平很快就会自行调整至正常水平，宝宝夜眠不安的情况也就很快消失了。建议给宝宝多吃高钙食物，保证正常奶量。

铁缺乏也会引起宝宝睡眠不安，同时也会让宝宝心情不好，出现情绪波动或精神不振等情况。锌缺乏会导致宝宝食欲下降、发黄稀疏、皮肤粗糙、湿疹，同时也会影响睡眠质量。建议多给宝宝提供富含铁、锌的食物，如动物肝、动物血、坚果和扇贝、鱼虾等水产品。

晚上开始闹夜

冬季时，北方的宝宝难以保证户外活动时间。宝宝在户外活动时间短，晚上睡觉就可能不那么踏实，或许会开始闹觉。

如果宝宝在这段时间胃口比较好，吃下过多的高营养食物，会让宝宝的胃肠负担加重；过多的蛋白质摄入，会让宝宝肝肾过于劳累，宝宝就可能会消化不良，出现腹部不适，引起宝宝睡眠不安。

白天看了比较恐怖的电视画面、受到宠物的惊吓、接种了疫苗、被陌生人恐吓、父母争吵等，宝宝会把这些不愉快的经历和可怕的情景，投射到梦中，导致他半夜惊醒，剧烈哭闹。

宝宝从高处摔下来、白天玩耍时被玩具夹疼手、玩滑梯速度过猛等场面，都会让宝宝惊魂未定，到了夜深人静时，他感到害怕，也会在梦中醒来。

还有很多情形，包括我们还不知道的原因，都可能会使宝宝出现睡眠不安、夜间哭闹的现象。可宝宝还不会向我们诉说，我们做父母的所能给予孩子的就只有理解和包容了。

◎ 为什么宝宝睡觉爱打滚？

我女儿晚上睡觉打滚，一会儿头朝北，一会儿头朝南，几乎每天晚上我都得移动她四五次。白天上班忙，晚上睡不好，更担心她摔在地上（前天还真的摔了一次）。经医生查证她并不缺钙。这是什么原因呢？

孩子睡觉不会像成人那样安安静静，这是很正常的现象。一定要做好防护。建议让宝宝睡儿童床，这样既避免了宝宝坠床，还保证了父母的睡眠质量，一举两得。宝宝一会儿朝南睡，一会儿朝北睡，又有什么关系呢？宝宝不哭不闹，没必要因睡觉的姿势或位置不固定而反复移动宝宝，那样会影响宝宝的睡眠。

良好睡眠习惯的养成

· 为宝宝营造一个有利于睡眠的环境。

· 制定切合实际的睡眠规划，确保能够实施下去。

· 在尊重宝宝的基础上帮助他养成良好的睡眠习惯，而不是采取强硬的态度和手段。

· 承认每个宝宝都有自己的个性和内在的生物钟，矫正宝宝不良的睡眠习惯时要循序渐进。

· 宝宝良好的睡眠习惯不是与生俱来的，不良的睡眠习惯也不是天生的。面对宝宝的睡眠问题，父母最佳的处理方案就是认真寻找解决办法，不要烦躁、抱怨，夫妻间不要争吵。

·这个月有睡眠问题的宝宝，到了下个月，在父母的体贴呵护下会逐渐好转。不会有一直不好好睡觉的孩子，父母一定要坚信这一点。

·如果宝宝白天不愿意睡午觉，爸爸妈妈可以尝试着给宝宝营造一个让孩子喜欢的睡眠角。比如：在卧室的一角搭建一个“小巢”，或到午睡时间时，妈妈陪着宝宝躺下，安静地陪着宝宝休息，营造睡觉的气氛。即使宝宝今天不睡，明天也不睡，没关系，宝宝总有一天会自然而然地入睡的。

·如果宝宝晚上睡得晚，不要紧，每天让宝宝提前几分钟睡觉是比较容易做到的，慢慢地，宝宝就能早睡了。只要妈妈能坚持这么做，宝宝就能按时睡觉。

控制尿便的进程

在控制尿便方面，孩子间的个体差异还真不小。有的宝宝1岁多，就能把大便排到便盆中。但这并非是真正意义上的控制大便，只是宝宝对大便有了感觉，妈妈又能及时发现，并帮助了宝宝，且宝宝愿意接受妈妈的帮助，几方面配合之下成功地把大便排到便盆中了。有的宝宝2岁以后，还不能达到这种程度。多数宝宝3岁左右才能够真正控制大便。如果你的宝宝很早就能控制大便了，爸爸妈妈或看护人肯定做了很大努力，宝宝表现也一定很优秀。

有的宝宝很早就知道有尿的感觉，但不会表达，也控制不住。所以，不像帮助宝宝排便那么容易，妈妈很难及时帮助宝宝把尿排在尿盆中。通常是，妈妈还没把尿盆拿过来、还没把尿不湿或内裤脱下来，宝宝就尿了。

多数情况下，宝宝两三岁能学会控制排尿。有尿会告诉妈妈（会说话的宝宝）或用肢体语言告诉妈妈。宝宝能够在妈妈的帮助下，把尿排在尿盆中，说明宝宝已经有了憋尿的能力。

宝宝怎么看待自己的排泄物

在宝宝眼里，没有废弃物这个概念，尤其是对自己的东西，所有的都是宝贝。对于自己的排泄物，宝宝当然也会这样看待。不但如此，宝宝还会把自己的排泄物看成自己的“杰作”。如果宝宝把大便拉到便盆中，会端着他的“杰作”向父母展示。

安全意识不放松

作为医生，我常看到因意外事故就医的孩子，有些事故还相当惨痛。这就是我不厌其烦地重申、提醒父母重视安全问题的原因。妈妈们通常把更多的精力放在喂养和潜能开发上，总是担心孩子的发育和能力，较少考虑宝宝是否处在安全环境之下。但一场意外往往会给一个家庭带来巨大灾难，防范是有效的手段。要给宝宝创造安全的活动和生活空间，给宝宝活动的自由。可能引发意外伤害的隐患，家长一定要排除。

· 电源插座安装上防护罩。

· 不能让孩子拿到超过20厘米长的绳子，落地窗帘的拉绳也不能让孩子接触到。

· 垃圾桶、药瓶、洗涤用品、化妆品等不能让孩子拿到的东西要放在安全的地方，还要考虑孩子会利用凳子拿到他想拿到的东西的可能性。

· 所有给孩子玩的玩具和日用品都要保证安全，不能给孩子玩可吞到嘴里的玩具（包括玩具上的饰品和小物品）。

· 保证孩子够不到水龙头，孩子能到的地方，不能放置装有水的盆子、浴缸、鱼缸、花瓶等。

· 家具不要有尖锐的棱角，如果有，请套上防护套。家具上不能有木刺。

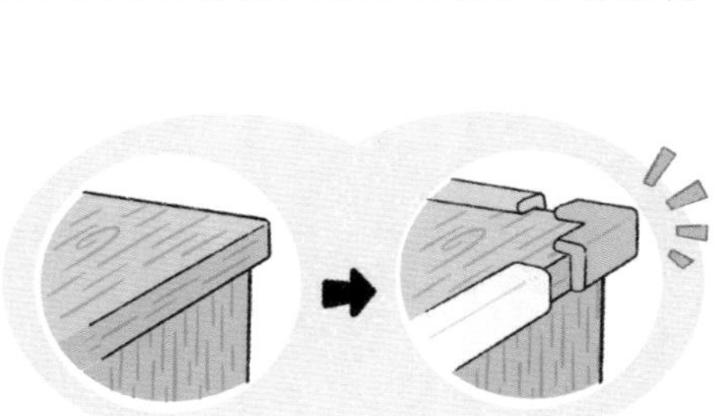

·玻璃等易碎物品不能放置于孩子能触摸到的高度，家里如果有落地玻璃窗，一定要安装坚固的护栏，并保证孩子不会从栏杆缝隙钻过去。不能让孩子到窗前玩耍。

·孩子能开关的门都要安装上保护套，以防门在开关时夹伤孩子的手脚。

·容易被扳倒或碰倒的东西都不要放在孩子能碰到的地方，如落地灯、电风扇、花盆架等。

·带刺、有毒和不能入口的花草等植物要放在孩子够不到的地方。

·所有可能烫着孩子的东西统统要远离孩子。

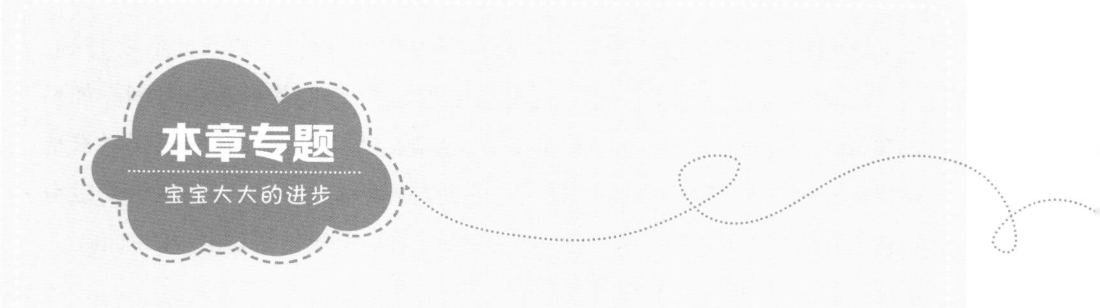

◎ 对语言的理解力

宝宝尽管还不会用语言表达，但能够听得懂爸爸妈妈大部分的话，按照爸爸妈妈的吩咐完成一些事情。用点头和摇头表达愿意和不愿意。想吃东西，就用手拍拍肚子。想要妈妈带去户外，就会拉着妈妈的手往门口走……

◎ 知道自己叫什么

妈妈无论做什么都称呼孩子的名字，如“妞妞喝，妞妞吃”，慢慢地，宝宝就会分辨出妈妈所叫的“妞妞”是她自己了。只要有人叫“妞妞”就是在叫她，她会有所回应。即使她看不到叫她的人，也会扭过头去，看看是谁在叫她。

◎ 认识实物色彩

多数宝宝不认识色彩，更不能辨别色彩。有的宝宝认识几种纯色的色彩，如红、黄、绿、黑、白、蓝。但只限于对实物色彩的认识，而且是他认识的实物，比如红球、黄球、绿球等，如果随便拿出一种彩色实物，宝宝就辨别不出了。

◎ 向远处眺望

宝宝开始会向远处眺望。站在楼上，当一架飞机从空中飞过时，宝宝会用小手指着天上，那是宝宝在告诉妈妈，他看到了什么……

◎对声音的辨别力

没看到妈妈的影子，只听到妈妈和邻居打招呼，宝宝就能辨别出妈妈的声音，知道妈妈回来了。听到爸爸上楼的脚步声，宝宝就知道爸爸下班回家了。宝宝对声音的辨别能力更上一层楼啦！

◎对味道的敏感和挑剔

宝宝早在新生儿期，味觉能力就已经很强了。现在，宝宝不仅有了敏感的味觉，还有了自我意识和自我主张。如果是自己不喜欢吃的东西，还没等吃到嘴里，宝宝就会坚定地拒绝。

◎翻看图画书，听妈妈讲故事

宝宝会一页一页地翻看图画书，看得很认真，对图画书有自己的理解。如果宝宝正在认真地翻看，哪怕书中全是字，父母也不要打扰，给宝宝一个安静的读书时间。如果宝宝抬头望着妈妈，向妈妈寻求帮助，妈妈就要高高兴兴地接受宝宝的求教，为宝宝讲讲书中的故事。

◎记住东西放在哪里

当妈妈把东西用布盖上时，婴儿期的宝宝就不知道东西到哪里去了。现在，宝宝不但知道东西藏在布下，还知道放在其他地方的东西。如果妈妈让宝宝把拖鞋拿来，宝宝就会到放拖鞋的地方，把妈妈的拖鞋拿给妈妈。

◎认识镜子里的妈妈

宝宝能认出镜子里的爸爸妈妈和他特别熟悉的人，也能认出他自己。但宝宝不知道镜子的影像作用，会奇怪妈妈是怎么到镜子里去的。所以，宝宝会试图穿过镜子找妈妈，把镜子翻过来，找出藏在镜子里的妈妈。

◎记住痛苦

如果爸爸妈妈曾经带孩子去医院打针，那么再带宝宝去医院时，尽管没有打针，宝宝看到护士也会紧张，甚至哭闹，以示抗拒。宝宝有了痛苦的记忆。这是好事，有了痛苦的记忆，宝宝就会记住曾经给他带来危险和疼痛的事，开始学会规避危险。不过，3岁前，宝宝是缺乏安全意识的，几乎不能规避危险。

◎喜欢拉拉链、扣纽扣

如果给宝宝穿带拉链的衣服，宝宝会自己把拉链拉开。宝宝一旦有了这个能力，可能会不断地拉来拉去的。妈妈不要限制宝宝这么做，以免打击宝宝学习的积极性。

◎用手和袖口擦鼻涕

有鼻涕流出来时，宝宝不再是听之任之，而是会自己用手或衣服袖子擦鼻涕。眼睛痒了，宝宝会用小手背使劲揉。有的宝宝还会用手指抠鼻子、挖耳朵眼。当然，哪里瘙痒了，宝宝也会用手抓痒痒了。

◎自己吃饭

如果妈妈肯放手让宝宝自己用勺吃饭，这个月的宝宝应该能够很好地用勺吃饭了。宝宝还会自己端碗喝汤、拿着馒头吃、拿杯子喝水。

◎脱鞋袜和穿鞋戴帽

婴儿期宝宝就会脱袜子了，但那时是无意识的。现在不同了，宝宝能够听懂妈妈的话，有目的地做这些事情。脱容易，穿不容易，所以，宝宝只会脱鞋袜，不会穿鞋袜，只会摘帽子，不会戴帽子。

◎其他生活技能

如果妈妈能够放手让宝宝去做，给宝宝更多的锻炼机会，宝宝能学会很多生活技能，如帮助妈妈收拾碗筷、擦桌子，把玩具收拾到玩具箱中，把拖鞋摆放整齐，把自己的书本和笔放到自己的小书桌上，把画板擦干净，帮妈妈梳头，给爸爸拿领带，坐在便盆上排尿，等等。

第五章

16~17个月的宝宝

本章提要

- 宝宝喜欢不停地叫“爸爸”“妈妈”，那是宝宝亲近爸爸妈妈的方式；
- 喜欢听故事的宝宝越来越多，父母要认真挑选故事；
- 什么都想动，是这个月龄段宝宝的特点；
- 会独立行走的宝宝多了起来，早已会走的宝宝走得会更好；
- 父母在日常生活中要言传身教。

第一节　生长发育

大运动能力

独立行走

在这个月龄段，多数宝宝能独立行走了，有的宝宝能走几十米，有的宝宝能走几步，有的宝宝还需要妈妈轻轻牵着一只手走。必须托着腋下才能行走的宝宝极少了。如果牵着宝宝的手，宝宝仍然不会行走，家长就不能再等待了，要带宝宝去看医生。

能独立行走，而且走得很好的宝宝为数不少。但是，撒开手仍然不敢向前迈步的宝宝，并不意味着他发育落后或有异常。宝宝很少是真的不会独走，更多的是因为紧张、害怕，不敢撒开妈妈的手。如果妈妈对宝宝走路表现出紧张情绪，会影响到宝宝的信心。宝宝学习走路，摔倒是难免的。如果在宝宝摔倒的那一刹那，妈妈情不自禁地惊呼，宝宝会受到惊吓，对独走心怀胆怯。

宝宝学走路期间，爸爸妈妈要采取正确的方法帮助宝宝，不要站在宝宝身后，把宝宝小手举得高高，让宝宝后仰着走。用这样的姿势练习走路，宝宝无法学会保持身体平衡，也就很难学会独立行走。

随意改变体位

宝宝能随意改变体位，从仰卧位到坐位，从坐位到站立位，从站立位到蹲位，从蹲位到站起，几乎都能按自己的意愿变换。如果宝宝从坐位变为站立位时，显得很费力，需要借助身边的物体，或需要两手用力地撑着大腿，方能站起来，妈妈要注意了，观察几天，如果连续几天都是这样的，要带宝宝去看医生。

平衡能力的进步

宝宝独立行走时，两只胳膊向两边举起的幅度减小。慢慢地，宝宝的两只胳膊就自然地垂在身体两侧，随着步伐摆动了。这意味着宝宝真的会走了。当宝宝能够稳步行走时，他就开始加快行进速度，并试图跑起来。但是，宝宝还没学会跑，两条腿还不能很好地配合，协调地跑起来。所以，宝宝很有可能会把自己绊倒，切莫因此认为宝宝能力倒退了。妈妈需要注意的是，不要让宝宝在有石块或其他杂物的地方跑，以免摔倒时磕伤。

宝宝平衡能力的进步还体现在从站立到下蹲的动作连贯性上。这个动作不但需要宝宝有良好的平衡能力，还需要宝宝腿部肌肉有足够的力量和髋关节、膝关节的协调运动能力。有的宝宝甚至能够保持半蹲状态片刻。

单脚站立

到了这个月龄段，妈妈牵着宝宝的一只手，宝宝能够单脚站立几秒钟。多数宝宝还不能独自单脚站立，也不会独自双腿蹦跳。

宝宝能听懂妈妈的指令“转过身来”“转过身去”。当妈妈说“宝宝过来，让妈妈抱抱”时，宝宝会非常高兴地张开胳膊，扑到妈妈怀里。但是，如果宝宝正沉浸在他感兴趣的游戏中，或正在玩他喜欢的玩具，会对妈妈的指示不予理睬。这个月龄段的宝宝，很少能安静下来什么事也不做，很少会一动不动地盯着某物体或某人，“琢磨”和“想事”的时间越来越少了。宝宝有了“视而不见”和“充耳不闻”的能力，似乎不在乎妈妈说什么，甚至不在乎妈妈发脾气。这是因为宝宝有了一定的“阅历”，对要发生的事有了那么一点点的预期，宝宝有主意了。

喜欢爬高

宝宝喜欢爬到沙发上、床上、椅子上等高的地方，喜欢踩着凳子、扒着桌子，够桌子上的东西。所以，父母可不要以为桌子高，宝宝够不到，就放心地把宝宝不能动的东西放在桌子上。如果宝宝摔倒了，不要惊叫或立即扑上去抱起，可以静静地观察，或者用余光注视着，不让宝宝发现你在看他。这样，宝宝才能依靠自己的力量爬起来。等宝宝爬起来了，妈妈可表示赞赏，并给宝宝一个拥抱。

踢球、抛物、拾物动作连贯

早早就能独立行走的宝宝可能会用脚踢球了。宝宝站在原地，能把球举过头部，然后用力抛出去，扔不太远，但至少不是把手撒开，让球自由落下了。蹲下拾物后站立起来，继续向前行走，这一连贯的动作，宝宝做起来已经相当自如了。

爬楼梯

有的宝宝会手脚并用爬楼梯；有的宝宝能牵着妈妈的手上楼梯；有的宝宝扶着楼梯栏杆，能横着上一两级楼梯。如果家里有楼梯，或宝宝常去玩的地方有台阶，妈妈也允许宝宝爬楼梯，宝宝就会更早地学会走楼梯。但是，有的宝宝暂不具备这些能力，也不意味着宝宝发育落后。

从对体力的消耗上来说，上楼梯费力，下楼梯轻松。但对幼儿来说，上楼

梯容易，下楼梯难。宝宝学习上下楼梯的顺序通常是这样的：

· 往上爬楼梯。

· 牵着妈妈的手或扶着栏杆上楼梯。

· 一步半个台阶上楼梯。

· 一步一个台阶，两脚交替着上楼梯。

· 牵着妈妈的手或扶着栏杆下楼梯。

· 一步半个台阶下楼梯。

· 一步一个台阶，两脚交替着下楼梯。

“破坏”专家

会走的宝宝会把屋内的每个角落都观摩到，什么都想看，什么都想摸，什么都要尝试。他会把床头柜中的东西一件件地拿到外面、丢满地，会把书架上的书一本本地拿下来。孩子是搞“破坏”的专家。所以，想让家里整洁可不是一件容易的事。妈妈不要给自己压力，要学会欣赏孩子的杰作，尽管房间不那么整洁干净，也乐在其中。宝宝不捣乱不折腾就不能长本事。

精细运动能力

宝宝的手部运用能力不是孤立发展的，与宝宝整体发育水平有密切联系。宝宝连贯的手部精细动作，有赖于宝宝最初的思维能力。宝宝神经系统发育缓慢，手部精细运动能力就会落后。如果宝宝整体运动能力落后，手的运动能力同样就会落后。所以，提高宝宝手的精细运动能力，有赖于宝宝智力的提高，同样，也会促进宝宝的发育。

第二节 智能和心理发育

语言能力

这个月龄段的宝宝，语言能力个体差异比较显著。有的宝宝已经会说很多话了，有的宝宝还一个字都不会说。有的宝宝非常愿意跟着爸爸妈妈学说话；有的宝宝则无论爸爸妈妈多么耐心地教，就是不跟着学。如果周围的小朋友会说话了，可自己的孩子还不开口说话，爸爸妈妈当然会很着急，但请记住，父母要用一颗平常心，对待尚未开口说话的孩子，慢慢引导，认真而有效地和孩子进行交流。

这个月龄段的宝宝还不会说话是正常的。但是，如果宝宝也听不懂爸爸妈妈的话，那就不正常了，家长需要带宝宝去看医生。

讲出简短的句子

这个月龄段的宝宝，在说话方面有不同：有的能把字词组成简短的句子讲出来；有的宝宝早在几个月前，就能讲出10个字以上的简短句子；有的宝宝只是偶尔讲出一两个简短的句子；有的宝宝只会说出一些字词；有的宝宝只会叫爸爸妈妈。

说出自己的名字

多数宝宝开始说出自己的名字，并把自己的名字放到句子中。比如：把“妈妈喝水”这一不完整的句子改说为完整的句子“妈妈，妞妞喝水”。当宝宝学会用人称代词时，就会说“妈妈，我要喝水”了。幼儿能够说出自己的名字，不仅仅是语言上的进步，也是认识自己的开始，幼儿开始意识到自己的存在。

执行指令

这个月龄段的宝宝能执行爸爸妈妈简单的指令。通常情况下，宝宝听得懂的指令，要比他能执行的指令多得多。这有两种可能：一种是宝宝听懂了，但不会执行；另一种是宝宝听懂了，但不想执行。比如：妈妈让宝宝脱下尿不湿，宝宝听懂了妈妈的指令，但宝宝不会脱下尿不湿，妈妈的指令就无法完成。比如：妈妈叫宝宝过来坐便盆，宝宝听懂了妈妈的指令，也有能力完成，但是，宝宝不想坐便盆，至少现在不想这么做。所以，如果宝宝没有听从指令，爸爸妈妈就要加以分析，不要一味地认为宝宝不听话。

喜欢听故事

宝宝喜欢听爸爸妈妈讲故事。这个月龄段的宝宝对爸爸妈妈讲的故事，开始有了自己独到的理解。有些理解甚至让爸爸妈妈感到诧异：宝宝怎么这么有能耐，竟然有这样的理解！爸爸妈妈不妨把宝宝的理解和惊人的语句记录下来，等宝宝长大了，这些美好的记忆会给未来的生活增添很多快乐。

爸爸妈妈可以选一些有趣的故事、富有诗情画意的诗词、朗朗上口且欢乐有趣的儿歌，每天抽出时间，声情并茂地讲给宝宝听，或给宝宝吟唱和朗诵。

说话似乎减少了

幼儿的语言发育既是渐进性的，也是阶段性和跳跃性的。当幼儿语言发展到一个新阶段，要上一个新台阶时，他往往要停下来做好准备。前一段宝宝只说单字或复字，现在宝宝要说三个字，甚至更多的字节，并要把这些字组成一个完整的句子。这时，爸爸妈妈会发现宝宝话语似乎减少了。但在接下来的某一时刻，宝宝会突然说出让爸爸妈妈惊讶的语句。

视觉发育

认知能力的发展与视觉

最初，宝宝看到的所有东西的意义都是同样的，仅仅是印刻在宝宝的视网膜上、被记忆到大脑中的影像。后来，宝宝记住了他所看到的物品的名称，把他所看到的物品与抽象的名称联系在一起。再后来，宝宝不但知道他看到的物品的名称，还知道了这个物品的用处。这时，宝宝的视觉、听觉和思维相互配合，使得宝宝初步具备了认识事物的能力。

认识物体的本质

随着宝宝各项能力的发展，宝宝逐渐开始认识物体的本质。比如：宝宝开始逐渐分辨出，玻璃和木头是两种不同的东西，玻璃摔到地上会碎，而木头摔到地上不会碎。接下来，宝宝开始动脑筋，琢磨自己观察到的事物或现象。比如：为什么能够看到电视中的人？为什么能够听到电视中的人说话？为什么他不能把电视中的大苹果拿过来吃？所以，当宝宝在电视前拿不到电视中的苹果时，他会到电视的后面去拿，到电视的后面去找电视中的人。宝宝就是这样逐渐学会思考、发现新事物、理解新问题的。

视觉追踪

为了安全，妈妈会把可能伤害宝宝的物品放到安全的地方，如抽屉里、橱柜上或其他高处。但是，妈妈可别忘了，这个月龄段的宝宝不只会拿起手头的东西。宝宝会打开抽屉、拉开橱门、掀起布帘、拧开瓶盖、打开盒子，甚至会借助沙发、椅子和小凳子来增加自己的高度，拿到高处的东西。宝宝还有追踪的能力，当妈妈把东西转移存放地点时，如果宝宝跟随着你，或参与其中，宝宝就会凭借视觉记忆，把妈妈藏的东西找出来。

◎ 视觉追踪游戏

在桌子上放一个红碗和一个绿碗，让宝宝知道，碗里没有任何东西。

伸出两只手，让宝宝看清楚，右手上有一块橡皮泥。

把手攥上，放到身后。

将右手伸出来（握有橡皮泥）放到桌子上，把红碗扣在手上，不把橡皮泥放下；把右手拿出来并张开，让宝宝看到橡皮泥还在手中。

把手再放到身后。

再将右手伸出来放到桌子上，把绿碗扣在手上，把橡皮泥放入碗中；

把右手拿出来并张开，让宝宝看到

橡皮泥不见了。

这时，让宝宝猜一猜橡皮泥在哪个碗里。

如果宝宝一下子就指出橡皮泥在绿碗里，或直接把绿碗掀起来，说明宝宝的视觉追踪能力很好。

认知发育

方位感

宝宝逐渐有了方位感，但不是很清晰，一会儿能分辨方位，一会儿又不能分辨方位。宝宝能分辨的时候，爸爸妈妈要给予鼓励；宝宝不能分辨的时候，爸爸妈妈仍然要鼓励，切莫打击。如果宝宝在上个月就知道前后方位了，到了这个月，宝宝可能就会知道上下方位了。妈妈可以这么做。准备两个物品，一个放在架子的上层，另一个放在下层，或者把两个物品叠放在一起，让宝宝分别拿上面的物体和下面的物品，观察宝宝是否能够分清上下方位。

空间理解

这个月龄段的宝宝知道户外和室内的差别，但是还不理解空间概念，也想象不出空间大小、形状和位置的关系。所以，爸爸妈妈会发现这样的现象：宝宝会把一个很大的物品，放到一个很小的容器中。虽然这是一个无法完成的任务，可是，宝宝却非常努力，甚至会为自己完不成这个任务而气恼。所以，如果宝宝玩得好好的，突然发脾气、摔东西，甚至哭闹，往往不是无缘无故的，只是爸爸妈妈不知道原因而已。

瓶中取物

妈妈可能还记得，在这以前，当宝宝看到装有色彩斑斓的小球的瓶子时，宝宝会有什么样的表现。那时，宝宝不知道小球是怎么进入瓶子里去的，也不知道如何拿出这些小球。现在，宝宝终于明白了，小球是从瓶口处被放进去的。要想拿出小球，就要把手伸进瓶口。

但是，瓶口太小了，手伸不进去啊！宝宝没办法了，或放弃，或向妈妈求助，或用哭来表达自己的无奈。慢慢地，宝宝明白了：把瓶口朝下，小球自然就从瓶口中掉出来了。这可真是一件新奇的事，所以，宝宝就开始一遍遍地做这个游戏。

囊中取物

妈妈把苹果放到衣袋中，然后问宝宝："妞妞吃苹果吗？"当宝宝说吃时，妈妈就指指衣袋，说："苹果在妈妈的衣袋里。"宝宝会把手伸到衣袋中，把苹果拿出来。

通过类似这样的游戏，可以让宝宝理解"在……里"的概念。同样，也可以通过这样的游戏，让宝宝理解"在……上""在……下"的概念。

拼图游戏

拼图游戏是很好的智力开发游戏，可以锻炼宝宝的动手能力，帮助宝宝区分"相同的"和"不同的"。宝宝还能通过拼图游戏，加深对形状和色彩的认识。

理解物品归属

这个月龄段的宝宝开始理解物品的归属。比如：当妈妈把宝宝的小帽子戴到自己头上时，宝宝会摘下来戴到他自己头上，意思是说，这是他的帽子。如果宝宝会说话了，就会说“牛牛帽子”。如果宝宝会用完整的句子表达意思了，就会说“这是牛牛的帽子”。

给物品分类

这个月龄段的宝宝不仅认识单一物品，还能把一些物品归类。比如：宝宝知道饭碗、盘子、勺子、筷子等是厨房里的物品，是用来吃饭的。宝宝还会把物品对号入座，放在该放的地方，比如把鞋子放在鞋柜里，知道鞋、鞋带和袜子关系密切，看到袜子就会想到鞋。

认识自己的身体

这个月龄段的宝宝大多数开始认识自己的身体。但是，宝宝对自己身体的认识还很肤浅，只知道自己身体某器官的名称、长在哪里。有的宝宝有了进一步的认识，知道一些器官的作用，但对作用的认识更为浅显。尽管如此，对于这个月龄段的宝宝来说，这已经相当不容易了。

比如：妈妈问，宝宝用哪里听妈妈讲故事呀？宝宝会指指自己的耳朵。如果妈妈进一步问，耳朵为什么能听到妈妈讲故事呀？宝宝会一脸茫然。宝宝还不能抽象地理解，耳朵是如何听到声音的。

宝宝对概括性的词汇理解得比较晚，也比较少。对实物，尤其是日常生活中常用到、遇到、说到的实物词汇，理解得比较早，也比较多。所以，父母在和孩子说话，或给孩子讲事情，培养孩子认知能力时，要尽可能地使用实物词汇。

比如：告诉宝宝嘴巴是用来说话和吃饭的，宝宝记忆和理解起来都有一定的难度，印象也不够深刻。如果告诉宝宝，嘴巴可以叫爸爸妈妈，还能告诉妈妈你要吃苹果还是要喝奶，宝宝能用嘴巴吃苹果、喝水，宝宝记忆和理解起来就容易多了。随着月龄的增加，宝宝对实物的理解能力和认知能力不断深入，就能融会贯通，更好地认知和理解概念性与抽象的事物了。

心理发育

自我和物权意识

当宝宝有了更多的自我和物权意识时，常常会说“我的”。父母切不可因此想：这孩子怎么开始自私了呢？原来他的东西别人可以随便拿，现在可不行，别说拿走，碰都不行。

自我和物权意识是宝宝心智发育过程中出现的正常现象，是不可或缺的经历。父母要用平静的心情，用理解和欣赏的眼光，对待发育中的孩子，陪伴孩子成长。

分享快乐

分享能力不是与生俱来的，是需要后天培养和学习的。要让宝宝学会分享、愿意分享，首先要让宝宝体会到分享带来的快乐。有了快乐的经历，宝宝就会有再分享的愿望；再分享的愿望指引着宝宝的潜意识，只要遇到可以分享的，他就会主动与人分享。慢慢地，与人分享转为内在气质，成为一种生活态度，体现在宝宝日常生活中的方方面面。

让宝宝学会分享是非常重要的。爸爸妈妈要教导孩子学会分享，让宝宝从分享中得到快乐，比如，爸爸削了一个苹果，递给了孩子，这时，妈妈对孩子说：“宝宝，妈妈很想吃苹果，让爸爸把苹果切开，我们一人一半好不好？”如果宝宝欣然同意了，妈妈就接着说：“爸爸为我们削了苹果，多辛苦啊！让爸爸把苹果切开三块，我们一人一块好不好？”如果宝宝又欣然同意了，爸爸妈妈一定要表现出快乐的样子，并赞赏孩子做得好，让孩子感受到分享的快乐。如果宝宝不同意，妈妈也不要生气，更不要从孩子手里抢过苹果。妈妈可继续对宝宝说：“宝宝不愿意和妈妈分吃苹果，妈妈很难过。”妈妈一定要表现出难过的样子。如果孩子把苹果递给了妈妈，妈妈就要表现出愉快的表情，并拥抱宝宝。

如果无论如何，宝宝都不同意分享同一个苹果，妈妈也不要勉强，继续等待宝宝学会分享的那一天。

宝宝学会了分享，并不意味着他总会分享。在很多情况下，宝宝都做不到分享。甚至会有那么一段时间，别说分享，就是碰他的东西，他都会拒绝，甚至喊叫，尤其当妈妈让孩子把他喜爱的玩具拿给小朋友玩的时候，他极力反对。妈妈不要强行让宝宝分享。宝宝有保护自己物品的权利（物权意识），有了物权意识，才能慢慢区分什么是“我的”、什么是“他人的”，什么是私有物品、什么是公共物品，才能逐渐学会爱护公物，不随便拿他人物品。

建立友谊

这个月龄段的宝宝，多数情况下喜欢自己玩自己的。小朋友们不会在一起玩耍，不知道如何在一起做游戏，不懂得建立友谊。有的宝宝看到小朋友，会露出兴奋的神情，用手拉小朋友的手，或上去拥抱；有的宝宝看到小朋友没什么特别的反应，仍然自己做自己的事；有的宝宝看到小朋友，表现得不那么友好，甚至动手抓或打小朋友。

有的宝宝会突然对小朋友发起攻击，受到攻击的小朋友或者会还击，或者会吓哭。面对被他打哭的小朋友，他可能会无动于衷，也可能会上前表示友好。上面的情形都是这个月龄段宝宝正常的表现，父母不能因此就认为宝宝懦弱或有暴力倾向。

对玩具比对小朋友更感兴趣

宝宝与小朋友最初的交往，主要是围绕着某样东西展开的，宝宝对小朋友本身并不感兴趣。宝宝仍然喜欢和父母在一起，把父母当作最好的伙伴。

宝宝和哪个小朋友玩耍，不是被小朋友吸引的，吸引双方在一起玩耍的往往是某个他们共同感兴趣的玩具。

既然宝宝不把小朋友作为交往的主体，当然不会关心小朋友了，甚至还会因为小朋友占有他喜欢的玩具而发起进攻。这么大的宝宝还不能完全理解东西的归属权，甚至宝宝会认为他眼里所有的东西都是他自己的。

到处“游荡”

这个月龄段的宝宝常常喜欢漫无目的地四处“游荡”。因为宝宝有了自己的主见，想自主做点儿事情，可宝宝能做的事情毕竟有限，他只好四处游荡，寻找机会，做自己能做的事，有的也是妈妈反对的事。只要对孩子的安全不构成威胁，父母就放开手让孩子去做，这样宝宝才能长见识。

父母对孩子的教育

孩子需要父母的理解和支持

有些父母会认为，不能答应孩子的无理要求，更不能受孩子要挟，否则孩子将会成为不明事理、任性和不可理喻的“坏孩子”。对于这个月龄段的孩子，父母这样的认识有些偏颇。因为，很多时候，孩子的“无理要求”是父母主观认为的“无理”，父母没能理解孩子真正的需求。孩子的语言表达能力极其有限，无法为自己申辩，就会采取让父母无法忍受的方法表达自己的情绪。

我们不能以成人的眼光看待孩子，也不该以成人的标准衡量孩子的要求是否有道理。这么大的宝宝能有什么无理要求，需要妈妈采取强硬态度拒绝，甚至“制裁”宝宝呢？

比如：孩子要天上的月亮，这是无法满足的要求。但是，能因为我们无法满足孩子的这个要求，就认为孩子是无理取闹吗？孩子喜欢月亮，想要月亮，反映的是孩子天真的一面。父母应该用自己的智慧，和宝宝进行有效沟通，让宝宝明白，天上的月亮拿不下来。这或许很难，但不能因为我们解释不通，就对孩子发火，认为孩子无理。宝宝发挥了巨大的想象力，抱着强烈的好奇心，提出要天上的月亮这一奇想。父母可对孩子说："宇航员能到月亮上去，等宝宝长大了，做一名宇航员，就可以飞到月球上去了。"

宝宝或许听不懂父母的话，但这会在宝宝幼小的心灵深处打下烙印，甚至"当宇航员登上月球"可能成为孩子的梦想。父母抱着这样的心态面对孩子的"无理要求"，和孩子的冲突就会少很多，孩子的好奇心也不会被压抑。

现在的孩子享受着丰富的物质生活，但对孩子来说，这不是全部。孩子还需要丰富多彩的精神世界，需要父母的理解与尊重。父母的养育方法多一份正确，孩子就多一份快乐和幸福；父母多一份包容，少一份溺爱，孩子就多一份心理的健康；父母多一份自然养育，少一份刻意追求，孩子就多一份安宁；父母多一份赞赏，少一份否定，孩子就多一份自信。父母要尽可能地理解孩子，最大限度地包容孩子，和孩子进行平等沟通，尊重孩子的个性发展，让孩子拥有快乐的童年。

建立良好的人际关系，父母要言传身教

宝宝要追求独立自主，父母却要给宝宝指引方向，并设置一些限制。因此，父母与宝宝之间难免会发生冲突。父母和宝宝建立良好的关系，是宝宝学会建立良好人际关系的基础。宝宝会从父母对他的态度上，学习如何对待他周围的人。在宝宝成长的过程中，父母的言谈举止和为人处世时刻影响着宝宝，对宝宝起着潜移默化的作用。

面对发脾气的宝宝

幼儿对外界事物已有了初步的认识，也有了最初的内心感受，并逐渐形成自我意识。随着宝宝一天天长大，他的想法越来越多，但由于自身行为能力的限制，常常不能够实现某些想法，宝宝因而感到沮丧，自信心也会受到打击。当宝宝处于这种状态时，他就会通过发脾气来缓解内心的压力。

宝宝身体不适时，也会有不安的情绪，甚至被痛苦的情绪笼罩，很容易发脾气。

比如：宝宝要用积木搭建一栋他想象中的大楼，但由于技巧不足，无论怎样努力，都不能搭成。于是，宝宝会把积木扔得满地都是，并发出愤怒的喊叫。当父母不知道宝宝为什么发脾气时，不要用东西哄孩子，不能用谎话哄孩子，

更不该恐吓孩子。父母不该被发脾气的孩子所影响，跟着宝宝一起发脾气，甚至情绪比孩子的还激烈。

宝宝发脾气时，父母最好的做法就是保持冷静，用平和的心态耐心地询问宝宝发脾气的原因。用宝宝能够听得懂的语言明确地告诉宝宝："妈妈知道你很难过，但乱发脾气是不对的。"培养宝宝良好的沟通能力不是一朝一夕的事，父母要有极大的耐心应对处于执拗期的宝宝。

第三节　营养与饮食

营养需求与均衡

充足热量的重要性

本月龄段宝宝的热量需求仍为100千卡/千克/日。父母或许会有这样的疑问：在每一章的营养需求中，几乎都提及了热量需求，热量对孩子的发育很重要吗？是的，任何有生命的个体都离不开能量，即使是肉眼看不到的微生物，也需要获取能量维持生命。人体所需的能量就是体内营养物质代谢产生的热量。成人热量不足时会知道尽量少动，以便减少热量消耗。幼儿则没有这样的意识，不到跑不动的时候他是不会停下来的。

热量不足的外在影响和内在影响

热量摄入不足，尤其是长时间摄入不足，会严重影响幼儿身体的发育，使其体重增长缓慢或不增，甚至下降，身高增长也会受到不同程度的阻碍。长期热量不足，会导致宝宝的皮下脂肪减少，皮肤失去光泽和弹性，外观消瘦。这些是可见的外在影响，还有一些不可见的内在影响。

当热量不足时，人体会通过分解糖原、消耗蛋白质、燃烧脂肪等途径来满足热量所需，以保证人体拥有旺盛的精力。而这会导致以下结果。

· 出现低血糖

幼儿的肝脏糖原储备能力有限，没有太多的糖原供其分解利用，所以，幼儿常会因为热量不足而出现低血糖。脑细胞对低血糖异常敏感，当发生低血糖时，幼儿的第一表现是头晕、思维能力下降。

· 有害代谢物增多

蛋白质是促进幼儿生长发育的重要营养物质，充足的热量供应可减少体内蛋白质消耗。通常情况下，蛋白质提供的热量占人体所需总热量的8%~15%。如果超过这个比例，蛋白质代谢所产生的有害物增多，超过幼儿肾脏能排泄的量，排泄不掉的有害物会伤害身体。与此同时，过多的蛋白质消耗会导致蛋白质缺乏，进而影响幼儿生长发育。

· 产生过多酮体

成人常“谈脂色变”，避而远之。事实上，脂肪是非常重要的营养物质，对幼儿来说尤为重要，无论是对大脑和视网膜的发育，还是对维持全身细胞膜的完整和稳定性，脂肪都有着举足轻重的作用。脂肪提供的热量占人体所需总热量的30%~50%。当热量供应不足时，人体会动用储存在体内的脂肪来补充热量。脂肪在代谢产热过程中，会产生过量酮体，导致肌肉酸痛无力。

从上文所述中不难看出，保证每日足够的热量供给，对幼儿来说是非常重要的。

如何保证充足的热量

既然充足的热量供应，对幼儿发育有如此重要的意义。那么，父母如何才能保证孩子有充足的热量供应呢？如何知道孩子每天摄入的热量是否充足呢？营养师和保健医生会利用相应软件进行专业计算。但是，就目前我所看到的营养软件，计算得出的某些数据和结论，医生都解释不清。父母即使拿到了营养报告单，看着一大堆的数据，也常摸不着头脑。这种做法的实际指导意义有限。

面对生长发育中的幼儿，面对复杂的生命体，目前还没有实现真正的人机对话。最终还是要结合孩子的具体情况、医生的临床经验和客观的数据分析等，得出有价值的结论。

◎ 简单的计算方法

对父母来说，用简单的计算方法预测孩子每天大约所需热量，比复杂专业的计算结果更有实际意义。

第一步，计算宝宝所需热量。

每天所需热量 = 本月龄每天每千克所需热量 × 宝宝体重千克数

第二步，计算食物所提供的热量。

不同食物中所含热量不同，单位是千卡/克。

油和肥肉中热量最高，平均9千卡/克；其次是瘦肉，平均6千卡/克，猪肉的热量比牛羊鸡肉的热量高；谷薯平均4千卡/克，薯类、全麦、燕麦热量低些，豆类热量高些；蛋类、奶类和谷物热量相近，也可记为4千卡/克；水果和蔬菜平均为0~2千卡/克，牛油果、菠萝蜜、榴莲和香蕉等含热量高些，根茎类比绿叶青菜含热量高。

第三步，按实际摄入食物量计算出摄入总热量。

摄入总热量=每克食物所含热量×实际食物摄入量

每种食物所含热量不同，按照平均热量计算，一定与实际热量有不小的出入。但是，宝宝每天摄入的食物种类不断变化，今天吃了热量稍低的，明天吃了热量稍高的，平均起来，计算结果与实际热量的差异就缩小了。

◎ 举例说明

宝宝17个月，体重12千克。

宝宝每天所需热量：100千卡/千克/日×12千克=1200千卡/日。

每日食用谷物135克，鸡蛋1个，幼儿配方奶500毫升，瘦肉30克，油10克。

食物提供热量：谷物540千卡（占总热量的45%），蛋70千卡（约占总热量的5%），奶330千卡（占总热量的27.5%），肉180千卡（占总热量的15%），油90千卡（占总热量的7.5%）

另外，宝宝每天摄入水果100~150克、蔬菜150~200克、水600毫升，这些食物因所含热量很少，故忽略未计。

宝宝热量的主要来源是谷物、奶、肉类、油和蛋。宝宝每周还应该吃两次动物肝、坚果、菌菇、干果等食物，父母可合理安排。

合理安排膳食

宝宝每天吃的食物应该包括粮食、蔬菜、蛋、肉、奶、水果和水。食物种类每天15~20种。前文已经谈了这几种食物应占的比例，这里不再赘述了。

幼儿食量存在着显著的个体差异。有的宝宝食量比较大，但并不胖；有的宝宝吃得比较少，但各方面发育都正常。所以，父母不必机械地照搬理论数值。在合理搭配膳食结构、提供均衡营养的基础上，尊重宝宝的食量，也要尊重宝宝正当的饮食偏好。

随着幼儿年龄的增长，宝宝对热量和蛋白质的需求量有所增加，但增加的幅度很小；对脂肪的需求量随着年龄的增长会不增反降；对维生素和微量元素的需求量的增加幅度很小。所以，宝宝对谷物、蔬菜、肉类的摄入量应有所增加，水果、蛋类摄入量基本不变，奶类摄入量有所减少。

喂养中的常见问题

宝宝的食欲

有科学家认为，食物的美味不是靠味觉品尝出来的，而是靠嗅觉闻出来的。实际上，人对食物的欲望是综合的，至少受以下几个方面的影响。

· 味觉。味觉在品尝食物中是不可缺少的。我们抓把盐在手中，想闻出它的味道是非常难的，可是，用舌头舔一舔，就会尝到盐的咸味。臭豆腐闻起来实在令人不悦，但吃起来却能体会到香的感觉，这应该是味觉的功劳。

· 嗅觉。嗅觉是可以左右人们食欲的。闻起来让人难以接受的食物，不易引起我们的食欲。

· 视觉。人们的食欲与食物的视觉效应也有着很密切的联系。如果一盘菜的色彩搭配恰当，令人赏心悦目，就会增加人们的食欲。如果餐桌上留有污迹，餐具不洁，人们的食欲就会大大降低。

· 心情。心理感受可以影响人们的食欲。心情不好时，再美味的菜肴也难以下咽。

· 环境。不同的环境会影响我们的食欲，与家人共同进餐，心情放松，会促进宝宝的食欲。

边看电视边吃饭不好

宝宝已经能够坐在儿童专用餐椅里自己拿勺吃饭，和爸爸妈妈一同进餐了。

切莫让宝宝边看电视边吃饭，这不是一个好的习惯。

·不能营造一个整体的进餐气氛。

·分散宝宝吃饭的注意力，影响食欲。

·影响消化功能。进餐时胃肠道需要增加血液供应，但宝宝看电视，把注意力集中在电视上，大脑也需要增加血流量。血液供应首先是保证大脑，然后才是胃肠道，在缺乏血液供应的情况下，胃肠功能就会受到损害。

不爱喝奶

不爱喝奶的孩子并不少见。有的宝宝在婴儿期非常愿意喝奶，但到了幼儿期却不愿意喝了。孩子不爱喝奶，并不意味着孩子有什么疾病。当宝宝无论如何也不愿意喝奶时，父母一定不要强迫宝宝喝，强迫的结果只能让宝宝更讨厌喝奶。

父母可试一试以下办法，以保证宝宝每日奶量的需求。

·如果宝宝能喝奶，只是量不够，可通过其他奶制品进行补充，如鲜牛奶、羊奶、酸奶、奶酪、奶片等。

·改变奶的味道，把宝宝喜欢的食物放到奶里，如鲜橘子汁、不同味道的营养米粉等。

·把奶粉放到饭里，比如把奶粉和在面粉里，做成面包奶粥、加工蛋糕等。

·可以在配方奶中加点儿早餐奶、果味奶、乳酸饮品等。这些奶制品的味道可能是孩子喜欢接受的。

◎ 拟人游戏法引发喝奶兴趣

粉粉18个月断了母乳，可是，宝宝说什么也不喝父母准备的牛奶。父母试过换成鲜奶，试过改变奶的味道，试过用奶瓶、杯子、小勺、小碗喂奶，粉粉都不能接受。一天，妈妈让粉粉端着小碗喝奶，碗放到粉粉嘴边上，半天不见奶减少。粉粉拿开碗，奶沾在粉粉的嘴角上，妈妈兴奋地说：

“哇，粉粉像个小兔子！”说着她把粉粉拉到镜子前，粉粉开心地笑了。在接下来的日子里，粉粉一直为了像小兔子而喝奶，慢慢地养成了喝奶的习惯。

如果上面的方法都无效，父母可在孩子的食谱中适当增加蛋、鱼虾、牛羊鸡肉、豆浆或豆腐。

有的宝宝特别爱喝奶，每天奶量在800毫升以上。如果因为喝奶多，而影响了一日三餐，时间长了，会出现营养失衡，尤其是矿物质缺乏，引起缺铁性贫血等。如果因喝奶量大而影响正常饮食，父母要适当控制。如控制不了，可通过降低奶的浓度来降低奶的摄入量。

离开奶瓶和断母乳

妈妈常问：宝宝已经快一岁半了，是不是不能再用奶瓶喝奶了？如果不断母乳，宝宝是否会出现营养不良？妈妈多虑了。可继续用奶瓶喝奶，继续母乳喂养。如果宝宝很爱喝奶，不给喝就哭闹，对饭菜不感兴趣，父母也不要跟宝宝较劲，采取不吃饭就不让喝奶的方法，这只会让宝宝更想喝奶。可在吃饭后半个小时给宝宝喝奶，或在喝奶三四个小时后吃饭。

用勺子吃饭，用杯子喝水

这个月龄段的宝宝多能自己用勺子吃饭、用杯子喝水、用碗喝汤了。这些能力有赖于妈妈的支持。宝宝在生理上已经成熟，具备了自己学习吃饭的能力。所以，妈妈一定要给宝宝锻炼的机会，放手让宝宝尝试。现在是培养宝宝良好进餐习惯的关键时期。

第四节　日常生活护理

睡眠护理

宝宝不想睡觉

宝宝不愿意上床睡觉，可能有以下几种原因。

- 宝宝根本不困，是妈妈认为宝宝该睡觉了；
- 宝宝傍晚睡了一觉，刚醒来不长时间，还精神着呢；

· 一天没见到爸爸妈妈了，好不容易有爸爸妈妈陪着，不舍得睡觉；
· 玩兴奋了，不困极了不会睡的；
· 典型的“夜猫子”，喜欢晚睡晚起。

难以入睡

宝宝看起来已经困意蒙眬，眼睛都睁不开了。可是，他躺在床上，翻来覆去地折腾，一会儿趴着，一会儿撅着，从床的那头翻到这头，有时还哼哼唧唧，表现出很不耐烦的样子，有时哭着闹人。这种情况可能与以下因素有关。

· 白天玩得太累了，乳酸产生过多，感到肌肉疲劳不适；
· 晚上吃多了，胃部胀满，肚子不舒服；
· 一直是妈妈抱着哄睡，现在不抱着了，不会自己躺着睡；
· 还在浅睡眠期，睡眠特别不安稳。

总是有要求

妈妈哄着宝宝睡觉，可是，宝宝就是静不下来，总是有这样那样的要求。一会儿渴了，一会儿饿了，一会儿要撒尿，一会儿要听故事，总之，就是不睡觉。出现这种情况，最可能的原因有以下几个。

· 妈妈比较敏感，养育孩子过于精细，总是有很多担心；
· 宝宝比较敏感，脑子里装了很多事；
· 一天看不到妈妈，好不容易有妈妈在，用这种方式和妈妈交流。

夜间反复醒来

有的宝宝一直是夜间反复醒来，有的宝宝最近才出现这种情况，有的宝宝偶尔才这样。其实，宝宝来回翻身哼哼唧唧，但不睁眼睛，并非真的醒来了，只是处于浅睡眠期，浅睡眠期过后再转到深睡眠期。夜间一直频繁醒来的宝宝，多是从新生儿期养成的习惯，宝宝一有动静，妈妈就马上抱起宝宝，或赶紧拍宝宝。时间长了，宝宝已经不会由浅睡眠转到深睡眠了。

最近才出现这种情况的，很可能是宝宝哪里不舒服了，等待一段时间，仔细观察是否有什么异常情况，如有异常要及时带宝宝去看医生。偶尔出现这种情况，妈妈就不必多虑了。

这个月才出现睡眠问题

睡眠一直正常的宝宝，到了这个月却出现棘手的睡眠问题，最有可能的原因有以下几点。

- 清醒的时候，宝宝受到过不止一次的不良刺激；
- 常有焦虑情绪伴随着宝宝；
- 由于某种未知的原因导致宝宝开始惧怕黑暗；
- 宝宝睡眠时间没有规律；
- 父母曾在孩子面前吵架。

夜猫子

宝宝有自己的生物钟，但生物钟不是从生下来就设定好的，生物钟也受日常生活的影响。例如：一个人已经养成了睡午觉的习惯，但由于工作时间的变更，没有时间再睡午觉了，他一到以往睡午觉的时间仍然会困倦，需要很长时间才能适应不睡午觉。睡午觉的习惯持续时间越长，改变过来就会越难。

现在大多数城市家庭睡觉都比较晚，尤其在大城市，父母十一二点睡觉的占绝大多数。宝宝一天没有见到爸爸妈妈了，哪里舍得睡觉，所以宝宝入睡时间就会越来越向后推迟，这是宝宝睡觉晚的主要原因。

这个月龄段的宝宝正处于独立性与恐惧感并存的时期。在父母身边，宝宝就会有安全感，就能够安静地玩他自己想玩的游戏，做他自己想做的事情。一天没见到妈妈，宝宝当然盼着晚上和妈妈一起做游戏了。

宝宝不能独睡是正常的

不用说16~17个月的宝宝，就是上了小学的孩子也希望能和爸爸妈妈一起睡。宝宝什么时候能独睡？每个孩子都有自己的答案。

如果宝宝现在就能够接受自己独睡，而且睡得很好，就让他独睡好了。不要担心过早独睡会影响宝宝的心理发育，或使宝宝变得孤独。

如果宝宝不愿意自己独睡，甚至不愿意睡在紧挨着爸爸妈妈大床的小床上，而是强烈要求睡在爸爸妈妈中间，就满足宝宝的要求好了。如果怕影响你们睡眠，等宝宝睡沉了，再把宝宝抱到一旁，或抱到紧挨着你们大床的小床上。

宝宝独睡还是和父母一起睡，并不是很重要的事情。让宝宝很快入睡，并睡得安稳，才是比较重要的。

尿便护理

关于宝宝尿便的问题，在前几章中有过比较详细的讨论。这个月龄段的宝宝仍在学习控制尿便，妈妈可参考前面有关尿便训练的内容。

到了这个月龄段，宝宝大多不用再24小时穿着纸尿裤了。尤其到了炎热的夏季，白天宝宝通常只穿个小肚兜和小内裤。这样，宝宝尿湿内裤的机会就多了。把尿排到内裤上和排到纸尿裤上的感觉是不同的。当宝宝把尿排到内裤上时，湿湿的感觉会让宝宝感到不舒服。这种不舒服的感觉会让宝宝开始在意排尿问题，对宝宝学习控制尿便有很大帮助。

如果宝宝愿意接受控制尿便的训练，父母可继续训练下去；如果宝宝不接受训练，父母切莫强制。宝宝最终都会学会控制尿便，只是时间早晚而已。即使父母没有刻意训练，宝宝也会慢慢地学着自己控制尿便。父母要帮助孩子建立起良好的排便习惯。排便后要洗手，要放水冲马桶，把卫生纸放在固定的纸篓中，不要把尿便排到便盆外。养成定时排便的习惯，防止便秘。不能随地大小便。通常情况下，父母不让孩子随地排便，却常常允许孩子随地排尿。切记，尿便都不能随地排，一定要养成孩子到卫生间排尿便的习惯。

第六章

17~18个月的宝宝

本章提要

- 有更多的宝宝能用完整的句子表达需求，甜甜地喊“爸爸”“妈妈”；
- 宝宝主张多了，有了主意，喜欢说“不”；
- 会蹲着做事，会扶着栏杆上下楼梯，会走坡道；
- 愿意接受控制尿便的训练；
- 开始学习握笔涂鸦和脱衣、穿衣。

第一节 生长发育

生长发育指标

体重

18个月的男宝宝	体重均值11.29千克，低于9.07千克或高于14.09千克，为体重过低或过高。
18个月的女宝宝	体重均值10.65千克，低于8.63千克或高于13.29千克，为体重过低或过高。

身高

18个月的男宝宝	身高均值82.7厘米，低于76.6厘米或高于89.1厘米，为身高过低或过高。
18个月的女宝宝	身高均值81.5厘米，低于75.6厘米或高于87.7厘米，为身高过低或过高。

囟门

到了这个月，部分宝宝囟门已经闭合；有的宝宝囟门尚未闭合，甚至还比较明显，这些情况都属正常。如果宝宝囟门不但没有闭合，还比原来增大了，就不能视为正常了，要带宝宝看医生。

大运动能力

运动能力与宝宝天生的体质和性格有关，也与父母的养育有关。如果父母过于保护孩子，不给孩子更多的机会尝试，孩子的运动能力大多会比较弱。运动能力也与父母的训练有关，如果父母有计划地对孩子的运动能力进行训练，孩子的运动能力大多比较强。

不再需要牵着手走路

上个月还要牵着手走路的宝宝，在这个月的某一天就可以独立行走了。已经会独立行走的宝宝，到了这个月，会走出花样来：宝宝会学着爷爷的样子，背着小手走路；宝宝会举起胳膊，欢快地向妈妈走去。宝宝还能拿着东西行走，有的宝宝特别有劲，能抱起一个西瓜、提起一瓶饮料，甚至提起一桶5千克的食用油！

通常情况下，宝宝从独立迈出第一步开始，经过半年的努力，就能走得相当好了。如果宝宝走得还不是很好，或还不能独立行走，父母无须着急，给宝宝独立行走的机会，是对宝宝最大的支持。

如果宝宝满18个月，被爸爸妈妈牵着手还不会走路，请带宝宝看医生。

平衡能力

宝宝平衡能力的增强，促进了运动能力的提高。宝宝可以不扶着物体单腿站立；有的宝宝开始向后退着走；有的宝宝会弯着腰向前冲着走；有的宝宝还会抬脚踢球；有的宝宝甚至会在过坡道时通过改变姿势的方式

来维持身体的平衡，让自己不要摔倒。

喜欢寻求新意、探索未知和冒险是这个月龄段宝宝的特点，父母可借助这一特点和宝宝进行“挑战平衡”游戏。在地上搭一块长木板，让宝宝在长木板上行走。木板的高度先从10厘米开始，逐渐增加到50厘米。

蹲着做事

宝宝能蹲着玩几分钟，甚至十几分钟，仍能轻松地站立起来，看不出摇晃和腿脚麻的感觉。

爬高

平衡能力的提高促进了宝宝整体协调能力的发展，宝宝的行动会更加顺畅，攀爬技巧不断长进，能往童车上、桌子上和更高的地方爬了。这个月龄段的宝宝不知道危险，什么地方都敢上，父母一定要保证宝宝的安全。

上下楼梯

多数宝宝会自己上下楼梯，但还不能上跨度比较大的台阶。对于宝宝来说，下楼梯要比上楼梯难。所以，宝宝能够不扶着栏杆上比较矮的台阶，下楼梯时却要扶着栏杆。

精细运动能力

宝宝的小手越来越灵巧，能握笔涂鸦了。给宝宝准备各色彩笔，宝宝会在纸上画出不同的彩条。虽然是涂鸦，却别有味道。父母不要把宝宝的涂鸦当作废纸丢弃掉，而应保留起来。即使宝宝未来成为画家，也临摹不出他幼时的那张涂鸦。

第二节 智能与心理发育

宝宝过了1岁生日就进入幼儿期了，但1岁到1岁半的幼儿在很多方面还延续着婴儿期的特点，这个时期是婴儿期与幼儿期的过渡。1岁半标志着幼儿发展阶段的真正开始，妈妈突然觉得孩子长大了……

语言能力

语言能力的发展为宝宝搭建了与外界交流的桥梁。当宝宝能简单运用语言来表达最基本的需求和愿望时，父母和孩子的交流就发生了质的改变，这将给父母的养育带来极大帮助。这是孩子成长过程中最重要的里程碑之一。

语言学习能力

宝宝每天能够学习20个以上词汇。但是，宝宝理解语言在先，运用语言在后。宝宝会把大多所学词汇储存起来，并进行编辑整理。所以，尽管宝宝每天能学习很多词汇，却不能表达出来。1~3岁是宝宝快速积累词汇的阶段，当词汇积累到一定数量后，宝宝就能流利地使用语言了。

现阶段，宝宝能够发出20多种不同的音节，基本掌握了50~100个词汇的意义。50%的宝宝能够掌握60~80个口语词汇。宝宝说出的句子通常包括一个名词和一个动词。从这个月开始，宝宝的词汇量会猛增，之后的半年可以说是宝宝语言的爆发期，宝宝基本上能用语言表达自己的要求和意愿。

在宝宝的语句中，常常有含糊不清的字词。父母不要苛求宝宝把词句说清楚，没完没了地教孩子发音，这会导致宝宝失去学习的兴趣。宝宝现在能发的音节有限，有些字词的发音不够准确是很正常的。随着宝宝对语音逐渐掌握，他就能够清晰地说出他想说的词句了。

对于这个月龄段的宝宝来说，真正理解一个新词的含义并不是件容易的事。但是，借助实际物品，妈妈说话时的语音、声调、表情、手势，以及当时的情景，宝宝就能够比较快地明白妈妈说出的新词的含义了。

宝宝最常使用的词汇是日常的生活用语。每个孩子掌握生活用语的数量差异不会太大，但对其他词汇的掌握可能会因环境的不同而有较大的差异。如果

父母总是和宝宝讨论问题，让宝宝参与到成人的谈话中，让宝宝更多地听父母说话，与宝宝对话，宝宝理解和掌握的词汇会比生长在不爱说话的家庭里的孩子多得多。

开始使用短句

宝宝会把简单的两个字组合在一起当作句子来表达他的意思。父母会发现，宝宝组合的句子绝大多数是恰如其分的。这充分反映了幼儿学习语言的巨大潜能。

宝宝学习和运用语法是从最短的句子开始的，如我吃、我喝、不睡、拿走等。宝宝用两个字组合成的句子所表达的意义，丰富得令人赞叹。

这个月龄段的宝宝可能开始用三个字组合句子，表达的意义会更加丰富多彩。宝宝使用的字词多是实词，省去的是一些虚词、副词、形容词等，所以，尽管字词很少、句子很短，听起来意思却相当明确。如宝宝会说“吃苹果”，而不会说“妈妈，我要吃苹果”。

说出物品的名称

宝宝基本上能够说出家里所有物品的名称，并知道大部分物品的用途。如果宝宝在图画书上看到他认识的物品，能够和家里的实物联系起来。宝宝还不知道物品是可以购买的商品，只要看到和他家里一样的东西，就认为是自己家的。

宝宝能说出身体某部位的名称，并知道用处，比如，妈妈问：“宝宝用什么吃饭呀？”宝宝会指着嘴巴，同时用语言表述出来。

喜欢自言自语

宝宝玩耍时，如果周围并没有人和他对话，他会自己和自己说话。这时，妈妈不要打扰孩子，孩子是在锻炼自己的语言能力，通过自言自语来整理学到的词汇。宝宝不但喜欢自言自语，还喜欢听爸爸妈妈讲故事，而且喜欢重复听一个故事，即使已经很熟悉故事情节了，仍然喜欢听。这是宝宝学习的基础，宝宝通过一遍遍地听故事，练习自己的听力，爸爸妈妈要有耐心。

听不懂播音内容

宝宝能听懂爸爸妈妈对他说的话，能听懂电视里部分幼儿节目中的话。但是，宝宝很难听懂收音机中的播音和电视中的播音。因为电台播音和电视播音的谈话内容，宝宝基本不理解。

对语言发育滞后的担忧

宝宝的语言发展速度存在着显著的个体差异。尽管宝宝的语言发展速度有快有慢，但他们所经历的语言发展阶段却大致相同。几乎所有的宝宝都是从咿呀学语开始，到会说单字，再到说出两个字、三个字的简单句。此后，宝宝积累的词汇越来越多，会说的语句越来越长，句子结构越来越复杂。每个孩子都在按照自己的步调发展着自己的语言，到学龄前都能很好地掌握母语。

如果宝宝仍未开口说话，甚至连爸爸妈妈都不叫，并不意味着宝宝有语言发育障碍。这个阶段的宝宝尽管不开口说话，却能明白爸爸妈妈说的话，能完成妈妈的某些指令性任务，有说话的欲望，和父母有眼神和非语言交流的能力。宝宝尽管不会说话，却不会让父母觉得有沟通障碍。

认知能力

时间概念

宝宝或许时至今日还不会说“时间”这个词，也不能理解时间是怎么回事。这可能是父母对孩子时间概念的培养不够确切，很多父母常这样对孩子表述时间概念："看，都什么时候了，还不赶快上床睡觉""该吃奶了，不要玩了""该睡觉了，不能再讲故事了""吃一顿饭用了这么长时间"，等等。

让我们来分析一下这些与时间有关的语句，从中不难看出，这些语句在时间描述上是模糊的。父母说这些话的目的，是要让宝宝知道时间概念。可是，通过这些语句，宝宝并不能理解时间概念。

比如：到了睡觉的时间，妈妈要求宝宝上床睡觉时，可以换一种方法。抱宝宝到窗户旁，指着窗外说："宝宝看看，是不是天黑了？"宝宝会点点头表示同意。妈妈再说："天黑了，宝宝是不是就要睡觉了？"宝宝又点点头。这时，妈妈就可以让宝宝上床，躺下来睡觉。即使宝宝不愿意上床睡觉，宝宝也会知道，天黑了，到了上床睡觉的时间了。随着宝宝对时间的理解，再让宝宝知道睡觉的确切时间。比如：宝宝每天晚上8点睡觉，到了睡觉时间，妈妈让宝宝看看几点了。如果宝宝能用语言表达，就让宝宝告诉妈妈几点了。妈妈再说："8点是上床睡觉的时间。"这样，不但给了宝宝准确的时间概念，还帮助宝宝养成了良好的生活习惯。

分辨物体

有的宝宝已经能分辨出，食物是可以吃的，玩具等物品是不能吃的。有的宝宝还没有这个能力。如果宝宝仍然吃手或玩具等物品，那只是习惯而已，并不意味着宝宝没有分辨能力。

宝宝能够分辨出简单的物体形状，如圆形、方形和三角形等。宝宝喜欢玩橡皮泥，玩橡皮泥不但能锻炼宝宝手的运用能力，还能够开发宝宝的想象力。

观察力

宝宝的观察力提高了，喜欢观察周围的人、物、事。宝宝会通过观察学习知识，提高认知能力。如果宝宝正蹲在那里观察蚂蚁，妈妈可千万不要干扰，更不能吓唬孩子，说“快起来，蚂蚁爬到你脚上了”等类似的话。如果宝宝想过去摸摸小狗，在确保安全的情况下，妈妈千万不要说“别摸，小狗会咬你”这样的话。

模仿力

幼儿有很强的模仿能力，模仿是宝宝学习的重要途径。宝宝的模仿对象主要是父母，其次是看护人和与宝宝接触密切的人。宝宝的模仿是全方位的，从语言到行为，从表情到态度，举手投足，宝宝都会模仿。宝宝会学妈妈的咳嗽声。如果宝宝曾经看过妈妈某种特殊的动作，如捂着疼痛的胃部的动作，宝宝会学着妈妈的样子，还能够同时模仿妈妈说话的内容、声音和妈妈的表情。爸爸妈妈可要注意自己的言行举止，父母不经意说的话、做的事，宝宝都有可能记录下来。

记忆

宝宝有了较持久的记忆，不但能记住眼睛看到的实物，还能记住快乐和痛苦的感受。宝宝愿意体验快乐，会主动做那些让他快乐的事情，拒绝做让他痛苦的事情。

宝宝小腿被蚊子咬了好几个大包，妈妈又心疼又内疚，赶紧给宝宝涂药、替宝宝搔痒。宝宝体验到了被妈妈呵护的幸福。事情过去了，宝宝却一遍遍地指着被蚊虫叮咬过的小腿给妈妈看，提醒着妈妈，宝宝要再次体验被呵护的幸福。

宝宝能够集中注意力观看动画片或书本上的图画，并能够记住动画片中的部分内容。记得最清楚的是人物（尤其是小动物）的名字，对故事中的情节有了初步的理解能力。

心理发育

既依恋又独立

在接下来的半年里，宝宝少了婴儿的乖巧，多了几分幼儿的淘气。宝宝逐渐展现出自己的个性，自我意识增强，有了思考能力，开始有了独立意识。但是，宝宝常常表现出极大的反差。自我意识的增强让宝宝追求独立，而尚未建立起来的安全感又使得宝宝更加依恋父母。这种矛盾左右着宝宝，让我们看到了宝宝不同的表现。处在矛盾之中的宝宝会给父母带来不少困扰。爸爸妈妈要学着理解孩子，缓解孩子心中的焦虑，帮助孩子建立安全感。

自我意识

羞怯、窘迫、内疚、嫉妒、自豪等是人类更高等的情感，这些情感随着自我意识的形成而形成。

宝宝开始希望控制自己的行动，却往往不能落实到行动上。父母不必着急，有希望才有动力，宝宝有了控制行动的愿望，就会努力去实现。

宝宝不但希望控制自己的行动，还盼望着由此产生他想要的效果。如果达不到他所期望的效果，宝宝很可能会感到气馁或失去控制行为的动力。所以，父母不要忘了多给宝宝鼓励。

宝宝开始学会理解他人的情绪反应。如果动画片中的人物哭了，宝宝可能会跟着哭；如果动画片中有让宝宝兴奋的

场面，宝宝会用自己的方式来表达，如蹦跳、鼓掌、欢叫、原地转圈、大笑等。宝宝在14个月的时候，可能只会接受别人给他的东西。18个月后，宝宝开始学着给别人自己喜欢的东西。这对宝宝来说，是巨大的改变，有了这样的改变，宝宝慢慢就学会了分享快乐。

忍耐力进入低谷

宝宝懂得越来越多的词汇，却难以用语言表达；宝宝有了更多的自我意识，却不能按照自己的意愿左右事物；宝宝与人沟通的能力还很弱，还没有能力解释自己的行为，更不能为自己的行为辩解。因此，宝宝内心的需求得不到满足。在宝宝看来，周围的人不理解他，不懂得他。宝宝感到沮丧，无法忍受。怎么办？宝宝开始不断地说“不”，以此缓解内心的不安和沮丧。父母要理解宝宝的这种感受——如果一个人什么都看得明白，却不能用语言表达他的意见，将是怎样的心情呢？

拒绝他人接近

宝宝不但拒绝陌生人接近，还会拒绝他熟悉的人接近，甚至拒绝一直看护他的人接近。和婴儿期不同的是，宝宝并非对所有的陌生人都不接受。是接受，还是拒绝？宝宝自有选择标准。如果宝宝不想让你抱，会用小手往外推，甚至手脚一起反抗。

不认输

宝宝天生不认输。当宝宝搭建的积木突然倒塌时，他绝对不会就此罢手，而是会一遍遍地搭。这时的宝宝靠的不是耐心，而是兴趣和不服输的精神。如果这时爸爸妈妈站出来帮助宝宝，宝宝并不会领情，可能还会拒绝。刚才还兴致勃勃的宝宝可能会因为爸爸妈妈的参与而生气，或者把积木扔掉，或者两手胡乱地扒拉积木。

如果宝宝一遍遍地搭建，但积木总是在他没有完成搭建任务时就倒塌了，宝宝是否会一直做下去呢？宝宝也会失去兴趣，还有可能会生自己的气，把积木扔掉。出现这种情况时，爸爸妈妈该怎么办呢？爸爸妈妈任何安慰的话语都是苍白无力的。更好的做法是，告诉宝宝成功的方法，并演示给宝宝看，或许

宝宝不能认真地听你讲方法，也不能认真地看你的演示。不要紧，关键是让宝宝学会在遇到困难和挫折时的处理方法，提高宝宝在困难面前的心理承受能力。凡事都有办法解决，或许宝宝现在还不明白这个道理，但宝宝不断受到这种处理方式的影响，就会在潜移默化中不断进步。

有的宝宝则不会为自己一时的受挫而恼怒，也不会因暂时的失败而沮丧。而是转头玩别的玩具或做其他的事情，或寻求父母的帮助。这样的宝宝拿得起放得下，爸爸妈妈就可以顺势而为，和宝宝做其他的事情。

交往与玩耍

礼貌

宝宝开始学习礼貌。客人来访时，宝宝会在父母的引导和鼓励下，对客人表示欢迎，会把苹果递到客人手中，并会说“吃吧”。客人离开时，宝宝会用手势表示再见，甚至会把小手放在嘴上飞吻一个，或者努起小嘴亲亲客人的脸颊，表示喜欢和友好。

交流与学着处理问题

如果你给宝宝一块小饼干，宝宝吃完的时候，会把他的小手张开，意思是：你给他的饼干吃完了，再给他一块。如果宝宝会说话了，就会直接告诉你“没”“给”，把小手张开伸到你的面前。

如果宝宝拿了一块糖果，而你不想让宝宝吃，命令宝宝把糖果放到糖盒里，或让宝宝把糖果给你。这时宝宝会把拿糖果的小手藏到身后，理直气壮地说“没”，以此保护自己的心爱之物。宝宝开始知道东西可以藏起来了，虽然他意识不到，他的藏法太显而易见了。然而，就是这个在成人看来很可笑的办法，对于这个月龄段的孩子来说，已经是非常聪明的办法了。

攻击小朋友

这个月龄段的宝宝对小伙伴不是特别感兴趣，喜欢自己独自玩耍。宝宝还不会和小朋友配合着做游戏。不但如此，宝宝还有可能会攻击对方。

不专心玩玩具

这个月龄段的宝宝对自己有兴趣的事情，集中注意力的时间大约是6分钟。所以，宝宝很少有专心致志玩玩具的。如果妈妈想把玩具从宝宝手里拿过来，硬要是不行的，可能会导致宝宝大哭。但是，用一件很不起眼的东西，如一张纸、一根小草棍，都能从玩意正浓的宝宝手中把玩具换过来。

喜欢玩“藏猫猫”的游戏

宝宝开始真正玩“藏猫猫”的游戏了，不再是婴儿期的“假藏”。宝宝常常喜欢藏在柜子后面、桌子下、门后或其他房间里。通常情况下，宝宝喜欢藏，不喜欢找。因为这样他可以控制局面，如果妈妈没有找到，他可以主动出来。宝宝喜欢被妈妈找到的惊喜感觉。如果妈妈找到宝宝后，把宝宝抱起来，并亲吻宝宝，宝宝会更加快乐。

但不能因此就一直让宝宝藏，妈妈找。妈妈可以灵活一点儿。如果宝宝在找人时没有立即找到妈妈，妈妈可以发出点儿声音，让宝宝发现一些蛛丝马迹，避免宝宝因找不到妈妈而紧张。

喜欢和父母追着玩

宝宝喜欢被爸爸妈妈追逐，也喜欢追着爸爸妈妈玩。如果妈妈拿着一只小动物玩具，宝宝会很高兴地追着玩具跑，还会高兴地咯咯笑。如果妈妈追着宝宝，宝宝会有快跑的意识，但宝宝还不能快速奔跑，他的平衡感和对身体的控制还不是很到位。所以，宝宝可能会摔倒。妈妈切不可大惊小怪，或表现出非常后悔难过的样子。

当宝宝摔倒的时候，妈妈要鼓励宝宝自己站起来。在宝宝站起来后，妈妈要继续和宝宝追赶着玩，让宝宝克服害怕情绪，变得勇敢起来。

这么大的宝宝很容易和成人在一起玩耍，却不容易和同龄的宝宝相互追逐玩耍。这并不是因为宝宝和小朋友不友好，而是因为宝宝还缺乏主动参与意识。大人会主动和宝宝玩耍，但两个宝宝会因为彼此都没有主动意识，而不能很快地进入玩耍氛围。妈妈可通过引导两个宝宝一起玩耍，让宝宝感受到分享的快乐。

第三节　营养与饮食

营养素补充

是否需要补充营养素

这个问题的答案很简单，就是根据每个孩子的具体情况决定，需要就补充，不需要就不补。但是，对于父母来说，似乎没有这么简单。究其原因，是大部分父母会认为孩子营养不足，即使现在没有营养不足，也担心孩子以后会出现营养不足的情况，不补不放心。

父母有一百个、一千个不放心的理由。听说朋友的孩子在吃某种营养素，妈妈就开始想是否给自己的孩子也吃点儿。看到邻居家的小朋友比自己的孩子胖，就会担心自己喂养得不好，孩子一定缺营养。孩子这几天吃的食物少了点儿，就担心营养不够……有的孩子一直在吃各种营养素，妈妈的理由就是孩子一直不好好吃饭。首先我们无法界定什么叫不好好吃饭，其次给宝宝吃那么多的营养素，宝宝还能好好吃饭吗？

应该补什么营养素

让我们先来看一看，目前都有哪些营养素可供父母选择：微量元素补充剂，主要补充钙、铁、锌；维生素补充剂，主要补充维生素AD、维生素B族和维生素C；还有牛初乳、DHA、益生菌等。

钙、铁、锌对婴幼儿的生长发育非常重要，钙是骨骼生长所需的重要物质，铁是造血的主要原料，锌是体内众多代谢过程不可或缺的元素。但是，这并非意味着一定要额外补充这3种元素。补充的前提是缺乏，如果宝宝从食物中可以获取足够的营养素，就不需要额外补充。所以，合理喂养是最重要的。

奶是钙的主要食物来源，只要宝宝能摄入足够的奶，就基本能满足对钙的需求。动物肝和血是铁的主要食物来源，每周至少要给宝宝吃1~2次动物肝或血。海产品和坚果是锌的主要食物来源，每周至少要给宝宝吃2次海产品和1次坚果。

如果确定宝宝缺乏营养素，一定要在医生的指导下合理补充营养素，既不能擅自增加剂量，也不能随便选择类型，以免破坏体内微量元素的平衡。

维生素D可促进钙的吸收和利用，维生素A可促进视觉细胞发育。出生后2周需常规给宝宝补充维生素AD，1岁以后只需补充维生素D，至少补充到3岁。维生素D部分靠阳光照射皮肤产生，所以，3岁以后的孩子，如果阳光照射不足，仍需要额外补充。维生素C和维生素B族广泛存在于食物中，且没有蓄积作用，每天都需要从食物中获取，只要宝宝正常进食，就不会缺乏。

顾名思义，牛初乳就是母牛产犊后7天内挤出的牛乳。牛初乳中含有更多的蛋白质和免疫球蛋白G，且含有抗病抗体（抵御使牛患病的致病微生物）。给宝宝吃牛初乳是为了使宝宝获得更多的蛋白质和免疫球蛋白。通常情况下，宝宝易患呼吸道感染，缺乏的不是免疫球蛋白G，而是分泌型免疫球蛋白A，它存在于人初乳中，并不存在于牛初乳中。所以，不建议给宝宝喂牛初乳。

DHA是促进大脑和视神经发育的重要物质，由某些脂肪酸提供，母乳、配方奶、海产品、植物油、肉类中所含的某种脂肪酸进入体内可转换成DHA。如果宝宝对鱼虾过敏，可额外补充DHA；有条件补充DHA的，也可额外补充。

益生菌广泛存在于宝宝肠道内，宝宝出生后第一次吃奶后，肠道内的益生菌数量就开始迅速增长，达到宝宝需要的水平。所以，通常情况下不需要补充。

益生菌有助消化、抑制致病微生物、提高机体免疫力等作用。服用抗生素或患肠炎后，肠道内益生菌会大幅减少，需要额外补充，恢复肠道内菌群平衡。医生会根据宝宝的具体情况，给出相应的补充意见。

喂养中的常见问题

为什么体重增长慢了下来

宝宝1岁以后，体重增长速度不再像婴儿期那样快了。只要宝宝体重在正常范围内，各项发育指标正常，吃喝拉撒都没问题，父母就尽管放心，不要总在体重增长问题上纠结了。

当宝宝体重增长曲线偏离原来增长轨迹，且呈下降趋势时，父母应及时带宝宝看医生，寻找体重增长缓慢的原因，并给予相应干预。如果是疾病因素导致的体重增长缓慢，需要医生检查宝宝情况后，结合相应辅助检查，给出诊疗方案，就不在此讨论了。下面谈谈常见的由喂养因素导致的体重增长缓慢。

·热量供给不足

每日摄入足够的热量是宝宝生长发育的保证。长期热量摄入不足会导致体重增长缓慢或不增，甚至降低。常见的热量不足的喂养问题有食量过少、饮食结构不合理。比如：过多摄入热量低的蔬菜和水果；谷物和蛋肉奶摄入过少；营养价值低的零食吃得过多，尤其是饭前吃零食，影响了正常饮食的摄入。

宝宝进入幼儿期后，父母一定要帮助宝宝养成良好的饮食习惯，要认真地为宝宝准备一日三餐，并让宝宝坐下来好好进餐。上午以水果代替零食，下午以奶代替零食，其他零食全部停掉。每天保证宝宝摄入谷类100克左右，母乳600毫升左右，蔬菜和水果各100克左右，蛋40克左右（至少1个鸡蛋黄），畜禽肉鱼类80克左右，油12克左右，盐0~1.5克。谷物在一日三餐中至少占总食量的一半，其余一半以蛋肉和蔬菜为主。

在睡觉前15分钟到半小时、晨起和午睡后喝奶。水果和奶制品可作为加餐放在上午、下午，户外活动时可随时喝水，但在进餐前半小时不要给宝宝吃任何食物，包括水。原则上，一日三餐分别放在早8:00、午11:30、晚5:30。可根据宝宝的具体情况灵活掌握。

· 蛋白质摄入不足

蛋白质是宝宝生长发育所需的重要营养物质，蛋白质摄入不足，不但会影响宝宝的生长发育，还会降低宝宝抵御疾病的能力，对宝宝健康的影响是全方位的。所以，保证充足的蛋白质供应，对于婴幼儿来说至关重要。宝宝每日必须摄入足够的奶、畜禽肉、鱼、蛋等高蛋白质食物。

对这个月龄段的宝宝来说，合理搭配膳食非常重要，没有最好的和最差的，均衡是最关键的。每天至少要给宝宝提供15种食物，每天食谱都要有所变化，保证一日三餐合理搭配，哪怕宝宝只吃一口，也要提供合理的膳食，不能因为宝宝吃得少，就认为做饭不值得。

如果宝宝吃很多的谷物，很少吃奶和蛋肉，属于低蛋白喂养，即使宝宝体重可能是正常的，也并不意味着健康，宝宝很可能抵抗力低下，身高增长会不理想。

如果宝宝吃很多的蛋肉，吃很少的谷物，属于高蛋白喂养，宝宝的肝肾功能会受到损害，还会出现肥胖和高血脂等情况。

如果宝宝蔬菜水果吃得过多，谷物、蛋肉和奶吃得过少，属于低热量喂养，宝宝不仅容易体重增长缓慢，还会出现低蛋白血症，身高增长也会受到影响。

如果宝宝只喝奶，蛋肉、谷物和蔬菜水果吃得很少，也属于高蛋白喂养，是极不合理的喂养方式，易导致缺铁性贫血等一系列营养问题。

如果宝宝经常吃稀粥、汤面，很少吃固体食物，食物的营养密度较低，宝宝也会出现体重增长缓慢的现象。

吃饭难

关于宝宝吃饭难，父母常咨询的问题包括边走边吃、哄着才能吃几口、一天不吃也不知道饿、睡得迷迷糊糊才喝奶。可是，宝宝整天闲不住，特别淘气，一天都不吃饭，哪来这么大的精神呢？

我为很多这样的宝宝做过仔细的体格检查和必要的辅助检测。多数情况下，宝宝的身高体重都在正常范围内，眼神灵活，动作敏捷，体能和智能发育都没有异常情况，辅助检测也都正常。

得知没有发现宝宝有什么问题时，很多妈妈很迷惑地说：“宝宝为什么不吃饭呢？”我和妈妈一起探讨宝宝进食的问题，得出下面的结论。

妈妈为宝宝制定了食谱和应该吃的食量，可问题是，还没等宝宝饿，还没等宝宝要，妈妈就已经把饭菜拿过来了。结果宝宝从来都没有完成过任务，也从来没主动要过吃的。妈妈给的任务还完不成呢，哪还能主动要吃的呀！

如果妈妈能正确对待孩子的吃饭问题，给孩子一个宽松的进食环境，尊重孩子的食量和对食物的选择，就不会有这么多的进食问题了，也不会让吃饭成为妈妈和孩子的负担了。

挑食、厌食和食量小

每个人都有自己的饮食偏好，饮食偏好和挑食不是一个概念，妈妈不要把宝宝的饮食偏好归为挑食，甚至归为厌食。

宝宝的饮食偏好多与父母的饮食偏好相近，如果父母不爱吃某种或某类食物，宝宝也多会如此。如果父母不希望宝宝有和自己一样的饮食偏好，那么从一开始就要注意。比如：宝宝在婴儿期时，父母就要做到饮食均衡。如果现在宝宝已经表现出对某种食物的拒绝，妈妈也不要强求宝宝吃。要慢慢来，父母首先要说服自己接受这种食物，然后再帮助宝宝接受这种食物。如果没有办法让宝宝接受某种食物，也没有什么大不了的，找到和此类食物营养相近的食物给宝宝吃，不影响宝宝摄入营养即可。

不喝白水

很多妈妈为孩子不爱喝白开水，只愿意喝甜水犯愁。其实，喜甜原本就是孩子的天性，父母在最初的喂养中，往往无意间帮孩子巩固了这一喜好，在接下来的喂养中，又不断地妥协，让孩子喝甜水成为一种习惯。

怎么会这么说呢？妈妈回忆一下，宝宝喝的糖水、配方奶、补钙的水、苹果水和梨水等，不都是甜的吗？宝宝只喝苹果水，不喝白水，既是因为天性，也是因为习惯。如果从一开始就不给宝宝喝甜水，宝宝或许能很好地接受白开水。因为白开水也有其特有的甘甜，对白开水的喜好需要后天的培养。长期喝甜水的代价是牙齿损坏、胃酸增多、食欲下降。如果宝宝已经养成了喝甜水的习惯，父母就要从现在开始，逐渐降低水的甜度，让宝宝在不知不觉中接受白水。

第四节 日常生活护理

夜哭的原因

噩梦惊醒

诱因：白天受了“惊吓”，打了疫苗，看了可怕的电视画面，被汪汪叫的狗惊吓，摔了重重的一跤，父母或看护人训斥，从床上掉了下来。也存在无诱因的噩梦惊醒。

表现：被噩梦惊醒的宝宝，通常是突然大声地哭喊，两眼瞪得溜圆，表现出惊恐的神态，或到处乱爬，或一个劲地往妈妈怀里钻。

父母做法：把宝宝紧紧地抱在怀里，告诉宝宝：“妈妈在这里，爸爸也在这里，有爸爸妈妈陪着宝宝。”不要说“宝宝不要怕”，也不能说“妈妈把大恶魔打跑了”之类的话。只需给宝宝正面的鼓励和安慰，使宝宝安静下来。对于这么大的幼儿来说，如果妈妈说不要怕，他只能接受到一个“怕”字，会加深他的恐惧感。

对妈妈的依赖

夜间不再吃母乳的宝宝，突然半夜醒来要吃奶。如果妈妈不满足宝宝的需要，宝宝就会大哭特哭，而且一连几天，甚至一连几周都这样。这是为什么呢?

这个阶段的幼儿正处于独立性与依赖性并存的交叉点。宝宝一方面寻求独立，不再像婴儿期那样让妈妈摆布；另一方面又产生很强的依赖感，这种强烈的依赖感，正是幼儿在成长过程中寻求安全的表现。随着年龄的增长，宝宝的安全感会越来越强，依赖感会越来越弱，就不再那么依赖妈妈了。如果给宝宝吃几口奶，就能让宝宝很快安静入睡，妈妈给宝宝吃就好了。

肚子痛

宝宝可能会因为睡觉前吃得过饱，或白天吃得不对劲而肚子痛。宝宝被不正常的胃肠蠕动惊醒，醒后的第一表现就是哭。

肚子痛时，宝宝会突然在熟睡中哭闹，常常是闭着眼睛哭，两腿蜷缩着，弓着腰，撅着屁股，手捂着肚子。即使是会说话的孩子，半夜因肚子痛醒后也只会用哭声告诉妈妈。有的妈妈想到宝宝可能是肚子痛，就会帮助宝宝揉一揉肚子，不揉还好，一揉宝宝哭得更厉害了。这是因为肚子痛时，宝宝的肠管处于痉挛或胀气状态，妈妈用手刺激腹部时，会加剧孩子的疼痛感。

环境不好

环境太热、太冷、太干燥、太闷。比如：在酷暑的夏夜，宝宝会辗转反侧睡不着，甚至哭闹。改善一下睡眠环境，宝宝就会安静地入睡了。

什么原因也找不到

什么原因都找不到的情形是常有的。有时一连几个晚上宝宝都半夜醒来哭，白天玩耍如常，就像啥事也没发生一样。对于这种情况，父母不要着急，过一段时间宝宝就会好的。父母既不要烦恼，也不要生气，更不要训斥宝宝。

对哭闹的宝宝置之不理是错误的，会让宝宝缺乏安全感和对人的信任感。父母一定要安静地对待夜哭的宝宝，而不是比宝宝闹得还厉害，大声地哄，大幅度地摇，甚至抱着宝宝急速地来回走动……这样不但不会让宝宝安静下来，还会使宝宝闹得更厉害。父母要轻声细语、动作温柔，无论宝宝怎样闹，都始终如一，用不了多长时间，宝宝就会在某一个晚上不再哭闹了。

睡眠习惯的引导和模仿

宝宝的睡眠习惯与他所处的生活环境有着密切的联系。在早睡早起的睡眠习惯影响下长大，宝宝就可能早睡早起；父母经常熬夜，宝宝就可能成为“夜猫子”。父母的举止行为与睡眠习惯，对宝宝有着潜移默化的影响。幼儿惊人的模仿能力，并不只是模仿正确的一面。父母的身教要远远大于言传，想让宝宝有良好的睡眠习惯，父母首先要养成良好的睡眠习惯。

拒绝入睡

这个月龄段的宝宝拒绝上床睡觉的主要原因是还没玩够。把他一个人放在床上，让他孤零零地躺在那里等待入睡，他通常不会答应——要么父母陪在身边，要么父母讲故事给他听。能让宝宝快速入睡的最佳方法是父母或父母一方陪宝宝一起睡。如果父母准备把宝宝哄睡后，再下床做事，宝宝能猜出来，坚持不睡，妈妈就不要采取这样的方法了，索性和宝宝一起睡，早起做事也是一样的。

睡得少，睡得多

妈妈们总是刨根问底：这么大的孩子到底一天应该睡多长时间？我理解妈妈们的这份执着，但是，在遵循普遍规律的基础上，宝宝所有的发育指标都存在着个体差异。有时，这种差异还非常明显。就像开口说话一样，有的宝宝不到1岁就会说话了，有的宝宝2岁半才开口说话。但他们都是发育正常的孩子。睡眠也一样：有的宝宝几个月就睡得很好，一觉睡到天亮，睡眠非常有规律；有的宝宝晚上就会频繁醒来；有的宝宝一天要睡十几个小时；有的宝宝只睡十个小时。但他们的发育都是正常的。所以，妈妈不要因为自己的宝宝睡觉时间比别的宝宝短就担心宝宝有什么问题。只要宝宝晚上睡得踏实，白天醒来精神很好，生长发育都正常，就不要担心宝宝有病，他只不过是睡眠比较少的宝宝。

不能控制尿便也正常

再次穿纸尿裤

1岁就能把尿便排在便盆中的宝宝，到了1岁半，可能能力又退回去了，只能重新穿上纸尿裤，不然的话就会尿得到处都是。宝宝对排泄有他自己的认识和理解，他可能也搞不清自己为什么不爱坐便盆了，就像大人某天懒得动并不是因为累一样。如果妈妈和宝宝较劲，让宝宝必须坐在便盆上排尿便，宝宝就会哭闹，妈妈也会大动肝火，结果会更糟糕。父母这时的宽宏大量不是放纵，而是给宝宝以尊重。那么，是不是就不再继续训练宝宝控制尿便了呢？当然不是，父母应继续鼓励宝宝，并以最大的耐心等待宝宝的进步。

夜里控制排尿

宝宝夜里能够醒来排尿是再好不过的事了。但是，如果宝宝还不能在夜里醒来排尿，妈妈没有必要一次次地叫醒宝宝，这样会让熟睡中的宝宝哭闹，也会扰乱宝宝的睡眠周期。充满尿液的膀胱会向熟睡中的宝宝发出信号，使宝宝自己在睡眠中醒来，告诉妈妈他要排尿。宝宝什么时候能主动醒来并告诉妈妈他要排尿，存在着显著的个体差异。有的宝宝早在1岁后就有了这个能力，有的宝宝迟至3岁才有这个能力，妈妈不用着急。

预防意外仍是护理中的重点

防不胜防

宝宝会把抽屉打开，看看里面有什么。尽管这么大的宝宝基本上知道了什么能吃，什么不能吃，但见到新奇的东西还是会放到嘴里尝一尝。看见抽屉里有小药瓶，他会不费力气地打开瓶盖，把小药片倒出来放到嘴里。如果恰好是糖衣药片，宝宝会当作糖吃。所以，不想让宝宝拿到的东西，千万不要放在抽屉里，你不可能保证抽屉一直锁着，总有疏忽的时候。

如果宝宝能拿到诸如螺丝刀、锤子、夹钳、刀斧之类的工具，又曾经看到过成人使用这些工具，宝宝也会模仿着使用工具，只是宝宝做的多是破坏性的“工作”。

我列举过很多意外事故的例子，可能会给父母带来一些压力。父母可能会说：一个例子一个样，注意这个了，注意不了那个，防不胜防。其实，事情没有这么复杂，记住这句话：心存侥幸是发生意外的最大隐患，一切的不可能都可能发生。这么大的宝宝是需要父母保护的。父母一定要给宝宝创造安全的环境。

在接下来的日子里，我不断会有令爸爸妈妈感到惊奇的发展，我的语言能力、理解能力、生活能力，都在不知不觉中发展着。如果爸爸妈妈不给我留下影像，不记录下我的成长足迹，等我长大的时候，爸爸妈妈恐怕就拾不起我幼时宝贵的记忆了。时间过得飞快，昨天还嗷嗷待哺的我，今天已经能和爸爸妈妈交流了。

爸爸妈妈是否还记得，几个月前，妈妈完全按照自己的意愿给我喂奶喂饭、洗澡，哄我睡觉，给我换尿布，让我练习坐便盆。一转眼，我长大了，吃、穿、玩、运动、对世界的理解、对爸爸妈妈的顺从、对周围事物的感觉、想做的事情……一切的一切都在发生着变化。

我已经是有独立思想和意愿的“人”了，开始萌发自我意识，成了探索者和小冒险家，我要去任何我能抵达的地方和角落，要动任何我能摸到的东西！这是我的天性。正是“什么都动”的行为告诉爸爸妈妈：我的身体是健康的、精神是愉快的。虽然这时的我是个淘气的宝贝，但是希望爸爸妈妈能够欣赏我、帮助我、培养我。

第七章

19~21个月的宝宝

本章提要

- 开始练习跑跳；
- 能画出近似水平线、垂直线和弧线的线条；
- 喜欢向爸爸妈妈发问，开始亲近爸爸妈妈以外的人；
- 喜欢模仿爸爸妈妈做家务；
- 独立玩耍的时间延长。

第一节 生长发育

生长发育指标

体重

21个月的男宝宝	体重均值11.93千克，低于9.59千克或高于14.9千克，为体重过低或过高。
21个月的女宝宝	体重均值11.3千克，低于9.15千克或高于14.12千克，为体重过低或过高。

身高

21个月的男宝宝	身高均值85.6厘米，低于79.1厘米或高于92.4厘米，为身高过低或过高。
21个月的女宝宝	身高均值84.4厘米，低于78.1厘米或高于91.1厘米，为身高过低或过高。

头围

幼儿期宝宝的头围平均每年增长1~2厘米。满21个月的宝宝，头围平均值为48厘米，头围的大小与遗传有一定关系。

囟门

在这个月龄段里，多数宝宝的囟门会闭合或接近闭合；少数宝宝的囟门还没有闭合；个别宝宝的囟门还比较明显，甚至头顶部凹陷的囟门一眼就能看出。无论宝宝囟门大小，只要没比原来增大，就不会有什么问题，囟门闭合是早晚的事。

乳牙

通常情况下，这个月龄段的宝宝会有10~16颗乳牙萌出。但是，乳牙萌出情况存在显著个体差异，有的宝宝乳牙萌出比较晚，至今只萌出了6颗乳牙，甚至更少。

大运动能力

在未来的3个月，宝宝会给爸爸妈妈带来很大的惊喜。他的体能突飞猛进，大运动能力与精细运动能力的发展并驾齐驱，不知不觉之间就学会了让人意想不到的新本领。喜欢运动的宝宝从睁开眼开始就一刻也不停歇，精力旺盛，似乎不知道什么叫累。妈妈不要打扰玩耍中的宝宝，宝宝累了自然会停下来休息，运动和玩耍是满足宝宝好奇心的途径，也是他认知和探索世界的途径。

向前走和向后退

宝宝的运动和平衡能力进一步提高，胆量也增大了。早就能向前走的宝宝，走得会更加自如，甚至能走出花样。宝宝会在行走中任意转弯；宝宝会随时停下来做事，再继续行走；宝宝会在行进中停下来拾起地上的物品，再起身继续行走；有的宝宝甚至能小跑几步；有的宝宝开始尝试着向后退着走。当宝宝向后退着走的时候，妈妈只需在后面保护，不要让宝宝走到危险的地方，切莫因此而吓唬宝宝。

宝宝喜欢在有图案的地方走。在地上铺上带有图案的地垫或画上几条彩色线，让宝宝沿

着画线往前走，宝宝会非常感兴趣。这样不但锻炼了宝宝走直线的能力，还锻炼了宝宝对距离的判断和方位的把握，能帮助宝宝辨别色彩。宝宝还喜欢拉着带轱辘的玩具走，让他的玩具娃娃或玩具动物坐在他的推车里，这是宝宝在模仿父母用车推他玩的过程。

原地跳和学跑

有的宝宝上个月就能原地跳起，有的宝宝到了这个月龄段才会原地跳起。如果宝宝能够跳出三五十厘米远，甚至更远，就说明宝宝的体能发育已经非常好了。如果宝宝能够单足跳，说明宝宝体能发育很棒。

宝宝刚会跑的时候，通常是两眼看着地面，两手朝前，借着惯性往前跑。宝宝跑的时候，妈妈常担心宝宝会摔倒。其实，宝宝摔倒是常有的事。妈妈不必紧张，宝宝体内有一套保护机制，会保护宝宝不被摔伤。通常情况下，宝宝摔伤，多是因为路面上有障碍物把宝宝绊倒，宝宝碰巧又磕在坚硬的障碍物上。所以，宝宝在运动中，父母要保证周围没有坚硬的障碍物。另外，宝宝运动时，鞋子一定要舒适合脚。

跳台阶和上下楼梯

上个月，宝宝可能会从台阶上往下跳；这个月，宝宝可能会从台阶下往上跳。如果台阶比较高，宝宝可能会磕着，爸爸妈妈要做好防护。

宝宝已经不用扶着栏杆，甚至不用牵着妈妈的手独自上楼梯了，一口气能上三四个台阶。宝宝还能扶着栏杆或牵着妈妈的手下楼梯，但可能还不会两脚交替着连续上下台阶。是否能够上下楼梯，与宝宝接触楼梯的早晚有关，也与父母是否放手有关。如果宝宝从来就没有爬过楼梯，到了这个月龄段，仍然不会独自上下楼梯是很正常的。

骑儿童车

如果家里很早就给宝宝准备了脚踏儿童三轮车，宝宝会坐在车座上，脚踏在脚蹬上，但宝宝还不会骑着走，多数宝宝要到2岁以后才会骑儿童车。这个月龄段的宝宝能够很快学会骑没有脚蹬的两轮车（也叫儿童平衡车）。宝宝骑平衡车时，要保证周边环境是安全的，以免宝宝摔倒时被坚硬的物体扎伤。把宝宝独自放在电动的儿童车上，或者坐在哥哥姐姐开的电动车上，都是危险的。

踢球、投球

宝宝可以高抬腿迈过障碍物，可以单腿直立片刻，也可以对准球抬腿踢出。宝宝喜欢踢球运动，喜欢看皮球的滚动。踢球运动既可以锻炼宝宝的腿力和脚力，还能锻炼宝宝的平衡能力和单腿运动能力。如果宝宝已经能够把球踢得比较远了，父母可在地上画出范围，或铺一张垫子，让宝宝有目的地把球踢到一个地方，训练宝宝的方向感和踢球的准确性。

上个月，宝宝可能会把球投到脑后去；这个月，可能就很少出现这种情况了。宝宝能迅速投出手中的皮球，并且投球的距离远了，方向也准多了。爸爸在宝宝前面接球会让宝宝兴趣盎然。投球可锻炼宝宝的臂力和视觉与肢体的协调能力。

保持下蹲姿势10秒钟

宝宝早在几个月前就已经能够蹲下，并保持短暂的半蹲状态。现在，宝宝能够保持半蹲状态10多秒了。宝宝不再总是坐在那里玩，也开始喜欢蹲在那里玩了。

让物体移位、拉推物品

这么大的宝宝最喜欢给东西“搬家”了，让所有的东西都移位是让宝宝快乐无比的事情，这是宝宝运动的一种方式，也是他建立平衡感的锻炼方法。所以，妈妈不要限制宝宝，要特意为宝宝准备一些没有危险的物品。

宝宝开始对推拉物体产生兴趣，尤其喜欢推拉带轱辘的小车。当他让车子走起来时，他能体验到成功的喜悦，并为能完成一件事而感到自豪。

想办法够到高处的东西

对于这个月龄段的宝宝来说，拿到被妈妈放到高处的东西，已经不是难事了。宝宝会开动脑筋，借助身边的物体增加高度，让自己顺利拿到想要的东西。所以，宝宝活动的地方不要放置有尖角的家具，更不能放置玻璃器皿或其他易碎物品。

精细运动能力

宝宝能一面听妈妈讲解，一面看妈妈做示范，一面模仿妈妈的动作。宝宝能运用听、视、嗅、味、触等感官，接收信息，进行思维协调和整合，并指导自己的行动。这是宝宝学习能力的巨大进步。父母可选择教宝宝折纸、拼图、搭积木、捏橡皮泥、用树叶贴画、组装木制汽车等游戏，对宝宝进行训练。

穿珠子

如果家里有用来穿珠子的玩具，宝宝会很愿意练习把绳子穿到带眼的珠子里，把多个珠子串在一起。妈妈也可以给宝宝叠纸珠子或做毛线球珠子，还可以给宝宝做橡皮泥珠子。这样做的好处是帮助宝宝开动脑筋，提高宝宝的创造力。这个月龄段的宝宝就是要在游戏中开发智力和潜能。绝大多数宝宝都是右力手，如果父母发现宝宝是左力手，也没有必要纠正。

贴纸画

宝宝会玩贴纸游戏，把一张张贴纸按照他自己的喜好贴在纸板上，拼成一幅图画。宝宝会开动脑筋，把贴纸贴在他认为适合的地方，如脸上、胳膊上、衣服上、墙壁上、桌子上等。父母可以给宝宝提供很好清除的无痕贴纸，让宝宝自由发挥。这项游戏没有危险，是一项锻炼宝宝手部精细运动能力的好游戏。

捏橡皮泥

宝宝对捏橡皮泥和面团非常感兴趣。宝宝一个人坐在那里，可以玩很长时间。如果父母在包饺子时，给宝宝一块面团，宝宝会饶有兴致地玩好一阵，甚至能陪着爸爸妈妈包完饺子。

让宝宝参与日常生活中琐碎的事务，是

开发宝宝能力的好方法。宝宝和父母在一起，有了安全感，会把心思都用在玩耍和对事物的探究上，这有助于增强宝宝的玩耍兴致，延长他的玩耍时间。同时，父母也能节省时间，哄宝宝和做事两不误。

折纸

宝宝不再见纸就撕，开始喜欢折纸了。妈妈给宝宝折飞机、小船、衣服、纸鹤等，宝宝会学着妈妈的样子，用自己灵巧的小手进行创造。这是锻炼宝宝手部精细运动能力的好方法。需要注意的是，要选择软一些的纸，以免纸边划伤宝宝的手指。

捏起发丝和线头

宝宝能用拇指和食指准确地对捏，捡起地上的发丝和线头。这一动作不但预示着宝宝视力的进步，也预示着宝宝手部精细运动能力的提高，预示着宝宝对微小物体的注意能力，以及身体的平衡能力和“脑—眼—手”的协调能力。

搭积木

宝宝能把不同色彩的积木搭在一起，并会给他搭建的积木起各种名字。宝宝能把7~8块积木，甚至更多的积木叠放在一起，积木的突然坍塌会给宝宝带来惊险后的快乐。宝宝会小心翼翼地往高了搭，同时怀着激动的心情，等待着积木倒下的那一刻带给他的惊喜。

这个月龄段的宝宝几乎可以随心所欲地使用双手做自己想做的事情。宝宝能双手配合，把不同形状的积木插到不同的孔内。这是教宝宝认识几何图形的好机会。宝宝手里拿着什么图形的积木，父母就顺便告诉宝宝这是什么形状的，再指导宝宝把它插到相同形状的插孔内。

辨别出哪块积木该搭到哪个镂空的空隙，需要一段比较长的时间，这是宝宝认识几何图形的一个过程。当宝宝能准确地认识不同的几何图形时，他就能快速地完成积木拼插了。搭积木是开发幼儿空间想象力的方法之一。

握笔方式的改变

如果宝宝很早就开始握笔涂鸦了，到了这个月龄段，宝宝就开始学习用拇指和其他四指相互配合着执笔了。如果父母现在才给宝宝拿笔的机会，宝宝仍然会抓着笔涂鸦。

系纽扣

宝宝开始对系纽扣感兴趣，系上解开，再系上，再解开。这个月龄段的宝宝就是喜欢反反复复地做一件事，只有这样不厌其烦地反复去做，宝宝才能学会某种技巧。所以，父母千万不要反对宝宝这么去做。

第二节　智能和心理发育

语言能力

语言学习和理解能力

◎ 学习词汇

这个月龄段的宝宝大约有一半可以说出90~150个词汇，有的宝宝能说出120~180个词。到21个月时，会说出200个词左右的宝宝不在少数。宝宝所用的词汇多是日常生活中的常用词，他学习词汇的速度也比较快，平均每天能学会1个新词汇。

◎ 使用句子

大约有30%的宝宝能够使用多字组成的句子说话。尽管宝宝所说的句子还很简单，省去了很多词，但大多数句子是很容易让人听懂并理解的（父母通过宝宝简短的句子，能很容易想象出宝宝要表达的完整的句子）。宝宝现在的语句就像过去发电报时用的电报语，用最主要的词汇说明意思。

对于这个月龄段的宝宝来说，能说出完整的语句并不简单。能说出完整的语句，说明宝宝对语言的理解已经相当到位了。如果宝宝还没有这样的能力，父母也不要着急。语言发育存在着显著的个体差异。有的宝宝早在1岁就能用语言表达自己的意愿和要求了，有的宝宝2岁后才开口说话。

◎ 词汇质和量的突破

父母会惊奇地发现，宝宝的词汇不但在数量上增长迅速，还有了质的突破。以往，宝宝掌握的新词多是他熟悉的人和物品的名称，即名词。现在，宝宝开始掌握名词以外的词了，如热、冷、脏、怕、走、拿、玩、打等。

◎ 教宝宝识字

如果父母很早就教宝宝认字了，那么这个月龄段的宝宝可能已经认识不少字了。但是，这个月龄段的宝宝很少会认识超过300个单字。如果宝宝认识的字超过300个，说明父母很可能把太多的时间用在教宝宝认字上了。宝宝处在大脑高速发展的阶段，父母要更多地给宝宝接触自然、认识世界的机会，让宝宝接收更多的信息，有更多的玩耍、游戏时间。

◎ 对语言的理解

幼儿对语言的理解能力在不断进步。说话早的宝宝可以用语言表达很多日常需要，会告诉妈妈他要吃饭、要喝水、要小便、要睡觉。

妈妈可能有这样的发现：如果每次带宝宝到户外玩都戴上了小帽子，当妈妈说“妈妈带宝宝出去玩”时，宝宝可能会马上说“戴帽帽”，他把“出去玩”与“戴帽子”联系起来了。如果宝宝要求妈妈带他出去玩，可能会对着妈妈说“戴帽帽”，意思是“出去玩”。这是宝宝特有的对字词的联想能力。

◎ 不理解人称代词

宝宝还不能完全理解人称代词，当妈妈说“你到妈妈这来”时，宝宝可能还不知道妈妈说的“你”指的就是他自己。但宝宝仍然能听从妈妈的指令，走到妈妈跟前，这是因为，尽管宝宝不知道“你”指的就是他自己，但宝宝听懂了“到妈妈这来”的指令，妈妈是冲着他说的，他就执行了妈妈的指令。如果妈妈问“你奶奶去哪里了”，宝宝听懂了“奶奶去哪里了”，但并没听懂“你奶奶”。如果宝宝会说话了，会说“你奶奶去买菜了”，而不会说“我奶奶”。宝宝还不理解人称代词的含义，更不会转换人称代词。如果宝宝现在就理解了人称代词，那宝宝可真是太棒了！

语言运用和表达能力

幼儿对语言的理解能力已经很不错了，但语言表达能力还很有限。这个阶段，父母主要是凭借直觉和猜测，结合肢体语言与表情等和宝宝进行交流与沟通。父母要用心倾听宝宝说话，努力去理解，而不是没完没了地纠正。如果父母总是纠正宝宝说话中的错误，宝宝就会因为怕出错而不敢大胆说话了。

幼儿学习语言和成人不同，在最初的几年里，幼儿首先是思考，然后才是使用语言。先有思考能力，然后是对语言的理解，最后是对语言的运用。因此，宝宝能理解的语言要比他能运用的语言多得多。

在日常生活中，父母要用简短清晰的语句与宝宝进行交流，表达意思、问题、事情、情景等都要力求准确，不能模棱两可。

◎ 和爸爸妈妈辩论

宝宝有了一定的语言运用能力，在和爸爸妈妈进行沟通时会有不凡的表现，甚至尝试用语言和爸爸妈妈“辩论”。

比如：“宝宝吃饭不洗手，是个不卫生的宝宝，妈妈不喜欢不卫生的宝宝。”妈妈想用这番话鼓励宝宝饭前洗手，建立良好的卫生习惯。“不，爸爸不洗手，不卫生。”宝宝这样反驳了妈妈。宝宝不但会为自己辩解，还很会转移注意力。“不”是宝宝最喜欢用的一个字，表示自己的主见和独立。

◎ 宝宝为何大喊大叫

宝宝突然发脾气、摔东西、大声喊叫，不是性格有问题，也不是无缘无故地耍赖，而是事出有因。

第一，宝宝的语言运用能力低于语言理解能力，宝宝还不能用语言表达自己的所思所想。

第二，宝宝的自我意识不断增强，希望一切围着自己转。在不经意间，宝宝发现用大喊大叫这种方式可以实现自己的愿望，还可以吸引父母的注意力。

第三，成人不知的原因。大人不知道并不意味着问题不存在，不能因为成人的未知，就断然认为宝宝在无缘无故地发脾气。

遇到宝宝大喊大叫，比较好的处理办法是，蹲下来，把手轻轻地放在宝宝的肩上，和宝宝面对面，和蔼地望着宝宝，表示对宝宝的理解。可以这样说：“妈妈知道，宝宝想告诉妈妈一些事情，但说不出来，是不是？”也可以试着猜测宝宝的意图：“宝宝是不是想说……呀？”

此时此刻，对宝宝来说，爸爸妈妈说话的内容并不重要，重要的是爸爸妈妈的态度。爸爸妈妈的爱和理解能让宝宝得到安慰，减弱宝宝的挫败感。同时也能潜移默化地影响宝宝，教宝宝学会梳理自己的情绪。

当宝宝平静下来以后，爸爸妈妈要明确地告诉宝宝，用发脾气、摔东西、大声喊叫的方式表达情绪是不好的，会让爸爸妈妈伤心、难过。

◎ 给爸爸妈妈讲故事

如果爸爸妈妈常给宝宝讲故事，这个月龄段的宝宝可能开始给爸爸妈妈讲故事了。宝宝讲的故事，大多是爸爸妈妈给他讲过的，但有些情节，宝宝会根据自己的想法有所发挥。宝宝还会把故事中他喜欢的人物的名字换成他和爸爸妈妈的名字。让宝宝讲故事，对宝宝的语言表达能力有很大的帮助。

◎ 背儿歌

宝宝到了这么大，已经能够背诵一首完整的儿歌了。如果宝宝只能背诵几句，甚至连一句也背诵不出来，并不能因此认为宝宝有什么智力问题。有的宝宝善于思考，不喜欢背诵儿歌；有的宝宝很喜欢朗朗上口的儿歌，教几遍就能倒背如流。这是宝宝个性间的差异，不能就此认为宝宝聪明与否。

对于是否要有意地教宝宝背儿歌，我的建议是，不要过多地教宝宝背诵儿歌，父母要拿出更多的时间帮助宝宝增长见识，让宝宝多看、多听、多说、多思考、多动手、多参与、多运动。幼儿的大脑神经突触建立起广泛的联系，交织出更多的网络，是幼儿潜能开发的基础。父母给宝宝灌输多少知识不重要，重要的是要在有限的时间内，通过合理地引导，促使宝宝大脑中更多的神经相互间建立起联系，形成网络。

语言交流和沟通能力

◎ 用提问形式和宝宝沟通

父母可用提问的形式和宝宝沟通，加强宝宝对语言的运用能力和理解能力。很多时候，宝宝回答不了父母提出的问题，但并不影响父母和宝宝的沟通。如果宝宝对父母提出的问题，表现出迷惑不解的样子，父母可采取自问自答的形式。这样的沟通形式，对宝宝来说，比直接向宝宝说答案更有帮助，更能引起宝宝的兴趣。

◎ 喜欢发问

当宝宝还不会用语言向父母提问时，他会用肢体语言提问。其方式是，不断地用手指这指那，嘴里还哦哦、啊啊、嗯嗯地说着。

当宝宝会用语言向父母提问时，他开始喜欢跟在父母身后问这问那，父母可不要厌烦，更不能拒绝回答。由于语言运用能力的限制，宝宝还不能把他心里想的问题提出来，而是用“为什么呢”“又为什么呢”“后来呢”“再后来呢”等简单的问句询问。宝宝还喜欢问：“这是什么？”“那是什么？”“这叫什么？”“那叫什么？”

宝宝不断地问这问那，不仅仅是在学习语言，更多的是在提高自己的认知能力，宝宝想了解他目之所及的事情，这是宝宝强烈的求知欲和探索精神使然。父母要认真地回答宝宝提出的每一个问题，切不可敷衍了事，打击宝宝的积极性。和宝宝交流时，要从正面回答问题，力求准确，语句简明扼要，尽可能地用宝宝能够听懂的语句。

不用心地听宝宝的提问，不认真地回答宝宝提出的每一个问题，会极大地挫伤宝宝的自信心。如果父母不能回答宝宝提出的问题，也不能敷衍了事或干脆不理宝宝，应该勇敢地告诉宝宝：“我也不知道。”然后，和宝宝一起查阅书籍或网络，找到正确的答案，再认真地回答宝宝。这样做的好处，不仅给了宝宝一个正确的答案，还让宝宝知道，书能够告诉人们知识，让宝宝对读书产生兴趣。同时，这样做还能培养宝宝爱读书的习惯、激发宝宝对书的喜爱，培育宝宝认真做事的精神。

◎ 像唱歌一样说话，像说话一样唱歌

早已会说话的宝宝将不再满足于说话，而是开始想用歌声表达了。宝宝常常像唱歌一样说话，又像说话一样唱歌。

宝宝喜欢朗朗上口的儿歌，能借助旋律记住很长的歌词。宝宝尽管不完全理解儿歌的内容，却能一字不落地背诵。因为吸引宝宝的不是内容，而是优美的旋律，以及和爸爸妈妈在一起的美好时光。

◎ 模仿声音

宝宝喜欢模仿爸爸妈妈说话的语调和语气。如果妈妈总是用和蔼的口气说话，那么宝宝说话的语气通常会很和蔼。如果爸爸对妈妈总是粗声粗气地说话，妈妈对爸爸也是没好气地回敬，宝宝就很难做到和颜悦色地说话。父母对宝宝的影响非常大，父母可要当好榜样，做出表率。

认知能力

分辨颜色

有的宝宝能认识几种颜色，有的宝宝能在几种颜色中指出某一种颜色，有的宝宝还不能认识和分辨颜色。多数宝宝三四岁才能准确地认识不同的色彩。

如果宝宝能分别认识红色和绿色，但是，当把这两种颜色放在一起时，宝宝不能分辨出哪个是红色、哪个是绿色，要想到红绿色弱或红绿色盲的可能。红绿色弱和红绿色盲多见于男孩。

注视镜子中的自己

宝宝不但认识了镜子中的自己，还开始在意自己的形象。当宝宝穿上一件漂亮的衣服或戴一顶漂亮的帽子时，他会站在镜子前面打量自己，欣赏自己的美丽。宝宝不但开始欣赏自己的新衣服，还会欣赏自己的身体，如果浴室里有镜子，宝宝洗澡后可能不愿意穿衣服，而是对着镜子照来照去。

记忆物品，分辨不同

宝宝能够记住他曾经感兴趣的事情或事物。如果宝宝玩过爸爸的手机，再见到爸爸时，就会想起手机，如果爸爸不给，宝宝还可能会哭。

宝宝能够区分物品的大小，比较出一些不同物品的差异。如果妈妈说把大皮球拿来，宝宝不会把小皮球拿过来。如果妈妈说把布娃娃拿过来，宝宝不会把塑料娃娃拿过来。宝宝区别布娃娃和塑料娃娃，依靠的不是对物体本质的辨别，而是对名称和外观的辨别。宝宝还需要很长一段时间才能够学会辨别物质本质。

愣神儿

常有妈妈问：宝宝会突然愣神儿，即使用手在宝宝眼前晃，他都不眨眼，这是为什么？其实，宝宝愣神儿，是在目不转睛地盯着某人或某物，盯着周围发生的事情，宝宝正在琢磨事呢。宝宝在用研究和探寻的目光盯着看，想看个究竟。当宝宝目不转睛地盯着看的时候，父母和看护人不要打搅宝宝，让宝宝有个连贯的思维过程，这有助于宝宝注意力时间的延长。

学着自己看书

宝宝会坐在小板凳或小椅子上，把书放在小书桌上，学着爸爸妈妈看书的样子，像模像样地看书。宝宝最喜欢看图画书，也有的宝宝喜欢看字书，虽然宝宝并不认识几个字。对于宝宝来说，图画就是不同颜色的图案，除了很简单的实物图（如大苹果、小房子），画的内容是什么，对宝宝来说并无实际意义。宝宝看图画会不分正反，按照他自己的欣赏和认识来看，或倒着看，或侧着看。我们无法知道，一幅图画在宝宝眼中到底是什么样的。

快速辨别声源

◎ 对爸爸妈妈的呼唤反应灵敏

当宝宝听到有人叫他的名字时，他会很快地做出反应，或转过头寻找是谁在叫他，或立即应答，或跑过去看有什么事情。不要小看宝宝的这个进步，这是宝宝视听—大脑—运动相互配合协调的结果。

◎ 辨别男声和女声

宝宝对听到的声音开始敏感起来，能够辨别说话的人是阿姨（女声）还是叔叔（男声）。有的宝宝听到妈妈说话的语气，就知道妈妈是高兴还是生气，无须再看妈妈的表情。听到汽车驶过的声音，宝宝会告诉妈妈有汽车；听到小狗的叫声，宝宝会知道一定有小狗在他的周围。

◎ 辨别声源

宝宝早在两三个月时就能够辨别声源了，只是当声源偏移角度小于30度时，宝宝就辨别不出差异了。到了七八个月时，当声源偏移20度时，宝宝就能辨别出声音是来自不同方向的。现在，宝宝几乎可以辨别出相差5度的声源偏移，基本上接近成人了。

感知能力

◎ 形状感知能力

宝宝或许在前几个月就开始有了形状感知能力。到了这个月龄段，大多数宝宝的形状感知能力有了明显提高，能够区分3种以上物体的形状了。宝宝能够比较准确地把各种不同形状的物体通过不同形状的缺口放到容器中，最容易完成的形状依次是圆形、方形、三角形，异形形状完成的速度要相对慢些。

◎ 感知音乐

宝宝对音乐有了自己的喜好。有的宝宝喜欢节奏感强的音乐，有的宝宝喜欢比较抒情的音乐，有的宝宝喜欢奔放高昂的音乐。让宝宝多听、多欣赏音乐是非常重要的潜能开发。每个宝宝都有可能成为音乐家，不要因为父母没有乐感、对音乐不感兴趣，就认为宝宝没有音乐细胞，忽视对宝宝音乐感知的培养。

◎ 感知数

多数宝宝有了数的概念，能从1数到10，有的宝宝甚至能数到十几、二十几。宝宝会伸出一根手指，告诉你他1岁了。有的宝宝甚至能更准确地告诉你，他1岁几个月了。让宝宝拿3个球给你，宝宝能准确地拿来3个球。把几个苹果放在盘子里，让宝宝数数有几个苹果，宝宝会用手指着，一个一个地数，然后告诉你有几个苹果。如果宝宝还不会告诉你他几岁了，还不会按照你的吩咐拿来几个球，父母并不能因此就认为宝宝的智力发育有问题。在接下来的日子里，宝宝会逐渐有数的概念。

探索能力

◎ 主动获取信息

宝宝通过各种方法从父母和看护人那里获取信息，以满足好奇心。宝宝的面部表情变得越发丰富，通过扬眉、小嘴翘起、瞪眼等表示疑问和不解，以此寻求父母的解答。当宝宝拉着父母的手，让父母跟着他走到某一物品前，指着那个物品仰头望时，父母不要再认为，宝宝只是要你告诉他物品的名称，宝宝是希望你给他讲解关于这个物品的知识。

◎ 不断尝试新的方法

这个月龄段的宝宝有两个突出的特点，一个是喜欢重复旧的，另一个是不断尝试新的。这似乎是矛盾的，但实际上并不矛盾。宝宝喜欢重复旧的是因为宝宝有锲而不舍的学习精神，有了这种精神，宝宝才能在短短的几年里完成庞大的学习任务。而对未知的探索精神又不断促使宝宝尝试新的方法。

在重复旧方法的过程中，父母也可以帮助宝宝开拓思维，尝试新的方法。当宝宝要推一个较重的物体时，宝宝可能会推不动。这时，妈妈可把这个物体放到小车上，借助轱辘的作用轻松推动这个物体。尽管宝宝还不明白其中的奥妙，但他知道了这个方法，再通过认识客观现象和事实，慢慢地理解其中的道理。当宝宝明白了其中的道理后，他会把这个道理举一反三，用在其他事情上，这就是宝宝的创造力。

◎ 同时执行两个以上的指令

到了这个月龄段，宝宝能够同时执行父母的两个以上且有更多附加条件和限制的指令了。比如，妈妈说："把茶几上的茶叶盒和妈妈的拖鞋都拿过来。"这个指令是比较复杂的，宝宝不但要认识茶叶盒，还要明白是茶几上的，并知道茶几在哪里。与此同时，宝宝还要记住把妈妈的拖鞋拿过来。拿拖鞋的时候，宝宝要分辨出哪个是妈妈的拖鞋，知道拖鞋放在哪里，要拿一双而不是一只。

宝宝不但需要记住妈妈如此长的指令，还要动脑筋分析指令内容，并要做一连贯的动作。宝宝要完成这项任务可不是一件简单的事情。

这里还有一个细节问题，妈妈只说让宝宝把拖鞋拿过来，并没有说拿一双还是一只。宝宝通常对鞋子没有一双和一只的概念，如果宝宝拿过来一双，并不意味着宝宝知道鞋子必须穿一双，而是宝宝看到了一模一样的两只鞋子；如果宝宝只看到妈妈的一只拖鞋，宝宝就会只拿一只拖鞋，而不会再到处找另一只。如果宝宝现在已经知道鞋子、袜子、手套必须是成双成对的，那么宝宝的表现可太棒了！

如果宝宝不能完成妈妈的指令，妈妈可不要对宝宝说泄气的话，宝宝会产生挫败感。

记忆和思维能力

◎ 客观记忆

这个月龄段的宝宝对客观存在的人、物、事开始有了依稀的记忆。对物品客观存在的记忆，主要是针对放在固定地点的物品的记忆。如玩具、餐椅、奶瓶、小尿盆、帽子、鞋子等，这些与宝宝生活密切相关又放在固定地点的物品，即使不在宝宝眼前，他也能记忆起来，至少能记住它们放在哪里，而且能准确地拿到所需物品。

宝宝对自己的东西有比较长久的记忆，主要缘于自我意识的产生。前几个月，宝宝常说的是“不，不要”，现在，宝宝最喜欢说的，恐怕就是“我的，给我，别拿”“没，没有，没了 ”。“一切归属于我”的认识，让宝宝显得自私、霸道、不可理喻，但这只不过是宝宝在发育和成长过程中的一个阶段（物权意识萌芽）。在接下来的日子里，宝宝会慢慢地懂得分享和礼让，不会再把什么东西都据为己有了。

◎ 空间想象

宝宝开始记忆家中物品所放的位置，这有赖于空间想象力和对事物客观存在的认识（客体认知萌芽）。这个月龄段的宝宝在这方面的认识虽已存在，但还相当薄弱。宝宝对家中物品的记忆，主要靠对家中物品的熟悉程度和机械记忆。当宝宝真正理解了事物的客观存在，有了对人和事物的空间想象力的时候，宝宝就不会因为看不到妈妈的身影而哭闹不安了。家里的东西，尤其是与宝宝密切相关的东西，要尽量放在固定的地方，不要轻易挪动。这样有利于宝宝对事物的把握，提升宝宝的安全感。

理解力和想象力

◎ 理解位置和时间

这个月龄段的宝宝，对“里”和“外”的理解主要是基于户外和家里的界定。

父母或看护人常常会对宝宝说，“我们去外面玩”“我们回家里玩吧”。宝宝就会把屋子以外的地方都当作户外。

宝宝要做某件事时，如果妈妈说明天再做，宝宝似乎能听懂今天和明天的含义。其实，这个月龄段的宝宝还不能理解时间概念，也不会推算时间，更不能意识到明天是什么时候。到了明天，宝宝不会记起昨天妈妈说的话，更不能意识到妈妈昨天说的“明天”就是当下的今天。但宝宝能够明白，妈妈拒绝了这件事。宝宝可能会听从妈妈的安排，不再闹着要做这件事了，也可能会因为妈妈的拒绝而哭闹。

让宝宝学会等待是非常重要的。理解了时间概念，宝宝会比较容易学会等待。父母要不厌其烦地教宝宝认识钟表和日历，理解时间。让宝宝知道，很多事情都是需要时间、需要等待的。

◎ 对数字的理解

宝宝对数字的理解还非常肤浅，仅仅是类似对1个苹果、2个苹果的理解。宝宝能够离开实物去抽象理解数的概念还需要相当长的时间。

如果宝宝能够从1数到10，那么他的表现是真的不错。如果宝宝能连续数到几十，甚至几百，可能是父母辛勤教导的结果，也可能是宝宝对数有天生的感悟。如果宝宝还不会从1数到10，甚至还不会从1数到3，也没关系。宝宝现在还不会数数，不能代表宝宝的智商有什么问题。父母可通过实物教宝宝认识数字：走在路上时，让宝宝数一数，停在路边的汽车有几辆；玩积木的时候，问一问搭了几块积木；吃饭的时候，让宝宝根据人数拿碗和筷子。幼儿对抽象的数字还没有概念，对数字的理解是基于实物的认识。父母只教宝宝抽象地数数，不如通过实物让宝宝理解数的概念。

◎ 凭想象力画画

宝宝会凭借自己的想象力画一些图案。在成人眼里，宝宝画的也许根本不是什么图案，只是胡乱涂的线条，没有任何意义，但父母切莫这样认为。当宝宝画一幅图案时，父母要用欣赏的眼光去看，猜想宝宝要表达的意思，并征询宝宝的意见。如果宝宝说“不对，不对”时，你要很认真地询问：“能不能告诉妈妈，你画的是什么啊？”当宝宝告诉你他画的是什么，而你一点儿也看不出来的时候，你切不可否认，更不能把你的看法强加给宝宝。你只需告诉宝宝，你没看出来就足够了。这不是敷衍，更不是欺骗。

宝宝能画出近似水平线、垂直线和弧线的线条，喜欢画小动物等自然界中的实物。宝宝画的几乎都是“象形画”，如果他不说自己画的是什么，你几乎猜不出宝宝杰作的内容。但如果宝宝告诉了你画的是什么，你往往会对宝宝的想象力惊叹不已。

开始亲近妈妈以外的人

随着月龄的增加，宝宝除了继续依恋妈妈，也开始亲近其他人。经常照顾宝宝生活起居的看护人、爸爸、爷爷、奶奶、姥姥、姥爷，家里的兄弟姐妹和周围的小朋友，如果对他表示友好，他就会很高兴地和周围人玩耍。如果周围的人对他不表示亲近，或不经常和他在一起玩耍，他并不会主动和周围的人发展亲密关系。在人际交往上，宝宝还处于被动状态。

“我的”意识减弱

宝宝有了自我意识后，说得最多的就是“我的”或“这是我的”。这不意味着宝宝自私，而是自我意识形成过程中的一段插曲。处于这个时期的宝宝，你很难直接从他的手里拿走他喜欢的东西。随着宝宝自我意识的完善，他不再把所有的东西都看成是自己的了。如果告诉他，那是小朋友的东西，他很有可能会主动把手中的东西递给小朋友。这是宝宝学会分享的开端。

对所属的表达和理解

当宝宝常常说“我的”时，说明宝宝开始注意所属权了，宝宝开始认识到某些东西有特定的所属。宝宝开始意识到玩具是属于他的，开始护着自己的玩具。谁要是拿了他的玩具，他会要回来。宝宝会把玩具拆卸得七零八落，看起来不珍惜玩具，事实上宝宝是在通过破坏性工作探索玩具中的奥秘。

宝宝丰富的情感世界

聪聪5个月时被放到奶奶家生活，他的父母一个月回去看她一次。父母怕太亲近聪聪，聪聪会离不开他们。所以，聪聪的父母每次去聪聪的奶奶家，都有意疏远聪聪。父母认为聪聪和他们不会很亲的。

聪聪19个月的时候，父母因故连续3个月没去看聪聪，再次去看聪聪时，父母担心，聪聪很可能会不认识他们了。聪聪的父母进来的时候，聪聪的确没有表现出兴奋的神情，好像真的不太认识爸爸妈妈了。因为早有心理准备，所以，对聪聪的表现，父母并没放在心上。

大家都在屋里闲聊，没有人注意聪聪在做什么。这时，聪聪端着盛满了米饭的大饭勺，颤颤巍巍地走进屋子，径直向爸爸走去，说："爸爸饿，吃饭啦。"聪聪的举动令满屋的人激动不已，爸爸接过聪聪递过来的饭勺，眼里充满了泪水。从此，爸爸增加了看女儿的次数，而且，每次都是把女儿哄睡后，才悄悄地起身离开。

宝宝用自己的方式表达着对父母的爱，让父母感动。父母与宝宝之间那难以割舍的爱，纵使父母有意避之，宝宝也能感受得到，丝毫不会削弱这份爱。幼儿有着丰富的内心世界和情感，父母之爱不是单向的，在宝宝幼小的心灵中，同样充满着对父母的爱。

夸奖的魅力

宝宝喜欢夸奖，同时也会为赢得父母的夸奖而做出努力。父母是否发现了，当宝宝因为做某件事受到表扬后，他会再次，甚至多次重复做这件事，以此获取父母的欢心和赞赏。

如果父母总是批评和否定宝宝，宝宝就会感到很沮丧，被挫败情绪笼罩着。如果父母常常把宝宝的问题挂在嘴边，不顾及宝宝的感受，实在是很糟糕的养育方式。

尊重宝宝的个性发展

父母要接受、理解、尊重、欣赏宝宝的个性，发现宝宝个性中的闪光点，找到适合宝宝个性发展的养育方法。切莫让宝宝认为自己的性格天生就有缺陷，这是对宝宝最大的伤害。如果妈妈总是指责一个富有冒险和探索精神、精力充沛的淘气宝宝不是好宝宝，就会使宝宝的内心和自己的个性发生冲突，使宝宝变得不自信甚至自卑。

交往与玩耍

独自玩耍的时间延长

宝宝独自玩耍的时间逐渐延长。父母不在身边时，宝宝会独自玩耍15分钟左右。但当宝宝发现父母不在身边时，他就很难继续玩下去，即便是非常喜欢的游戏，也难以安下心来玩。宝宝会到处找父母，如果知道父母就在离他不远的地方，尽管看不到，他也可能会继续玩一会儿，但仍会感到不安。如果父母在宝宝目所能及的地方，宝宝就会安心地继续玩耍。所以，要想让宝宝独自多玩一段时间，最好的方法是让宝宝能够看到父母的身影。

创造性地游戏和玩耍

宝宝已经不满足于被动地接受爸爸妈妈的体能训练，开始依靠自己的能力，不断发现他感兴趣的运动和游戏项目。宝宝会把扫帚放到胯下当马骑，会拿着大饭勺当刀耍，会坐在板凳上开汽车。这是培养宝宝创造力的很好开端，也是引导宝宝创新的好方法，父母应该鼓励宝宝创造性地游戏和玩耍，而不是限制。

主动寻找喜欢的玩具

宝宝不但能够自己玩上好一会儿，还能自己寻找喜欢的玩具。放在玩具架上的、小盒子里的、玩具筐里的，以及放在房间各个角落里的玩具和物品，只要是宝宝喜欢的、能够拿到的，他都会主动去拿，无须父母帮忙。如果拿不到他想要的玩具或物品，宝宝会拉着父母的手到那个玩具跟前，指着它让父母拿给自己。

喜欢自己动手

宝宝喜欢能够让他旋转、拆卸、组装的玩具和物品。只给宝宝外观漂亮，但不能动手去做点儿什么的玩具，宝宝很快就会把它扔到一边。一切都要“动起来”是这个月龄段宝宝最喜欢的。

比如：给宝宝买一个漂亮的存钱罐，让宝宝把硬币放到存钱罐中，可锻炼宝宝把一枚钱币通过一道缝隙放入罐中，这是对宝宝手部精细运用能力的锻炼。

宝宝喜欢通过自己的努力完成某项“工程”。比如：把散落的珠子串起来，做成一串项链戴在布娃娃的脖子上，会带给宝宝成功的喜悦。在爸爸妈妈的帮助下，组装一个算盘、做一个布娃娃，会让宝宝不断重复和尝试着把事情做得更好。让宝宝自己动手做事，是培养宝宝注意力的好方法。

搭积木的变化

宝宝很早就会搭积木了，但不同月龄段的宝宝有不同的搭法。到了这个月龄段，宝宝会把积木搭成他见过的并按照他的理解设想出来的实物的样子，宝宝在很认真地做这件事。但刚刚搭建好的积木，宝宝会毫不吝惜地立即把它毁掉。这就是宝宝的自信，宝宝相信自己能搭建出比这更好的。所以，妈妈不必担忧宝宝没常性，或具有破坏性。这种自信是宝宝创造力的来源。

拼图游戏

这个月龄段的宝宝开始喜欢玩拼图游戏了，尽管宝宝在毫无章法地随意拼插，无法完成一个图形，但这并不影响宝宝的兴致。父母不必试图纠正宝宝的错误拼插，宝宝有自己的想象，在你看来什么也不是的拼插，在宝宝看来却是美妙动人的景色。

模仿

宝宝的模仿能力越来越强。到了这个月龄段，宝宝已经不是在简单地模仿父母一些大的动作和明显的表情了，而是开始模仿细微的动作和表情。宝宝不仅通过看、听模仿，还会经过一段时间的思考，琢磨父母是怎么做的。

比如：宝宝有一个会吃米的玩具鸡，上紧发条后，小鸡就会吃米了。如果宝宝想让小鸡继续吃米，就必须上紧发条。但是，上发条不是一个简单的动作。宝宝开始模仿妈妈给小鸡上发条，可宝宝的手劲还不够，宝宝因此会急得哭起来，或把小鸡递给妈妈，希望妈妈帮助他。这时，妈妈采取的最好的方法是，握住宝宝的手，帮助宝宝用力地上紧发条。宝宝看到在他的参与下小鸡又开始吃米了，会收获胜利的喜悦。

和宝宝一起玩

宝宝喜欢做游戏，在游戏中学习，在游戏中掌握本领，在游戏中领悟道理，在游戏中体会快乐。各种各样的游戏陪伴着宝宝长大。父母不要怕耽误时间，一定要拿出时间陪宝宝玩游戏。购买一大堆玩具，把宝宝扔到玩具堆里，父母在一旁做自己的事情，这样的父母不是合格的父母。父母要给宝宝自己玩耍的时间，但不能总是让宝宝自己玩。父母多和宝宝在一起，是对宝宝智能最好的开发。

没危险就让宝宝去尝试吧

如果没有必要，父母不要打扰正在兴头上的宝宝；如果没有安全问题，父母不要试图制止宝宝的探索。父母不要以成人的眼光来判断宝宝该干什么，不该干什么。只要对宝宝没有伤害，就尽量让宝宝去尝试。

但是，一旦父母认为宝宝做的事情有危险，就一定要采取行动，立即制止。因为单纯的说很难制止宝宝的行为，这个月龄段的宝宝对父母的话会充耳不闻。制止危险行为后，父母要到宝宝跟前，和宝宝保持相同的高度，把宝宝的注意力转移到你这里来，然后告诉宝宝这么做是危险的，必须立即停止！让宝宝知道，父母不让做的事情，一定要马上停止。父母最好和宝宝做其他游戏，把宝宝的兴趣引导到安全的游戏和探索中去。

培养宝宝分享快乐的能力

◎ 培养宝宝分享快乐的能力

这个月龄段的宝宝逐渐喜欢和小朋友一起玩游戏了，这时要培养宝宝分享快乐的能力。宝宝仍有很强的“我的”意识，不但对自己的东西不放手，还喜欢“侵吞”其他小朋友的东西。没关系，学会“侵吞”小朋友的东西，就离把自己的东西分享给小朋友不远了。

◎ 分享中的矛盾心理

宝宝开始学着分享，把自己的东西拿给其他人，把自己的玩具送给小朋友，把手里的饼干放到妈妈嘴边。但是，宝宝在分享的过程中，体会到的不是快乐，而是矛盾。宝宝既希望给予他人东西，又希望独自占有。所以，宝宝常把送给小朋友的东西再抢回来，常把放到妈妈嘴边的饼干拿回去，常把递给别人玩具的手缩回去。

父母要帮助宝宝学会接受他人帮助和乐于帮助他人。当宝宝与其他小朋友抢玩具或发生争执时，妈妈常会让自己的宝宝谦让。即使是其他小朋友抢了自己宝宝手里的东西，宝宝又把东西抢了回来，妈妈也会让宝宝先把东西给小朋友玩。这样做是不妥的，既不能培养宝宝的品格，还怂恿了其他小朋友抢东西。况且，妈妈这么做，并不总是出于真心。其实，没有必要去干涉，让宝宝自己解决问题是最好的选择。

生活技能

鼓励宝宝做家务

宝宝喜欢有实际作用的物品，对日常生活中的物品很感兴趣，喜欢模仿爸爸妈妈的样子做家务。宝宝会拿着扫帚扫地，会用墩布擦地，会帮妈妈洗菜……这时，父母不但不能阻止，还要鼓励宝宝做家务事。只要是宝宝能做的、没有危险的，就放手让宝宝去做。父母切莫认为，只有教宝宝认字、背诵儿歌，教宝宝数数和画画才是开发智力。日常事务中处处都是对宝宝智力的开发，都是对宝宝能力的训练和提高。

“帮倒忙”是这个月龄段宝宝的特点，父母可千万不要拒绝宝宝“帮倒忙”。宝宝可没有什么“倒忙”“正忙”的概念，只会为自己会做事了感到自豪，父母不要打击宝宝做事的积极性。

自己穿鞋

宝宝会把鞋穿到脚上，还会把鞋粘扣粘上，但宝宝还不会系鞋带。有的宝宝会按左右脚穿；有的宝宝还区分不了左右脚，常把鞋子穿反。有的宝宝能够脱去穿在身上的衣服，但如果衣服纽扣比较复杂，宝宝就难以完成脱衣任务了。

端杯子喝水

宝宝能自己端杯子喝水、拿勺吃饭、端碗喝汤。父母可别小看这些生活能力。就以端杯子喝水为例，这个能力并不简单，手的握力、上肢肌肉和关节的运动能力，以及平衡能力、视觉能力、咀嚼和吞咽的协调能力等都要参与其中。

第三节　营养与饮食

为宝宝提供均衡的营养

随着月龄的增长，宝宝对吃饭有了更高的要求。父母要在食物搭配、食物烹饪上多下功夫，给宝宝做出营养全面、搭配合理、味道好吃的饭菜。食物种类的多样性是均衡营养的保证。

关于喝奶

尽管宝宝已经进入一日三正餐的时期了，仍然需要比成人更多的乳类食物。母乳喂养的宝宝，可以继续吃母乳，仍然按需哺乳。配方奶喂养的宝宝，继续以幼儿配方奶喂养，每天保证奶量在500毫升以上。如果宝宝喝不下这么多奶，可用其他奶制品补充，如鲜牛奶、鲜羊奶、酸奶、奶酪等。

关于吃蛋

父母每天都应该给宝宝吃一个整鸡蛋，也可以用三个鹌鹑蛋或两个鸽子蛋代替鸡蛋。鸭蛋和鹅蛋多是咸蛋，不适合给宝宝吃。

关于吃肉

肉类是宝宝膳食中离不开的重要种类。肉类食物是宝宝生长发育必不可少的蛋白质的重要食物来源，同时还能提供宝宝生长发育所需的部分脂肪、矿物质、维生素和热量。宝宝能吃的肉类食物主要是海物、禽肉和畜肉，每餐中都应该包括一种肉类食物（有蛋时除外）。

多种鱼类、虾、蟹、牡蛎及其他蛤蜊是非常好的肉类食物。在鱼类中，海鱼最好，尤其是深海鱼，能提供多种优质蛋白；其次是江鱼、湖鱼和河鱼；再次是人工养殖鱼。每周最好给宝宝吃两三次鱼。

禽类肉中，人们日常吃得最多的属鸡肉，其次是鸭肉，再其次是鹅肉，吃鸽肉的非常少。如果有条件，最好给宝宝买柴鸡，柴鸡是吃谷物长大的，生长周期比较长，肉质香，营养价值相对高。

畜类肉中，人们吃得比较多的是猪、牛、羊肉。猪肉脂肪含量高，牛肉和羊肉脂肪含量相对低些。对于这个月龄段的宝宝来说，这三种肉都不太好咀嚼，相对鱼虾来说，也不太好消化。一日三餐中有一顿有畜类肉就可以了，不能每餐都吃畜类肉。动物肝和动物血是补血食品，每周给宝宝吃两次比较合适。

关于吃海物

适合宝宝吃的海物，市场多见的是虾，海虾和河虾都可以，最好是海虾。虾皮、蟹、蚌、蛤蜊、牡蛎、扇贝等海物的营养也很丰富。每周最好能给宝宝吃一两次海鲜产品。此外，海带、紫菜、海米、海参、海藻、海胆、鲍鱼等都有较高的营养价值。这些海物，每周可选择一两样做给宝宝吃。

关于吃粮食

随着宝宝月龄的增加，谷物在饮食中所占的比例应逐渐提升，成为宝宝一日三餐中必不可少的食物种类。谷物是提供宝宝生长发育所需热量的主要食物来源，它提供的热量占宝宝所需总热量的一半以上。所以，父母在给宝宝制定食谱、搭配膳食、制作菜肴时，切莫忽视谷物的摄入。

谷物的种类有很多，水稻和麦子是谷物的代表。其他还有小米、糯米、粟米、薏米、粳米等，还有大麦粉、燕麦和各种豆子及其他杂粮。在宝宝的膳食中，应以大米和白面为主，辅以其他杂粮，每日给宝宝提供3种以上的谷物。这个月龄段的宝宝，每日谷物摄入量应为40~110克。

关于吃蔬菜

蔬菜中含有丰富的维生素、纤维素、矿物质等营养物质，是宝宝饮食中必不可少的食物，每顿都应该给宝宝提供蔬菜，每天至少给宝宝提供3种蔬菜。宝宝每天的食菜量应为100~200克。

不同种类的蔬菜所含的营养成分不同，父母要合理搭配，不能只给宝宝吃一两种蔬菜。蔬菜种类有很多，如叶菜、瓜类、萝卜类、果实类等，每顿给宝宝提供两种蔬菜，每顿都选择不同种类的蔬菜，一周内，每天都选择不同的蔬菜也没问题。

不同颜色的蔬菜要合理搭配，最好不要把色泽相近的蔬菜放在一顿或一天吃，也不宜连续几天吃同样色泽的蔬菜，以免宝宝无法排泄过多的色素，导致皮肤着色。比如：宝宝连续一周每天都吃西红柿、胡萝卜、南瓜、橘子、芒果等黄色水果和蔬菜，宝宝面部、手足心会明显发黄，甚至出现黄染。

关于吃水果

多数宝宝都喜欢吃水果，对于宝宝来说，水果的味道要比蔬菜的味道好多了。水果含有丰富的维生素、碳水化合物和水分，每天都应该给宝宝吃水果。但是，尽管水果是必不可少的食物，宝宝也很爱吃，仍然不能让宝宝没有限制地吃。水果吃多了，必然会影响其他食物的摄入，导致营养不均衡。每天给宝宝吃一两次水果，可在早饭一小时后和午睡后吃，每天吃两三种就够了。每天应摄入的水果量与蔬菜量相当。

关于喝水

对宝宝来说，补充足够的水很重要。宝宝每日每千克体重需水100~155毫升。12千克的宝宝，每天需补充的液体量为1200~1860毫升。去掉食物中的液体量，就是宝宝所需饮水量了。通常情况下，这么大的宝宝，每天需喝水600毫升左右。

如果宝宝午餐和晚餐都能喝一两百毫升汤，每天喝500毫升奶（吃母乳会更多），加上饭菜和水果中的水，宝宝每天从食物中可摄入约1000毫升的液体量。无论宝宝从饭菜、水果中摄入多少液体量，给宝宝喝白开水都是必不可少的。父母一定要让宝宝养成每天喝白开水的习惯。

液体需要量还与宝宝的运动量、摄食量、环境温度和湿度等诸多因素有关。如果宝宝运动量很大，出汗多，就要多让宝宝喝水。如果宝宝每天每千克体重液体摄入量少于60毫升，就有发生脱水的危险。所以，如果宝宝生病，影响了进食，就需要增加喂水量。如果宝宝生病时还伴有腹泻和呕吐，不但不能进食，还额外丢失了液体，就要在给宝宝增加饮水量的基础上，额外补充电解质水。

给宝宝安排和烹饪食物

喝奶的安排

这个月龄段在夜间起来喝奶的宝宝不多了，但仍然有半夜起来喝一两次奶的宝宝。母乳喂养的宝宝半夜起来吃奶比较常见。仍用奶瓶喝奶是正常的，用杯子喝奶也未尝不可，宝宝愿意用带吸管的杯子喝奶也不错。

对宝宝来说，早晨起床后可先喝奶，后吃早餐，也可把奶和早餐放在一起吃。晚上睡前半小时喝奶比较好，喝着奶入睡，对牙齿和胃都不好。喝奶后刷牙，活动半小时，排一次尿再睡，宝宝会睡得更踏实。如果宝宝一次喝奶量小，早晚两次喝的奶加起来不足500毫升，可在午睡后喝奶，当作下午加餐。不要把奶放在午餐和晚餐中喝，不要喝完奶马上吃午饭或晚饭，也不要午饭或晚饭后马上喝奶。

蛋的做法

蛋的做法有很多，可以和多种蔬菜搭配起来炒，也可以放在包子、饺子、馄饨等馅中，还可以做到丸子中，以及各种汤菜中。除此之外，还可以做蛋炒饭或烙鸡蛋饼。总之，蛋有很多种做法，如果宝宝不喜欢吃蛋，父母要开动脑筋，改变烹饪方法，让宝宝喜欢上吃蛋。

肉的做法

这个月龄段的宝宝不能吃整块禽畜肉，需要把它们剁碎。但鱼虾类不需要剁碎。把肉放在开水中焯一下，可减少肉中的油脂，利于宝宝消化。

肉类可与蔬菜放到一起炒、炖、煮、蒸，也可单独做，如炖肉、煮肉丸子、蒸纯肉馅包子与饺子等。宝宝也喜欢吃肉龙、肉饼、肉粥等。

多数父母认为鸡汤的营养价值非常高，所以，常给宝宝炖鸡汤喝，较少给宝宝吃鸡肉。做面汤或其他汤菜时，也喜欢用鸡汤来做。鸡汤的确很好，但鸡汤再好也不会超过鸡肉本身。

父母对骨头汤的认识也一样，父母常把骨头汤，尤其是大棒骨汤当作补钙良品。骨头含钙量的确很高，但是用常规煮骨汤的方法，骨头中的钙溶解到汤中的微乎其微。补钙的最佳食品是乳制品、豆制品、虾皮和坚果等，而不是骨头汤。

鱼可采用清蒸或炖的烹饪方法，不宜采用油煎、油炸、烧烤、涮的方法。给宝宝吃生鱼片时要小心，一定要选择新鲜的，如果不能保证质量，一定不要给宝宝吃生鱼片。吃鱼比较大的问题是鱼刺，鱼刺一旦扎到宝宝的喉咙里，是件很麻烦的事，父母很难自己解决，多需要把宝宝带到医院，由喉科医生取出。宝宝被鱼刺扎到后，不会像成人那样，尽量不做吞咽动作，使劲往外咳，争取把刺咳出来。宝宝多会因为疼痛和恐惧而哭闹，结果是越哭越闹，鱼刺扎得就越深。所以，宝宝的喉咙里一旦扎了鱼刺，父母最好立即带宝宝去医院看喉科医生。

给宝宝喝鱼汤很好。如果想给宝宝喝鱼汤，最好买那种不怕煮的鱼，如鲶鱼。把鲶鱼放到清水中煮，放几粒花椒、一点儿葱白、一个姜片、一瓣紫皮蒜，煮大约30分钟关火，放少许食盐和香油，滴一两滴食醋。放温后就可以给宝宝喝鲜美可口的鱼汤了。也可以给宝宝吃鱼肉。鲈鱼、多宝鱼、平鱼、鳕鱼、鳗鱼和三文鱼等可以清蒸。带鱼、黄花鱼、偏口鱼、鲳鱼、马哈鱼、燕鱼、梭鱼等可以炖。鱿鱼、墨鱼、章鱼等不好咀嚼，不宜给宝宝吃，如果要吃，需要做熟后再剁碎给宝宝吃。

虾蟹的做法

鲜虾用白水煮就很好吃，还可以做成虾馅饺子、虾丸子，也可以放到面汤中或用来炒菜。

蟹的新鲜性很重要，蟹只要不新鲜，就会导致严重的腹泻。所以，给宝宝吃蟹肉，一定要选择活蟹，做熟后马上就吃，不能放置。蚌、蛤蜊等的肉质比较硬，宝宝咀嚼起来会比较困难，最好切碎后吃。

虾皮含钙量比较高，是补钙佳品。但通常情况下，在市场上买的海虾虾皮含盐量比较高。所以，给宝宝吃的时候，要先在清水中浸泡，多放些水，以便浸出更多的盐分。然后把虾皮剁碎，做汤、炒菜或包馅都可以，也可以放到鸡蛋羹里。鲍鱼泡饭、海胆炖豆腐、鸡蛋紫菜汤、海参粥、海带炖肉、海米冬瓜汤等，都是宝宝比较喜欢吃的，配餐时不要忘记这些海物。

宝宝不能吃海物的主要原因是过敏，虾蟹比鱼更容易导致过敏。所以，如果宝宝吃虾后，出了一些皮疹或腹泻，应暂时停几天，等皮疹下去或腹泻好了，再尝试着吃，如果仍然过敏，就多停一段时间再尝试。

粮食的做法

南方以水稻（稻米）为主食，北方以麦子（面粉）为主食。除米饭外，南方还有用稻米做的很多小吃，如米线、汤圆、粽子、年糕、竹筒饭、艾粑粑、荷叶粑、米饼、醪糟、烧卖、荷叶饭等。北方小吃比较少，但面食有很多做法，如包子、饺子、馄饨、烧饼、各种烙饼、各种汤面（面疙瘩、面片、面条）、花卷、油条、油饼等。随着宝宝进食能力的增强，这些都可以逐渐做给宝宝吃。

蔬菜的做法

绿叶蔬菜中含有较多的草酸，草酸会影响矿物质的吸收，尤其会影响钙、磷和铁的吸收，所以，绿叶蔬菜不宜与高钙和高铁食物放在一起烹饪。浸泡和焯水能去掉蔬菜中的一部分草酸。把蔬菜放入开水里后要立即关火，以免破坏蔬菜中的维生素。

瓜类和果实类比较容易咀嚼与吞咽，即使比较大的块，宝宝也能咀嚼后吞咽，采取蒸、煮、炖的烹饪方法均可。山药、芋头和荸荠对脾胃有好处，可给宝宝做山药粥，把栗子、荸荠和鸡块炖在一起，用骨头汤做芋头白菜汤也非常好吃。

日常生活中，人们常会把菌类当成蔬菜食用。菌类的营养价值很高，既可以炒着吃，也可以和鸡肉、排骨等炖在一起，如肉末炒鸡腿菇、小鸡炖蘑菇、排骨炖香菇等。这些美食父母都可以做给宝宝吃。

水果的吃法

维生素C含量高的水果，切开或榨汁放置后，维生素C很快会被氧化，所以水果切开或榨汁后应马上给宝宝吃。不宜把水果煮熟吃，以免水果中的维生素C遭破坏。

让宝宝快乐进食

咀嚼和吞咽能力的提升

宝宝的咀嚼和吞咽能力有了显著进步，咀嚼和吞咽的协调能力也越来越好了，宝宝的舌体已经能够做上下、左右、前后运动了，乳牙数目也增加了，宝宝会运用上下切牙把比较硬的食物咬下来。乳磨牙的萌出可以帮助宝宝把食物研磨碾碎，舌体再把研磨后的食物送到咽部，通过咀嚼和吞咽协调功能，把食物顺利地送入消化道。

练习用筷子吃饭

宝宝已经不满足于用勺子吃饭了，开始抢着用筷子夹菜。筷子不仅是吃饭的工具，也是锻炼宝宝手部精细运动能力的好工具。宝宝会比从来没使用过筷子的成年人更快地学会使用筷子。

喜欢像爸爸妈妈一样吃饭

宝宝有极强的模仿能力，喜欢模仿爸爸妈妈的行为。所以，不希望宝宝做的事情，父母一定不要做。如果父母喜欢剩饭，宝宝也会剩饭。如果父母不专心吃饭，一会儿发信息，一会儿接电话，宝宝也很难养成专心吃饭的习惯。培养宝宝良好的进餐习惯，更多的是靠父母身教。

自己吃饭

吃饭是宝宝自己的事，理应由宝宝自己来完成。这么大的宝宝有能力用勺子把饭菜放到自己的口中。如果妈妈不给宝宝自己拿勺吃饭的机会，宝宝就很难学会自己拿勺吃饭。

很多技能不是天生就会的，必须通过实践、再实践才能掌握。

给宝宝提供合理的膳食

宝宝每天都要吃五谷杂粮、奶、蛋、肉、蔬菜和水果。宝宝的每餐都要荤素搭配，有粗有细，有干有稀，父母或看护人要给宝宝进行合理的饮食搭配。

奶和蛋、肉吃多了，会使宝宝因摄入过多脂肪和蛋白质、胃排空时间延长而食欲降低。粗粮、蔬菜和水果吃得少，纤维素摄入过少，宝宝容易便秘。所以，为宝宝合理均衡地搭配食物是很重要的。

烹调有方

食物烹制方式一定要适合宝宝的年龄特点。宝宝乳牙还未出齐，坚硬度不够，咀嚼和吞咽能力以及消化功能等均未达到成人水平。父母给宝宝烹调食物时，要做得细、软、碎。随着年龄的增长，宝宝的咀嚼能力增强了，饭菜加工就可以逐渐趋向粗、硬、整。为了促进宝宝的食欲，烹饪时要注意食物的色、味、形，提高宝宝就餐的兴趣。宝宝不仅要品尝食物的美味，也要观赏食物的色泽。色泽漂亮、味道鲜美的食物更能引起宝宝的食欲。不能因为宝宝吃得少就凑合，或随便把菜煮一煮就吃，这很容易导致宝宝厌食。

充足睡眠、增加活动、按时排便

睡眠充足、精力旺盛的宝宝，其食欲就会好；睡眠不足、无精打采的宝宝，其食欲就一般，日久还会消瘦。活动可促进新陈代谢，加速能量消耗。帮助宝宝养成按时排便的习惯，有利于保证宝宝的消化道通畅，可促进宝宝食欲。

第四节　日常生活护理

宝宝半夜频繁醒来

让妈妈陪着玩

当宝宝半夜醒来，让人陪他玩时，妈妈应该明确地告诉宝宝，现在是睡觉时间，起床后才能陪着宝宝玩。这时，不要把大灯打开，只打开地灯，让宝宝看到妈妈的身影就可以了。如果宝宝哭闹，妈妈可握住宝宝的手，并放在宝宝胸前，轻轻地摇晃着宝宝，另一只手轻轻地抚摸宝宝的头部。也可以让宝宝临时枕在妈妈的臂弯里，妈妈轻轻地哼着摇篮曲，宝宝就会心满意足地入睡了。

如果宝宝仍然让妈妈陪着玩，不陪着玩就大声哭闹，妈妈也不能放弃“半夜不陪着玩”的原则，但不能训斥宝宝或发怒。不让宝宝做的事情，父母从一开始就应该拒绝。如果父母一开始允许宝宝这么做，等到终于有一天忍受不了了，或认为该管教了，再改变态度，宝宝不但不会接受，还容易产生极大的心理创伤。

宝宝睡得很晚怎么办

最好不让宝宝傍晚小睡。如果到了傍晚还睡上一觉，宝宝晚上通常就会睡得比较晚。如果从傍晚一直睡，晚上不起来吃饭，宝宝就会在半夜醒来玩好一阵子。

如果宝宝白天要睡两觉，争取让宝宝在上午睡一觉，午饭后睡一觉，傍晚就不要再睡了。尽量让宝宝早睡早起。如果有妈妈陪着，宝宝才能早睡，妈妈就放下手中的事情，陪宝宝早些睡觉。如果妈妈确实不能像宝宝一样早早睡觉，可等宝宝睡着后，妈妈再悄悄起来。但需要在宝宝旁边做事，否则宝宝很可能会醒来。

如果父母都上班，宝宝一天看不到爸爸妈妈，到了晚上就会不舍得睡觉，希望和爸爸妈妈一起玩耍。爸爸妈妈要尽量满足宝宝的愿望，多抽些时间陪宝宝。如果下班后，父母总是有忙不完的事情，到了快睡觉的时候，才想起来要哄宝宝睡觉，宝宝当然不舍得睡了。

如果找不到原因，父母就是没有办法让宝宝早睡，也不必着急生气，更不能训斥宝宝。宝宝不会一直这样下去的，说不定哪一天，宝宝就能主动早睡了。顺其自然是最好的解决办法。

半夜醒来哭

宝宝夜啼可能与以下因素有关。

· 生病了。宝宝生病的时候，在没有表现出异常症状前，宝宝已经能感觉到身体不适了，父母却无从知晓。所以，如果宝宝突然夜间哭闹，父母一定要认真观察：测量体温，看看宝宝是不是发烧了，如果发烧了，就给宝宝喂些温开水，用温水擦擦身体；摸摸肚子是不是胀气了，轻轻揉一揉，如果宝宝肚子不舒服，或许揉一揉宝宝就不哭了。

·鼻子不通气。当宝宝感到鼻子通气不畅时，他会因为被憋醒而哭闹。这个月龄段的宝宝还不会清晰地表达感受，常用哭来表达自己的不适。

·玩得过于激烈。如果宝宝白天玩得过于激烈，乳酸增加，会感到肌肉沉重、酸胀，甚至有酸痛感，宝宝就会出现夜啼。

·受到刺激。宝宝白天接种了疫苗，或从高处跌落下来，或被嗷嗷叫的小狗吓到……这样的经历会让宝宝半夜做梦，被噩梦惊醒而大哭。

·空气浑浊、闷热、干冷等不良的室内环境，会让宝宝感到呼吸不畅，困倦却无法安睡的感觉会让宝宝出现夜啼。

·睡觉前，宝宝吃了不好消化的食物或吃得过多，导致胃脘胀痛、小肠胀气、排气不畅。这些不舒适的感觉会让宝宝睡眠不安、啼哭不止。

·睡前喝了太多的水，尿量增多，充盈的膀胱不断发出信号，让宝宝起来排尿。这时的宝宝睡意正浓，不想被尿憋醒，就会用哭闹抗议了。

·妈妈不想让宝宝穿着纸尿裤睡觉，但又怕宝宝尿床，所以，妈妈会频繁地把尿。宝宝在睡梦中不断受到妈妈的打扰，不哭才怪呢。

·爸爸妈妈一天没见到宝宝了，回到家里就和宝宝疯玩，到了睡觉时间还兴致不减。宝宝的大脑处于高度兴奋状态，睡着了还在梦中玩耍喊叫，宝宝被自己的喊叫声惊醒，自己把自己吓哭了。

·宝宝拒绝上床睡觉，妈妈用吓唬宝宝的办法哄宝宝睡觉：“快闭上眼睛睡觉，不然大老虎来了吃你。”宝宝睡着后，梦到老虎向他扑来。

·父母在宝宝面前大吵。对于宝宝来说，没有比父母吵架更让宝宝感到恐惧的事了。

无论宝宝怎么哭闹，父母都不要急躁，耐心是让宝宝尽快停止夜啼的好办法。

最了解宝宝的是妈妈，妈妈往往是发现宝宝问题的第一人，也是最有可能解决宝宝问题的人。相信你的直觉，静下心来，仔细观察，寻找蛛丝马迹，发现可能引起宝宝哭闹的原因。

如果什么原因都找不到，妈妈也不要着急，只要宝宝没病，除了夜啼，没有任何异常，妈妈就放心好了。总有一天，宝宝会一夜睡到大天亮。

妈妈常遇到的宝宝睡眠问题

不接受独睡

如果妈妈打算让宝宝独睡，可做以下准备。

· 按照幼儿的喜好，给宝宝布置一个漂亮的儿童房，让宝宝参观，告诉宝宝这是他自己的房间。

· 给宝宝找个伙伴，既可以是一只小熊布偶，也可以是一个布娃娃或者宝宝喜欢的其他玩具，并让宝宝起个自己喜欢的名字，陪着宝宝睡觉。

· 安装一个3~6瓦的地灯，既不影响宝宝的睡眠，又能使在夜间醒来的宝宝看到室内的东西。

· 宝宝和父母的房门都应该开着，使宝宝半夜醒来，需要找爸爸妈妈时，能够顺利地走到父母房间，父母也能听到宝宝的动静。

· 如果半夜发现宝宝来到父母房间，父母不要大惊小怪，也不能批评宝宝，应该把宝宝搂到你的怀里，继续睡觉。

· 如果宝宝总是在半夜三更跑到父母房间，说明宝宝还不能接受独睡，父母应继续让宝宝和自己睡在一起，过段时间再考虑让宝宝独睡的问题。

让宝宝在父母房间睡，等到宝宝睡着后，把宝宝抱回他自己的房间。我认为这不是好的方法，有可能导致宝宝入睡困难或在睡眠中被噩梦惊醒，从而对父母产生不信任感。

宝宝不能独睡是很正常的，如果宝宝不接受独睡，让宝宝回到父母房间是正确的选择。

睡觉前闹觉

这种情况多因为爸爸妈妈都外出工作，宝宝由看护人看护。宝宝一天没见到爸爸妈妈了，很想和爸爸妈妈亲昵，很想让爸爸妈妈陪着。可是，回到家的爸爸妈妈还有很多事情要做，爸爸忙着未完的工作，妈妈忙着家务活，没有给宝宝足够的时间，宝宝感到委屈。这时，妈妈要宝宝上床睡觉，爸爸妈妈又不能陪着睡，宝宝“找事”也就在所难免了。

大多数宝宝“闹觉”的原因很可能是这样的：当黑夜降临时，宝宝的不安全感加剧，急需获得妈妈怀抱的温暖。同时，随着天色渐晚，一阵睡意袭来，宝宝感到更加不安。一方面，宝宝要确定妈妈是否在他身边保护着他，以及他是否安全，所以，他要保持清醒；另一方面，大脑发出信号，他必须睡觉，缓解一天的疲惫，恢复体力，以便有精力吃饭、玩耍、运动和学习。这让宝宝很矛盾，宝宝“闹觉”正是为了释放心中的矛盾。

白天不睡觉

如果突然有一天，宝宝白天不再睡觉了，这是很正常的事情。宝宝晚上睡得很好，像头小猪似的睡得特别香，起床后像个猴子似的精力充沛，这说明宝宝很健康。

在睡眠时间上，每个宝宝都存在着个体差异。有的宝宝睡眠时间比较长，有的宝宝睡眠时间比较短。父母睡眠时间比较长的，宝宝也多比较喜欢睡觉。

控制尿便，生理成熟是基础

一些国家的父母不主张为孩子训练尿便，基本上是顺其自然，在宝宝基本能够控制尿便的年龄，才给予适当的指导。大多数妈妈会在宝宝能够真正控制尿便的时候，才不再给宝宝穿纸尿裤。生理上的成熟是宝宝控制尿便的先决条件，如果宝宝没到生理成熟阶段，妈妈所有的努力都可能白费。通常情况下，宝宝在3~5岁时才真正能够自己完成排尿、排便的任务。

通过模仿学习控制尿便

宝宝喜欢和父母一起上卫生间，或自己要求到卫生间排便，这是一件好事，妈妈应该鼓励。妈妈坐在马桶上时，可让宝宝坐在儿童便盆上，鼓励宝宝上卫生间排便，目的是帮助宝宝建立良好的卫生习惯。宝宝通过模仿学习控制尿便，可起到事半功倍的效果。

控制尿便包含的意思

我们说宝宝是否能够控制尿便，包含着以下多层含义。

- 宝宝有尿便的时候，是否能够告诉父母；
- 宝宝需要尿便时，是否能够自己脱下裤子；

· 宝宝是否能够准确地坐在专为他准备的便盆上；

· 宝宝尿便完毕后，是否能够独自提上裤子，并把裤子穿好；

· 宝宝是否能到卫生间尿便；

· 宝宝是否能坐在卫生间固定的马桶上；

· 宝宝是否能放水冲净排出的尿便；

· 宝宝大便完毕后，是否能够自己把屁股擦干净；

· 宝宝是否能够控制夜尿；

· 尿便完成后，宝宝是否能主动把手洗干净。

宝宝学会控制尿便的大致规律

◎ 告诉妈妈有尿或有便了

大多数宝宝在1岁到1岁半左右，有尿便时能够告诉妈妈。这一点，除了与宝宝是否能够感受到尿意和便意有关，还与宝宝学会语言表达的早晚有关。说话早的宝宝可能会比较早地告诉妈妈，而说话晚的宝宝，即使已经有感受，也不会告诉妈妈。

◎ 控制夜尿

宝宝能够控制夜尿的月龄通常是在1岁半到2岁之间。为了早早地让宝宝学会控制夜尿，不再尿床，妈妈不辞辛苦地一遍遍起来把尿，是费力不讨好的事情。因为这样不但影响了妈妈的睡眠，给生活增加了烦恼，也会影响宝宝的睡眠和心情。宝宝并不能因为妈妈总是半夜起来叫醒他尿尿，就能提前控制夜尿了。

◎ 坐在便盆上

宝宝是否能够坐在便盆上，与妈妈是否为宝宝准备了专用便盆，以及是否训练宝宝把尿排在便盆里有关。如果妈妈这么做了，多数宝宝在1岁半左右就能够自己主动坐在便盆上排尿了。但是，如果宝宝1岁半左右还不会独走，就不会拥有这个能力。

◎ 自己脱裤子排尿便

这个月龄段的宝宝能自己脱下裤子排尿便，可是一件了不起的事。尽管宝宝的裤子大都比较容易脱，但穿脱衣服是宝宝另一种能力的体现，不仅仅与控制尿便有关。宝宝的动手能力与宝宝自身有关，也与妈妈是否放手让宝宝这么做有关。如果妈妈一直不放心，总是代劳，宝宝的动手能力就差，能够自己脱裤子排尿便的时间也就比较晚。通常情况下，要到2岁以后宝宝才能自己脱裤子排尿便。如果宝宝已经具备了这个能力，说明宝宝确实动手能力很强。

◎ 尿便后自己提上裤子

宝宝能够在尿便完毕后独自穿好裤子的时间要比能脱裤子排尿便的时间晚得多。对于宝宝来说，脱裤子属于“破坏性”的行为，穿裤子属于“建设性”的行为。通常情况下，“破坏性”的行为要比“建设性”的行为好做得多。在这个月龄段，宝宝能自己脱裤子排尿已经是奇迹了，父母就不要再奢望宝宝能自己穿上裤子了。

◎ 到卫生间尿便

这个月龄段的宝宝是否能到卫生间尿便，与父母的示范有关，也与父母是否允许宝宝观摩父母到卫生间尿便有关。如果家里有哥哥姐姐，宝宝到卫生间尿便的时间就会早得多。

◎ 坐在马桶上

宝宝是否能坐在卫生间的马桶上尿便，与妈妈什么时候允许宝宝这么做有关。这么大的宝宝到卫生间一定要有人陪伴。如果卫生间内没有儿童专用马桶，要在成人马桶上套一个儿童坐便套。

◎ 便后擦屁股

大便完毕后能够自己擦干净屁股的能力，宝宝通常要等到3岁以后才能具备。有的宝宝到了四五岁才能自己便后擦屁股，往往还擦不干净。

◎ 便后洗手

尿便完成后主动把手洗干净是父母帮助宝宝养成的卫生习惯，不完全属于能力范畴。如果父母从来没告诉过宝宝，也不要求宝宝这样做，宝宝无论长到多大也不会主动便后洗手。如果父母缺乏这样的习惯，宝宝就很难养成便后洗手的习惯。

◎ 排便受到情绪干扰

宝宝开始受到情绪干扰，当宝宝恐惧或情绪激动时，大小便的排泄会受到抑制，因此导致宝宝便秘的可能性是有的。

不同季节的护理要点

春季护理要点

如果宝宝是过敏体质，春季就很容易出现过敏情况，护理上需多加注意。

◎ 过敏性皮疹

· 父母给宝宝吃容易引起过敏的食物时要小心，尤其是海产品，非常容易引起过敏。通常情况下，壳包肉的海物比较容易引起过敏，如牡蛎、蛤蜊、螃蟹、对虾等。其次是带鳞的鱼，鳞越多越厚的越容易引起过敏，鱼皮比较厚或比较粗糙的鱼也容易引起过敏。

· 不给宝宝吃辛辣食物，如辣椒、桂皮等各种香料、桂圆及各类补品。

· 扬尘风沙天气、飞絮大风（有花粉传播）天气、空气污染的天气不要带宝宝外出。

· 不要带宝宝到新装修的房间里去。

· 不要给宝宝使用从来没有使用过的护肤品和洗涤用品。

· 清理房间里的地毯、床褥时，要让家人带宝宝到户外去玩，待“尘埃落定”后再抱宝宝回房间。

· 不要让宝宝在地毯或毛毯上玩耍，不给宝宝穿羊毛内衣、戴羊毛帽子、盖羊毛被褥。

· 宝宝一旦出现过敏情况，父母应带宝宝看医生。

◎ 过敏性鼻炎

春季柳絮飘浮，也常有扬沙天气，宝宝可能会患上过敏性鼻炎，出现鼻塞、流涕、喷嚏等症状。这是鼻黏膜对柳絮或扬沙天气过敏的缘故。如果有这种情况存在，父母不要动辄给宝宝吃感冒药，更不能让宝宝长期吃感冒药，可给宝宝使用抗过敏喷鼻剂。

◎ 夜眠不安

如果宝宝冬季很少到户外活动，也没有服用维生素AD补剂，到了春季，宝宝接受日光照射多了，在紫外线的作用下，骨化醇产生较多，会促进钙的吸收和利用，可能引起短期的钙源不足，导致宝宝出现一时性血钙降低，因而出现夜眠不安的现象。这时父母可给宝宝补充一两周的钙剂。

◎ 花斑癣

花斑癣主要发生在面部，症状为皮肤出现白色的斑块。此种情况不需要处理，飘柳絮的时期过去后，花斑癣就会慢慢消退的。

夏季护理要点

宝宝喜欢在水中嬉戏，夏天带宝宝游泳是非常好的运动方式，不但能锻炼宝宝的体能，还能增强他的心肺功能，提高抵抗力。需要注意的是安全，防止宝宝溺水，父母要学习溺水急救方法。

除此之外，在夏季父母还要预防宝宝患上感染性腹泻。预防感染性腹泻要注意以下几点。

· 尽量不给宝宝吃冷饮。

· 不给宝宝吃剩饭剩菜。即使是放置在冰箱中的饭菜，也要慎重。

· 给宝宝吃生食时要格外注意，一定要洗净农药残留，去除可能存在的虫卵。把菜上的泥土洗净，用蔬菜洗涤剂浸泡一两分钟，再用清水把洗涤剂冲洗干净，然后把菜放在清水中浸泡三五分钟。如果是绿叶蔬菜，最好放入开水中焯一下，但不要在开水中煮。

· 手的卫生很重要，一定要用洗手液把宝宝的手的各个部位，包括指甲缝都洗干净，然后用流动水冲洗干净，用洁净的毛巾把手擦干。

· 宝宝饮食污染往往来自父母和看护人，所以父母和看护人的卫生状况良好对预防宝宝患上感染性腹泻至关重要。

· 一旦腹泻，父母要先带宝宝的大便去医院化验，不要擅自给宝宝吃抗生素或其他治疗腹泻的药物，以免因错误使用药物而导致腹泻难以治愈。

秋季护理要点

◎ 耐寒锻炼

从秋季开始，父母应对宝宝进行耐寒锻炼，这样到了寒冷的冬季，宝宝的呼吸道抵抗能力就会比较强了。但是，有喘息史、慢性咳嗽和婴儿期湿疹比较重的宝宝，要注意适当保暖，足部不要受凉，一旦受凉感冒，就可能会诱发喘息、咳嗽。

◎ 秋季腹泻

北方冷得比较早，秋季腹泻大约在10月底就开始流行了，南方会推迟到12月份以后。现在已经有预防秋季腹泻的疫苗，父母可在流行季节到来前给宝宝接种。

宝宝如果患了秋季腹泻，重要的是补充口服补液盐。只要宝宝能喝下，就频繁地给宝宝喝，一次不要喝得太多。如果宝宝伴有呕吐的症状，父母就要一滴滴地往宝宝嘴里滴补液盐，这样做可防止呕吐。只要能够补充足够的补液盐，宝宝就不需要住院输液。秋季腹泻属于自限性疾病，只要处理得当，宝宝一周就会痊愈的。

冬季护理要点

冬季的护理要点在于预防呼吸道感染。北方的冬季常常是户外冰天雪地，室内却温暖如春。尤其是东三省地区，家里安装的大都是双层玻璃，房屋外墙也比较厚，非常重视室内供暖，所以，冬季室内外温差比较大。由于室内温度比较高，很难保证室内湿度。湿度过低有利于病毒繁殖，感冒病毒的存活时间长。加上宝宝呼吸道干燥，影响了呼吸道纤毛运动功能，粘附在尘埃中的病毒随着尘埃进入呼吸道，宝宝就容易患呼吸道感染。再加上，因为户外太冷，父母不敢带宝宝到户外活动了，从而降低了宝宝抵御疾病的能力。

预防意外事故

高处跌落

从高处跌落是需要重点防范的意外事故。这个月龄段的宝宝已经不满足于看和拿与他在同一水平面的东西了。宝宝会借助各种物体爬到高处，去拿他要拿的东西。宝宝的智力、体力和探索精神让他不断挑战“高地”，意外跌落的隐患就在其中。

大儿童造成的安全隐患

常有大儿童扔石头、球、棍棒导致幼儿受伤的案例。所以，除了要对大儿童的行为进行警示，只要有大儿童在幼儿附近，父母和看护人一定要有提前防范意外的意识。

环境安全很重要

这个月龄段的宝宝会走会跑，很容易磕磕碰碰，尤其容易摔伤膝盖。所以，父母要尽量给宝宝穿过膝的短裤。

宝宝自身不是发生意外事故的隐患，更不是一枚“定时炸弹”，威胁宝宝的“定时炸弹”在宝宝周围。给宝宝创造一个安全的活动空间，给宝宝提供安全的环境是父母的责任。切莫心存侥幸。

对成人不会构成危险的，对宝宝可能就是巨大的威胁。所以，父母需要特别关注那些可能会对宝宝造成危害的隐患，要做到逐个排查。防范意外事故是父母的必修课，切不能忽视，更不能心存侥幸。

开门、关门

如果妈妈还像原来那样，想通过关门来阻止宝宝走出房门，恐怕没那么容易了。宝宝不但会关门，还会开门，即使是有旋钮的门，宝宝也能把旋钮打开，有的宝宝还能把门闩打开呢。安装防护门套是保证宝宝安全的措施之一。在母婴用品商店中，有专门的柜台出售各种婴幼儿安全防护装置，包括应用在厨房、卫生间、客厅和卧室的。比如：电源插座上的安全防护罩、冰箱门上的防护装置、燃气灶开关防护罩、马桶盖卡、防止门被风刮上时的防夹手夹、尖角家具的防护角等，父母可根据家中情况选择适合的防护装置。

偏食的宝宝并不会因为月龄的增加而变得不偏食，反而可能会越来越偏食。

偏食的宝宝，父母切莫强迫他吃他不喜欢吃的食物。宝宝的自我意识越来越强，宝宝越大越不愿意听从父母的安排。如果父母总是强迫宝宝吃他不想吃的饭菜，强迫宝宝吃下他不能承受的饭量，宝宝就会产生反感，由反感到逆反，最后发展到厌食。

把吃饭的权利交给宝宝，让宝宝自己动手吃饭，父母不能再填鸭式地喂宝宝了。父母的任务是给宝宝准备健康的食物，提供合理的膳食，做出好吃的饭菜。宝宝的任务是高高兴兴地吃父母为他烹饪的健康美食。

如果父母曾经告诉过宝宝某些菜的名称，当宝宝看到他认识的饭菜时，他会说出它的名称，但宝宝还不能告诉父母他想吃什么饭菜。现在，不少饭店都实行看实物或模型点菜的方法，父母不妨借鉴饭店的做法，让宝宝看你们准备好的半成品，点自己喜欢吃的菜。

如何给宝宝吃零食

一点儿零食都不让宝宝吃是很难做到的。父母可以给宝宝吃零食，但是要掌握给宝宝吃零食的基本原则。

·不能让宝宝因为吃零食而影响正常饮食摄入。

·饭前1小时不能给宝宝吃零食。

·有危险的零食不能给宝宝吃，如瓜子、花生、豆子，不能把这类食物放在宝宝容易拿到的地方。

·少吃，最好不吃高热量、高糖、高脂肪的零食。

·不吃色素、调味料、添加剂过多的零食。

·注意零食的生产日期，即使在保质期内，父母打开包装后也要检查一下食品是否变质。

·购买零食时，要注意包装是否合格，是否明确标注了生产日期、生产厂家详细地址、保质期、食品原料及成分表等。如果是真空包装，就要观察包装是否有漏气、胀气等。

第八章

22~24个月的宝宝

本章提要

- 大部分宝宝开始向前跑，有的宝宝一口气能跑出几米远；
- 能听懂简单的指令，会说简单的句子，反复使用熟悉的字词；
- 喜欢看图说话，能根据物品的大小、形状、颜色等进行分类；
- 开始对小朋友感兴趣，有和小朋友一起玩的愿望；
- 喜欢模仿父母和看护人的举止行为、表情和语气；
- 独立性越来越强，喜欢自己动手做事。

第一节 生长发育

生长发育指标

体重

24个月的男宝宝	体重均值12.54千克，低于10.09千克或高于15.67千克，为体重过低或过高。
24个月的女宝宝	体重均值11.92千克，低于9.64千克或高于14.92千克，为体重过低或过高。

身高

24个月的男宝宝	身高均值88.5厘米，低于81.6厘米或高于95.8厘米，为身高过低或过高。
24个月的女宝宝	身高均值87.2厘米，低于80.5厘米或高于94.3厘米，为身高过低或过高。

乳牙

◎ 乳牙出齐时间存在个体差异

到了这个月龄段，多数宝宝萌出16颗乳牙了，少数宝宝已经出齐20颗乳牙了，也有宝宝乳牙萌出数在10颗以下。通常情况下，乳牙出齐的年龄在

2岁半左右，但有的宝宝早在2岁前乳牙就出齐了，有的宝宝在3岁后才出齐20颗乳牙。

因为乳牙会脱落，所以宝宝的乳牙护理常不被重视。其实，直到宝宝6岁的时候，乳牙才开始脱落，恒牙才开始萌出，而恒牙全部出齐要经历约6年的时间，如果乳牙出现龋齿，会影响宝宝很长时间。所以，父母千万不能忽视对宝宝乳牙的保护。

宝宝有很强的模仿能力，父母可利用这一点，促使宝宝尽快学会自己刷牙。而要实现这个目的，父母首先要以身作则，饭后用清水漱口、早晚刷牙，养成良好的口腔清洁习惯。此外，父母要定期带宝宝到口腔科进行牙齿健康检查和保健。

现阶段的宝宝还不能自己把牙齿刷干净，当宝宝刷完后，爸爸妈妈再帮助宝宝刷一次。宝宝刷牙时不要挤太多的牙膏，每次挤出黄豆大小的牙膏就可以了。建议选择儿童专用的低氟牙膏，选刷毛柔软、刷头比较小、刷把比较粗的牙刷。

◎ 牙列间隙

常有妈妈问，宝宝牙齿之间的缝隙特别大，需要做牙齿矫正吗？以后长出的恒牙是不是也会这样啊？事实上，乳牙有间隙是正常现象，发生率高达70%~90%，不需要处理。

大运动能力

蹦蹦跳跳，活动自如

到了这个月龄段，几乎所有的宝宝都能独立行走了。多数宝宝还能拉着带轱辘的玩具走，有的宝宝能抱着一个大玩具或几个小玩具走。

有的宝宝已经能够自如地跑跑停停，甚至学会了奔跑；有的宝宝可能至今仍然不敢快走，更不敢跑。大多数宝宝不会跑不是因为发育问题，而是胆量问题，这样的宝宝做事比较谨慎，他们常常是脑力强于体力。

宝宝开始喜欢蹦蹦跳跳的游戏，爸爸妈妈可在地上画不同距离的线，让宝宝跳格子；还可以和宝宝做龟兔赛跑的游戏，锻炼宝宝蹦跳的能力。

摔倒时用胳膊支撑

宝宝能在摔倒的一刹那，用自己的胳膊支撑起上身，用力抬起头部，保护自己的面部不会受伤。但是，如果宝宝用力过猛，或在奔跑中被障碍物绊倒，宝宝来不及支撑，磕伤脸，甚至鼻子被撞流血的可能性还是有的。所以，要让宝宝在安全的场所玩耍，沙地、草坪是适合宝宝玩耍的好地方。

喜欢爬上爬下

爬高对这个月龄段的宝宝来说是体能的挑战。宝宝能独自爬到高处，然后从高处爬下来。沙发、椅子、桌子、板凳、大床、小床，只要是能碰到的地方，宝宝都想爬上去。宝宝会借助不同高度的物体爬向高处，拿到他要的东西。所以，妈妈不能再像以前那样，按照宝宝在平地上能接触的高度，放置不能让宝宝碰的物品了。

从高处跳下来

宝宝有胆量，也有能力从高处跳下来。所以，只要是宝宝能够上去的地方，他都有可能会勇敢地往下跳。这是引起宝宝从高处坠下摔伤的危险因素之一，父母要充分地考虑到这一点。当宝宝爬高时，父母要嘱咐宝宝，这个地方离地面太远了，跳下去会摔伤你的腿脚。如果让宝宝练习从高处往下跳，最好在地板上放置软垫，周围一定不能有坚硬物体，以免磕到宝宝。

还不能拔高跳

通常情况下，这个月龄段的宝宝还不能拔高跳。运动能力非常强的宝宝可能可以跳上10厘米左右的高度。如果宝宝不具备这个能力，父母也不必加强训练。拔高跳很容易被高出的台阶或物体绊倒，爸爸妈妈要小心防护。

原地跳远和单腿跳跃

如果宝宝之前已经能够原地起跳了，这一阶段可能又长了新本事，能原地跳远了。如果宝宝在上一阶段就能原地跳远了，在这一阶段他会跳得更远。运动能力强的宝宝，可能会在奔跑中向前跳。单腿跳跃需要宝宝具有良好的平衡能力和足够的体力。如果宝宝会用单腿跳跃，父母应该为宝宝鼓掌。

喜欢翻跟头

婴儿期的宝宝满床翻滚的情形，妈妈可能记忆犹新。现在宝宝长大了，本事也大了，不再是躺着翻滚，而是离开床面翻跟头了。在地板上铺好被褥让宝宝翻跟头，是安全可靠的。不要让宝宝在床上翻跟头，即使父母在床旁保护，他也有从床上摔下来的可能。翻跟头时从高处摔下有伤到脊椎的可能，那可是不得了的事，一定要制止宝宝在床上翻跟斗的行为。

传球和把球扔进篮筐

宝宝能够按照妈妈所指的方向把手中的球扔出去，偶尔也能接住妈妈轻抛过来的球。如果宝宝具备了这两个能力，爸爸妈妈就可以和宝宝玩传球的游戏了。

把球扔到篮筐中，要比把球传给妈妈难多了，需要宝宝的臂力、方向感、视力、平衡力和思维能力达到一定的水平，并且这些能力可以相互配合和协调。

独自上下楼梯

宝宝已经能够独自上下楼梯了。为了安全起见，在上下楼梯时，妈妈最好还是牵着宝宝的手。有的宝宝仍然不能独自上下楼梯，很可能是由于缺乏上下楼梯的机会。 宝宝并不会因为从楼梯上滚落下来，而不敢再尝试下楼梯了。宝宝伸着小手让妈妈领着上下楼梯，也不一定是胆怯的表现。如果宝宝要求妈妈领着上楼梯，妈妈不要为了锻炼宝宝的胆量和独立性而拒绝宝宝的要求。

◎ 罗圈腿

宝宝已经走得很好了，可两条腿看起来是罗圈样的，这常常是父母带宝宝看医生的原因之一。其实，宝宝小腿看起来还有些弯是正常现象，妈妈不要着急，有的宝宝到了四五岁小腿才变直。只要宝宝没有异样，父母不要整天担忧。总是对宝宝的发育持有疑虑的父母，会给宝宝的成长带来不好的影响。爸爸妈妈的怀疑和担忧，会表现在脸上和情绪上，父母的不安会传递给宝宝。

精细运动能力

搭建积木

宝宝能够用积木搭建他想象的房子、火车、汽车，或其他见过的物体。宝宝可以把不同形状的积木，通过相应形状的漏孔，搭建在一起。宝宝会把大小不同的物体叠放在一起，并喜欢把杆子套进圆环。几个月前，宝宝搭完积木会立即毁掉“杰作”，欣赏积木倒塌那一刹那带来的刺激。现在宝宝不同了，他开始保护自己的“杰作”，懂得珍惜自己的劳动成果了，这是宝宝学会自爱的萌芽。

使用剪刀

宝宝开始练习使用儿童安全剪刀剪纸。如果宝宝学会了使用剪刀，家里的物品可能就会没了安全保证。在无人发现的时候，宝宝可能会用剪刀剪书，能力强的宝宝可能还会剪自己的衣服或被单。不过，这个月龄段的宝宝还不会把衣服、被单、桌布剪出一条大口子。

玩橡皮泥

宝宝开始对橡皮泥产生浓厚的兴趣，用彩色橡皮泥捏各种不同形状的物体。但宝宝还不能捏出很像实物的物体，只是凭着自己的想象捏出成人猜不出来的物体。宝宝通常会告诉你他捏的是什么，妈妈可能怎么也看不出来。这时，妈妈可不要打击宝宝，说诸如“我怎么看不出来，也不像啊”的话。除了橡皮泥，宝宝还喜欢和爸爸妈妈一起包饺子，宝宝不但喜欢和爸爸妈妈一起做事，还喜欢把面团握在手里的感觉。

手指持笔画画写字

宝宝已经能用标准的姿势握笔写字画画了，但现在还不是教宝宝画画的时候，让宝宝尽兴去画，想怎么画就怎么画，没有必要手把手地教，父母需要做的是给宝宝准备足够的笔和纸。宝宝喜欢拿着笔到处乱写乱画，而不是像妈妈要求的那样，坐在小书桌前，在本子上或画板上写字画画。妈妈可不要因此动怒。如果不想发生这样的事，就别让宝宝随便拿到彩笔，培养宝宝坐在书桌旁画画写字的习惯。在一处空旷的墙面上贴一张画板也是不错的选择，画板被宝宝画满后可以随时擦干净，这样既满足了宝宝涂鸦的喜好，也避免了宝宝到处乱涂。

第二节　智能与心理发育

语言能力

语言的学习和理解能力

大多数宝宝会使用简单的语句表达日常生活中的事，能听懂父母简单的指令，反复使用熟悉的字词，也愿意使用新词和父母对话。

宝宝说话的语序基本正常，能说不少完整的语句了。如“我喜欢爸爸”“小猫咪受伤了”“妈妈生气了”等。宝宝开始理解父母的语言，产生联想，并做出相关动作。看着图画讲故事，宝宝会一边想，一边编故事。宝宝常常会语出惊人。

父母的赞赏可极大地激发宝宝学习和运用语言的兴趣。当宝宝说出一个新词汇时，父母应表现出惊讶，并加以赞许。父母丰富的表情有利于宝宝的潜能开发。父母以饱满的热情关注宝宝点点滴滴的进步，对宝宝成长的意义重大。

◎ 学习词汇

这个月龄段的宝宝大多数掌握了200~300个词汇量，有一半的宝宝会使用300个以上的词汇，有大约半数的宝宝会使用3~5个字词组成的句子表达自己的所见所闻或感受。宝宝开始用语言表达自己的要求。父母对宝宝最好的鼓励就是耐心地聆听宝宝在说什么，尽量理解宝宝表达的意愿，认真回答宝宝的问题。

◎ 理解人称代词

有大约一半以上的宝宝懂得了“我”和“我们”的不同，妈妈可以帮助宝宝举一反三，理解“你”和“你们”的不同，以及“他”和“他们”的不同，使宝宝掌握比较抽象的单数和复数，进一步理解数的概念。

◎ 理解“不”的含义

宝宝开始懂得“不”的含义，当妈妈告诉宝宝“不要拿剪刀”时，宝宝能听懂妈妈的意思。如果宝宝仍然把剪刀拿起来了，并不是他没听懂妈妈的制止口令，而是他要拒绝听妈妈的话，以显示他的“自主”能力。

◎ 学习外语

如果父母会说外语，在日常生活中就可以用简单的外语和宝宝说话。但是，不要像成人学外语那样，用母语解释外语。和宝宝说外语，直接说就好了。比如：教宝宝说苹果，指着苹果直接用外语说就行，不必说这个是“苹果”，英语是“apple”。直接用外语说话，宝宝不容易将两种语言混淆。

◎ 宝宝喜欢的说话方式

· 一字一句，语音清晰地和宝宝说话；

· 更喜欢听妈妈说话，因为妈妈音调高，语句显得清晰，爸爸和宝宝说话时，要尽量提高音调；

· 喜欢爸爸妈妈说陌生内容时重复几遍，多次重复可以帮助宝宝尽快熟悉语言并学会运用；

· 喜欢爸爸妈妈用简短的话语和他说话，复杂的句子让宝宝很难记住和理解；

· 爸爸妈妈应尽可能多地用名词和动词，少用形容词和代词；

· 和宝宝说话时，最好用一般陈述句和肯定句，少用否定句和复合句；

· 不喜欢爸爸妈妈枯燥地教他说话，喜欢结合当时的情景的说话方式。

语言的运用和表达能力

◎ 声情并茂地使用语言

随着语言能力的提高，宝宝的发音开始丰富起来，开始模仿其他人的语音和语调。宝宝会通过语调表示发怒和伤心，会通过语音表示兴高采烈，能够声情并茂地使用语言，会学爸爸的咳嗽声，会哼唱一两句歌词。

语言的表达形式能够充分地反映人的情绪。人处在积极情绪中时，说起话来总是声情并茂的；人处在消极情绪中时，说起话来总是很低沉的。宝宝常大声喊叫，就是在表达激动不已的心情。

◎ 通过一些词汇引起父母的注意

宝宝学到了足以让他表达日常生活的词句，有的宝宝还会说出一些能引起父母注意的词汇，以赢得父母的赞赏。宝宝对学到的词汇进行最初的整合，派生出自己特有的语言表达方法，这是宝宝建立自己语言系统的重要过程。

◎ 用语言拒绝父母的要求

这个阶段，宝宝最常说的可能是“不”“我不要”“我不要吃”“不睡觉”“不洗脸”等。宝宝想拒绝父母所有的要求，除非父母的要求是让宝宝感兴趣的事情。如果妈妈要带宝宝出去玩，宝宝就会很快答应。如果妈妈让宝宝睡觉，尤其是睡午觉，那可就没那么容易了。这不是宝宝成心气你，他是在用这种方式体会着“自我”的价值。

◎ 直呼父母大名

宝宝不但知道爸爸妈妈叫什么名字，还能够告诉其他人。更具有挑战意味的是，宝宝可能会直呼爸爸妈妈的名字。老人常不能接受宝宝直呼父母的姓名，认为这样很不礼貌。但事实上，这么大的宝宝正经历“直呼其名”的语言、心理发育过程，他内心感受到的只是会说话的喜悦，并没有考虑到礼貌的问题。

语言的交流和沟通能力

在语言的交流能力方面，幼儿间存在着显著的个体差异。常有妈妈说：“我的宝宝都2岁多了，还不会说话，只是偶尔能蹦出几个单字，会叫‘爸爸妈妈’，会说‘吃’，但宝宝几乎能听懂我和他爸爸对他说的所有话。”这种情况很正常，宝宝学习语言，是思考在先，理解在后，最后是表达。所以，宝宝对语言的理解能力远大于对语言的运用能力。父母不必因为宝宝说话晚而着急，只要宝宝能够听懂你们对他说的话，就证明他具有很好的语言能力。当宝宝开口说话时，或许他会一鸣惊人，一下子说出很多语句来。

◎ 说谁也听不懂的语言

宝宝常常自言自语，喜欢嘟嘟囔囔，说谁也听不懂的话，连父母都听不出来宝宝在说些什么。原来是宝宝听不懂父母说什么，现在轮到父母听不懂宝宝说什么了。这或许是宝宝在模仿父母说话的语调和节奏，但苦于没有丰富的词汇，只好嘟嘟囔囔地说些谁也听不懂的话语了。不管宝宝为什么说我们听不懂的话，也不管宝宝为什么自言自语，我们都不要打扰他，更不要取笑他。宝宝敢大胆地说他还不会说的话，这种胆略和尝试能使宝宝快速地提高对语言的运用能力。

◎ 口吃

宝宝开始喜欢和父母对话，尽管有时词不达意，但大多数情况下，宝宝都能理解父母的话。受语言表达能力的限制，宝宝常会因说不出想说的话而结巴。父母不要急于代劳，纠正宝宝的结巴。正确的做法是，如同没听到一样，继续平静地与宝宝对话。

如果宝宝从这个月开始出现口吃，并不意味着宝宝语言发育异常。这个时期的宝宝，词汇量急剧增长。宝宝对字词的使用能力提高了，想更好地通过语言表达思想，可宝宝的思想总是先于语言，口吃的表现也就在所难免了。

语言的联想和整合能力

◎ 语言的联想能力

宝宝开始理解妈妈的语言，产生联想并做出相关动作。比如：妈妈说吃饭了，宝宝会主动坐到餐桌旁；妈妈说要出去玩了，宝宝会带上自己想带的东西。

但是，这个月龄段的宝宝对妈妈的话并不是总能产生相关联想。没关系，宝宝没想起来，妈妈可以提醒一下。

◎ 语言的整合能力

我们常说“儿语”，儿童确实有自己的语言特点和对语言的特殊理解。宝宝的语言能力并非全部来自模仿，无论是从说话内容、说话方式上，还是从语气上，儿童的语言都有自己的特点，比如，妈妈说："不要动，危险！"宝宝说的却是："危险，宝宝哭！"他按照自己的理解，整合了语言。妈妈警告宝宝不要动，因为"危险"；宝宝模仿了"危险"一词，却把"不要动"改为"宝宝哭"。妈妈以"危险"告诫宝宝，宝宝以"哭"来回应妈妈。宝宝对语言的理解和运用能力是令人惊叹的，既有模仿，又有自己的创造。

认知能力

辨别说话声

宝宝在很远的地方就能辨别出爸爸妈妈说话的声音了，还能够辨别出2个甚至3个他熟悉的人对话的声音，并说出正在说话的人是谁。

认识性别和身体部位

如果爸爸妈妈经常告诉宝宝，宝宝就可以一一说出身体各部位的名称。这个月龄段的宝宝对性别的认识仅仅停留在名称上，缺乏实际意义。知道自己是男孩，还是女孩，最大的意义是如厕。

辨识方位和颜色

大多数宝宝知道上下、前后、左右、内外方位了，如果还能辨别左右鞋子，宝宝就太优秀了！宝宝还能根据物体的形状和颜色进行分类。

识别动植物

宝宝几乎能够认出所有看过的动物并能叫出它们的名字，还能模仿某些动物的叫声。宝宝还能凭借自己的想象力，画出某些动物的形象。宝宝也能认出一些植物了。一般来说，宝宝对植物的兴趣比较弱，因为植物不会活动，生命力不像动物那样直观。父母要多给宝宝讲有关植物的故事，让宝宝体会到植物的生命力，培养宝宝热爱大自然的兴趣。

认识昼夜、天气与季节

大多数宝宝开始认识晴天、阴天、刮风、下雨和下雪。有的宝宝开始对季节有了认识，知道冬天下雪、夏天下雨。宝宝开始知道白天和黑夜的区别：当夜幕降临时，宝宝会隐约产生恐惧感，几乎一步不离爸爸妈妈或看护人；到了白天，宝宝会放心地自己在一旁玩一会儿。

感知冷热和疼痛

宝宝对冷热的感知，主要是对他用手触及的冷热的感知。宝宝摸过冰块，再看到冰块后，会记忆起来冷的感觉，并能用语言表达“冷”。宝宝摸过热水杯后，有可能会拒绝碰热水杯，但这种情况不常发生，父母不要寄希望于此，还是要让宝宝远离危险物。当宝宝准备做危险的事情时，父母可用简单的语句告诉宝宝为什么这样做危险，宝宝能够大概听懂父母的解释。比如：暖瓶里的水会“烫伤”你的手，水果刀会“割伤”你的皮肤等。

这个月龄段的宝宝对疼痛和冷热有了更加强烈的感觉，不仅如此，他还知道采取措施了。热了，宝宝会脱衣服、踢被子；冷了，宝宝会要求穿衣服，钻到被子里，甚至把头都埋进被子里。宝宝对疼痛更是反应强烈，能初步指出疼痛的位置，但常常不够准确。所以，医生会根据物理检查和临床经验判断宝宝到底哪里疼。

记忆和理解能力

“录制式”记忆

宝宝能把听到的、看到的、感受到的东西都“录”下来，过一段时间，宝宝会用自己的行动或语言表达出来。宝宝已经有了比较长期的记忆能力。

如果在宝宝拽电线或摸电源插座的时候，妈妈曾严厉地对宝宝说：“不要动，危险！”过些日子，当妈妈收拾宝宝小床上的玩具时，宝宝可能会突然对着妈妈喊：“危险，宝宝哭！”宝宝对妈妈制止他做的事情本身并没有太深刻的理解，他还很难通过妈妈对他行动的制止，认识拽电线或摸电源插座的危险。但宝宝对妈妈说话的语气、语调和语言本身有很深的印象。所以，当妈妈动宝宝小床上的玩具时，他也会学着妈妈的样子，大喊“危险”。

对时间和数的理解

如果宝宝对时间和数有了初步的理解，就说明宝宝的思维能力相当不错。如果宝宝对时间和数还没有最初的理解，也不意味着宝宝思维能力差。这时的宝宝可能会使用与时间有关的词句，如“现在”“明天”“快点儿”等。如果妈妈让宝宝拿2个苹果，宝宝会准确地拿2个苹果给妈妈。这个时期的宝宝对数的理解是基于实物，但宝宝开始明白1是少的，100是多的。

镜中认识自我

宝宝可能早在几个月前就认识镜中的“我”了，但有的宝宝或许现在仍然以为镜中的“我”是其他小朋友。没关系，随着时间的推移，宝宝自然会明白那是自己。

宝宝认识镜中的自己，是从五官开始的。当妈妈指着宝宝的鼻子（宝宝有感觉）告诉他那是鼻子时（宝宝在镜子中看到妈妈指着鼻子，宝宝又感觉到妈妈用手指着自己的鼻子），宝宝就把自己的鼻子和镜子里的鼻子联系起来了——原来自己的鼻子可以在镜子里看到。然后是嘴巴、耳朵、眼睛、脸蛋、额头等，慢慢地宝宝就认识了自己的全貌。所以，宝宝能力的发展是渐进的，是在不断实践中发展起来的，对宝宝能力的开发和促进是日积月累的。

宝宝知道了镜子中的宝宝就是“我”，但还不明白“我”为什么比妈妈小。观察宝宝对镜自认时的表情，将是妈妈育儿的一大乐趣。宝宝认识了自我，这几乎可以说是人生的一次大飞越。飞而未越时的憨态才更珍贵，值得妈妈永留心中。

如果妈妈还不能确定宝宝是否认识了镜中的“我”，有个试验可以帮助妈妈。妈妈和宝宝在镜子前玩耍，妈妈趁宝宝不注意时，在宝宝的脸上点一个红点，然后让宝宝在镜子前照。当宝宝流露出惊讶的神情，看着镜子中的“我”，并用手去摸自己的脸时，就证明宝宝已经认识镜子中的“我”了。

全方位模仿

宝宝进入全方位模仿时期，不仅模仿爸爸妈妈，还开始模仿其他人，甚至模仿小动物。2岁前宝宝的模仿大多是滞后的，现在的模仿都是即时的，看后马上就能模仿。当2岁的幼儿看到姐姐用勺吃饭时，他会学着姐姐的样子，拿起小勺往嘴里送；看到妈妈刷牙时，他会学着妈妈的样子，把牙刷放到嘴里。宝宝会学着妈妈的样子梳头，还会帮助妈妈梳头。

幼儿心目中的父母是英雄，他信赖父母、崇拜父母，父母要做好宝宝的榜样。从宝宝出生的那一刻起，甚至早在孕期，父母就要从语言和行动方面规范自己。从对生活的态度到对家庭的责任，从人与人之间的交往到对工作的敬业精神，父母各方面都对宝宝产生着深远的影响。

集中注意力的能力

这个月龄段的宝宝集中注意力的时间约为5分钟。能够集中注意力对宝宝的学习有极大帮助，父母应注意培养。

最简单的方法是，每次和宝宝交流时，父母都争取宝宝的注意力集中在你们的交流上。如果宝宝的注意力已经溜走了，你就应该停下来，把宝宝的注意力引导过来后，再进行交流；如果你无论如何都不能让宝宝的注意力集中到你这里来，就说明你和宝宝交流的内容，实在不能引起宝宝的兴趣，你就应该换一个内容，或换一种交流方式，或让宝宝自己去玩。记住，你和宝宝进行越多的无效交流，宝宝集中注意力的能力就会越差。

常有妈妈因为宝宝注意力集中时间短而向医生询问，认为宝宝有多动症或其他问题。大多数情况下，宝宝是没有问题的，幼儿很难长时间地注意某一件事，即使他很感兴趣的事，集中注意力的时间也不过是十几分钟。

看图说话

宝宝会看着图画书讲故事，其实更接近看图编故事，这是锻炼宝宝注意力的好方法。宝宝所讲的故事，情节常与图画书上的不相符。因为宝宝对图画的理解不同于成年人，宝宝会用更加自然、纯真的眼光去观赏图画、理解含义。

看图说话是这个月龄段宝宝学习的重点。实际上，宝宝可以凭借自己的想象编出故事。父母做一个忠实的听众，是对宝宝最大的支持和鼓励。当宝宝讲故事时，父母要抱着极大的热情去聆听，学会聆听宝宝的声音是父母的必修课。

心理发育

害怕亲人离开，更离不开妈妈

幼儿害怕亲人离开，最怕妈妈离开。离不开妈妈是幼儿情感世界逐渐丰富、发展起来的表现。宝宝的情感发育与父母的作为有着密切的关联。当宝宝对父母表现出依恋、亲近的时候，如常被父母忽视，甚至父母表现出不耐烦，宝宝的情感发育就会受到限制。父母对宝宝表现出来的情感，要给予积极的响应，不但要积极地响应宝宝的情感表达，还要主动表达对宝宝的爱，使宝宝的情感健康地发展起来。

表达自己的情感

宝宝会主动亲爸爸妈妈，表达对父母的爱。宝宝不但会开怀大笑，也会伤心哭泣。当宝宝能用语言表达他的愤怒时，父母就无须揣摩宝宝愤怒的理由了。当宝宝告诉你他为什么生气、为什么发怒的时候，父母千万不能否认，并告诉宝宝他的愤怒是错误的，他不该生气。父母首先要表示，你知道并接受了他的情绪，然后帮助宝宝化解愤怒情绪，帮助他解决问题。

宝宝的情绪常常发生变化，刚才还高高兴兴的，一会儿就不知为什么突然噘起小嘴，或发起脾气，或有些沮丧。这些情绪是宝宝自我意识提高的表现，父母应该欣然接受宝宝的情绪变化。当宝宝哭的时候，如果父母命令宝宝“不要哭”或用愤怒的语气呵斥宝宝“哭什么”，就会压抑宝宝的情绪，过多地压抑情绪会阻碍宝宝建立良好的性格。

宝宝的情绪反应越来越明显，当父母不能满足宝宝的愿望，或有人招惹宝宝时，他开始有了反抗行为。比如：把他喜欢的东西拿走时，他可能会坐在地上哭闹；不让他动他非常想动的某种物品时，他会有强烈的反应。这个月龄段的宝宝可能会故意摔坏东西，以表达自己的不满。面对宝宝的这种行为，父母不要动怒，而应停下手里的工作，等到宝宝也静下来时，轻轻地告诉宝宝，摔东西的行为是错误的。让宝宝意识到，他摔东西的行为会让父母感到震惊，父母不赞成宝宝这么做。

关注父母的情绪

2岁以后的宝宝开始更加密切地关注父母的情绪，宝宝的情绪往往是父母情绪的写照。对于这个时期的宝宝来说，父母就是他的全部，他对父母的情绪感受是敏感的。面对父母的情绪变化，尽管有许多的不理解，宝宝仍能够感受到父母的情绪是开朗还是阴郁。当父母情绪阴郁时，宝宝就会失去安全感，潜能得不到充分发挥，探索精神和求知欲也被压抑，所以快乐友善的环境是宝宝健康成长的保证。

不理解自身的感受

父母要有一定的预见性，能够观察和感受到宝宝的需求。因为，在很多时候，宝宝不能判断出为什么自己会有这样的感受。所以，他常常会因为说不出的感受而哭闹，甚至焦虑。比如：玩耍中的宝宝在睡意袭来的时候，感受到的是突然的疲惫、眼睛睁不开、头脑发昏、肢体站立不稳等。这种不适的感受和刚刚的快乐感受形成鲜明的对比，宝宝一时转不过弯儿来，便会心生焦虑。倘若这时，妈妈像及时雨一样预见到了宝宝的感受，及时告诉宝宝，玩累了，该睡觉休息了，并帮助宝宝躺到床上，宝宝就不会产生焦虑的情绪，进而慢慢地学会理解自身的感受。无论是愤怒，还是欢快，幼儿的情绪反应都有其意义，都是宝宝真实的感受。父母不能只接受宝宝的快乐情绪，压抑宝宝的愤怒情绪。父母应该接受宝宝的所有情绪，然后根据宝宝不同的情绪，采取不同的应对方式。对愤怒情绪加以疏导，与宝宝一起分担；对快乐情绪给予鼓励，并与宝宝一起分享。

占有欲减弱

占有欲的减弱是宝宝学会与人分享快乐的开端，是宝宝和小朋友一起游戏的开始。尽管这个月龄段的宝宝有了与人分享东西和快乐的能力，但是这种能力还是比较微弱的，很多时候，宝宝仍然会护着他的东西，惦记着别人的东西。尤其是父母要求他把东西给其他小朋友玩时，他不但不给，还可能会表现出不友好的态度，这会让父母感到尴尬。有些宝宝虽然不愿意把自己心爱的玩具拱手让人，可小妹妹哭了，宝宝心一软，还是把玩具递给了妹妹。这说明宝宝的同情心开始萌发。但宝宝的同情心弱而短暂，常会让刚平静下来的妹妹再次大哭。

玩耍与交往

过家家

提起“过家家”，好像是上一代人的游戏，已经不受欢迎了。妈妈可不要有这样的看法，也不要拒绝和宝宝一起玩“过家家”游戏。“过家家”游戏能让宝宝开动脑筋，培养宝宝丰富的想象力和创造力。宝宝会自己用玩具“过家家”，嘴里还不断地自言自语，扮演着不同的角色。如果宝宝还不适应和其他小朋友一起玩“过家家”，爸爸妈妈可以陪宝宝玩，让宝宝扮演爸爸或妈妈，爸爸妈妈扮演宝宝，让宝宝体验做爸爸或妈妈的感觉，这是非常有益的。

会玩变形玩具

宝宝动手能力的提高，使得宝宝已经不满足于玩形状固定的玩具了，开始喜欢玩能拉、能转、能发出声音的玩具。这个阶段的宝宝具有极大的“破坏力”，常常把玩具拆散了，或把盛有东西的容器翻过来，探究其中的奥秘，这显示出了宝宝的思考能力。如果父母对宝宝的“破坏”从不强硬制止，也不谴责，宝宝就能更快地结束“破坏”行为，转到“建设”行为上来。当宝宝试图把拆散的玩具安装上的时候，他就开始了“建设”。当然，这种“破坏”应该只限制在玩具的范围里，对家居摆设、家用电器等非玩具类物品，父母还是要明确地告诉宝宝“不能动”，这也是爸爸妈妈帮宝宝建立生活常识的基础。

像妈妈一样关爱玩具娃娃

妈妈对宝宝的关照和爱护，宝宝全部给了玩具娃娃。他会给玩具娃娃穿衣服、喂饭、喝水、盖被子，还会把娃娃放在童车中推着玩。宝宝会模仿妈妈的方法，哄玩具娃娃睡觉，愿意当玩具娃娃的爸爸或妈妈。这是爱的传递。宝宝对待玩具娃娃的态度，应该成为父母审视自己对待宝宝的行为的一面镜子。父母无论工作多忙都要抽出时间和宝宝玩玩具、做游戏，任何幼儿机构都不能代替父母的陪伴。

◎ 适合2岁宝宝的玩具

- 安全的、适合宝宝翻页的图画书或插图故事书；
- 儿童用的画笔和写字笔、写字板、小书桌；
- 简单的积木、插孔玩具和益智拼图玩具；
- 过家家玩具、沙滩玩具、浴室玩具、厨房玩具；
- 大小不同的娃娃和各种动物玩具；
- 大小不同的汽车模型、各种球、不易破碎的瓶瓶罐罐；
- 能变形、推拉的玩具；
- 三轮脚踏车、两轮平衡车、儿童乐器；
- 房间里其他安全不易碎的东西。

培养合作精神

宝宝开始有了和小朋友一起做游戏的意愿，逐渐喜欢和小朋友在一起。但因为宝宝还不懂得合作，和小朋友在一起做游戏的意愿还难以实现。所以，大部分时间，宝宝都是自己玩自己的。宝宝与小朋友合作和分享的潜能，在父母的培养和熏陶下，会更好地展现出来。如果宝宝仍然喜欢自己玩自己的，父母要多给宝宝创造和小伙伴在一起玩耍的机会。

叫出熟悉的小朋友的名字

宝宝能够叫出他熟悉的小朋友的名字，这是宝宝与人交往能力的又一进步。当宝宝离开他熟悉的小朋友时，他偶尔也会叫出那个小朋友的名字。随着宝宝对周围小朋友的熟悉，宝宝渐渐融入了社会。

接纳小朋友，和小朋友友好相处，和小朋友一起玩耍、游戏、辩论，是宝宝走向社会的重要环节之一。不要因为怕把家搞乱、弄脏而拒绝其他小朋友来家里玩；不要因为怕宝宝吃亏而干涉宝宝间的“争斗”；不要担心带宝宝到朋友家做客，宝宝可能给你制造的尴尬。宝宝在爸爸妈妈的正确指导下，会逐渐学会与人交往的本领，这对宝宝来说，可是一项影响深远的重要能力。

父母对宝宝施教的态度和方式

与宝宝建立亲密关系

在宝宝的成长过程中，宝宝希望与父母亲密，成为可以吐露真言的朋友。宝宝不喜欢事事代劳的父母，更不喜欢事事监管的父母。宝宝受到挫伤时需要父母的安抚和激励，宝宝犯错时需要父母给予原谅和引导。父母要把宝宝的表现放在成长的大背景中，认识和理解宝宝在生理上和心理上不断成熟的过程，以及他认识世界、融入社会的成长过程。

给宝宝充分的自由

给宝宝充分的自由，会让宝宝知道如何用自己的能力影响外界，激励宝宝的探索精神和求知欲望，提高他的创新能力。这里，请父母正确理解自由的含义。给宝宝充分的自由，并不意味着放任，让宝宝无所顾忌、为所欲为。父母要有原则，对错误行为必须加以制止，而不是看心情决定处理方式。心情好时，对宝宝就“宽大处理”；心情坏时，对宝宝就严厉批评。这会使宝宝失去判断对错的准则。

兑现承诺

父母认真兑现承诺，对宝宝的品格塑造影响深远。兑现承诺是诚信的一种表现，诚信是一个人获得别人信赖和尊重的前提。父母能够认真兑现承诺，会增强宝宝对他人的信任度和对世界的认可度，也会提高宝宝与人交往、被人接受和喜爱的能力。轻易承诺却不认真兑现，会导致宝宝对父母的不信任。

信任和鼓励

父母一句鼓励的话、一个赞许的点头、一个欣赏的眼神、一个轻轻的抚摸、一个温暖的拥抱，都会在宝宝幼小的心灵里留下美好的印迹，伴随着宝宝一生的成长。幼时充分享受父母疼爱的宝宝，长大后不但懂得爱自己，更懂得爱他人。父母对宝宝的信任和鼓励，对宝宝的健康成长起着举足轻重的作用。

平等交流

宝宝能听懂“不”的含义的时候，他就开始有了朦胧的自我意识；等有了更多的想法，他又开始有了清晰的自我主张。所以，父母不要寄希望于你的“制止口令”甚至是命令能阻止宝宝做他想做的事。用命令阻止宝宝，不但达不到目的，还会逐渐降低父母的威信，或者造成“对峙”局面。和宝宝平等地交流沟通，不但不会使父母失去尊严，还会使父母在赢得尊严的同时，赢得宝宝的爱戴和尊重。

不做发怒的父母

如果父母总是断言宝宝做错了事并经常发怒，会使宝宝变得懦弱，做事缩手缩脚，还会迫使宝宝隐瞒实情，养成撒谎的习惯。如果父母总是对宝宝发怒，宝宝也会学着父母的样子经常发怒。人人都会犯错，宝宝也不例外，但只要给他机会，他就会从中吸取教训。

认识宝宝间的个体差异

每个宝宝之间的发育都存在着显著的个体差异。很早就会走路的宝宝，可能很晚才会说话；1岁还不会爬的宝宝，可能10个月就会走了。每个宝宝都有其独特性，宝宝间生理发育上的容易被察觉的差异是很容易理解的，但宝宝间不易被察觉的差异，就不那么容易被父母理解了。而宝宝间心理、行为、智能等方面的差异，要远远大于身体发育上的差异，却常常不被父母接受。

父母不但要尊重宝宝的生理发育规律，还要理解宝宝的心理成长过程的差异。每个宝宝都拥有自己的独特之处，父母要学会发现并欣赏宝宝的与众不同之处。

生活技能

在实践中锻炼

生活能力是在不断的实践中练出来的，父母不但要鼓励宝宝自己做事，还要鼓励他帮人做事，培养宝宝动手的能力和热爱劳动的品质。让宝宝做事同样是对宝宝智力的开发。父母要及时给宝宝鼓励和肯定，多赞扬宝宝，让宝宝树立自信心，相信自己能做好事情，并敢于承担责任。

自己洗手和洗脸

如果妈妈敢于放手，宝宝会很快学会自己洗手和洗脸。但是，妈妈可不要苛求宝宝会做得很好，宝宝会把洗手和洗脸当成玩游戏。宝宝更多的是凭兴趣做事，感兴趣的事情会不厌其烦地一遍遍重复；感到无聊的事情，他会很快放弃。宝宝洗手的真正目的很少是为了讲卫生，更多的是为了玩水，这就是宝宝的特点。

独立吃完一顿饭

到了这个月龄段，无论宝宝是否能够独立吃完一顿饭，妈妈都应该放手让宝宝独立完成吃饭任务。只要父母放手让宝宝自己吃饭，经过一两周的锻炼，宝宝就能学会自己吃饭。培养宝宝的生活能力和开发智力同等重要。

熟练开门、关门，甚至会锁门

这个月龄段的宝宝已经能够熟练地开门、关门了，还能把门反锁上。安全起见，妈妈要在固定的地方放置一把能开门的钥匙，以便随时帮助宝宝把门打开。如果是带门闩的门，当宝宝把门反锁上时，妈妈就不能从门外把门打开了，所以建议妈妈把门闩取下来。如果妈妈无法打开已经锁上的门，室内只有宝宝一个人，妈妈要保持镇静，平静地和宝宝说话，同时通知其他能够帮助你的人，尽快打开房门，因为宝宝不会长时间地等待下去。把门踢开不是好的选择，这样会给宝宝带来恐惧感，很长时间都不能忘记这次经历。

困了知道上床睡觉

宝宝有了独自入睡的能力后，父母就要为宝宝创造一个舒适、利于睡眠的小环境。宝宝困了，自己就会找到那个“小窝”入睡的。

第三节　营养与饮食

合理搭配饮食

宝宝生长发育所需的碳水化合物、矿物质、维生素、脂肪、蛋白质、纤维素和水这七大营养素，没有哪一种是可有可无的，可以被替代的。所以，父母给宝宝选择食物时，要种类多样并合理搭配，这样才能给宝宝提供均衡的营养。均衡的营养对宝宝生长发育非常重要。

每天的食物需求

每天要为宝宝提供15~20种食物，在这15~20种食物中，要包括五大类基本食物，即粮食、肉蛋奶、蔬菜、水果和水。这五大类食物中，粮食主要提供碳水化合物，肉蛋奶主要提供蛋白质、脂肪和矿物质，蔬菜主要提供维生素和纤维素，水果主要提供维生素和水，水主要提供水和矿物质。事实上，粮食也含有蛋白质、矿物质、维生素和纤维素；蛋肉也含有维生素和碳水化合物；蔬菜也含有矿物质，部分蔬菜含有碳水化合物；水果也含有碳水化合物和矿物质。只是它们含量都不那么高而已。

这个阶段，大部分妈妈准备断母乳了。尽管如此，妈妈还是要把喂母乳当回事，不要以为宝宝已经能很好地吃饭了，母乳就成了可有可无的了。乳类食物对宝宝仍然很重要，不可忽视。如果妈妈采取逐渐断母乳的方法，随着喂母乳次数的减少，就要逐渐添加配方奶或鲜奶。

已经断了母乳的宝宝每天要喝配方奶500毫升左右。有的宝宝非常喜欢喝奶，在不影响一日三正餐的前提下，配方奶可增加到700~800毫升，但是，不能再多了，以免影响其他食物的摄入量，出现缺铁、缺钙。有的宝宝特别不爱喝奶，包括酸奶、奶酪等其他奶制品，妈妈要想办法每天给宝宝提供380毫升的配方奶或纯牛奶。比如：把奶放到面粉中做成面食，也可做脆皮奶。总之，每天给宝宝进食奶制品是非常必要的。

◎ 一天食谱示例

早餐	奶200毫升，1个整蛋羹(加虾皮末和西红柿汁)，豆沙包。
上午加餐	猕猴桃半个，橙子1/4个。
午餐	红豆米饭1小碗，清蒸鳕鱼50克，油菜炒香菇1/3小碗，银耳红枣汤半小碗。
下午加餐	奶100毫升，樱桃4个。
晚餐	芹菜胡萝卜牛肉馅包子2个，小米绿豆粥半小碗。
睡前加餐	奶200毫升。

每餐的食物需求

每日给宝宝提供3次正餐、2次加餐。每正餐提供的食物都要尽可能地包括粮食、肉蛋和蔬菜三大类基本食物，每类食物的分量大致相当。如果宝宝消化能力比较弱，可适当减少肉食比例，增加粮食比例；如果宝宝比较瘦，可适当增加粮食和肉蛋比例，减少蔬菜比例；如果宝宝比较胖，可适当增加蔬菜比例，减少粮食和肉蛋比例。请妈妈注意，这里所说的增加和减少强调适当，不能大幅度地削减和增加，以免食物营养素失衡。

每周的食物需求

除了每天和每餐需注意的饮食原则外，父母还需要注意每周的食物搭配。把每周需吃的食物分配到每天中，并进行合理搭配和替换。

豆类和杂粮每周进食两三次。如：红豆、豌豆、绿豆、白豆等，可煮豆粥或蒸豆饭；黄豆可制成豆浆、豆腐和豆腐脑等。还有糯米、薏米、粟米等，每周可挑选一两种煮粥。

鱼虾每周进食三四次；禽类肉可每周进食四五次；畜类肉可每周进食两三次，牛肉比猪肉含油脂低；动物肝可每周进食一两次，如果宝宝有贫血或缺铁可增加到五六次。

木耳、海带、菌类等山珍海味每周进食一次。

坚果和干果每周进食两三次。

◎ 一周食谱示例

	早餐	上午加餐	午餐	下午加餐	晚餐	睡前
周一	奶，煮鸡蛋，豆沙包，圣女果	苹果和香蕉，白开水	豆米饭，甜椒炒肝，白萝卜鲑鱼汤	酸奶，小甜点，白开水	葱花冬菇牛肉末拌细丝面	奶
周二	奶，鸡肝青菜面条	橘子和白玉瓜，酸奶，白开水	红薯米饭，豆腐鱼肉蒸蛋，海米紫菜汤	酸奶，饼干，白开水	米饭，鹌鹑蛋蒸肉饼，炒土豆胡萝卜丝，银耳枸杞大枣汤	奶
周三	奶，鸡蛋桂花粉糖水，涂花生酱的全麦面包片	猕猴桃和荔枝，白开水	鸡肝虾段韭黄银丝面	酸奶，小蛋糕，白开水	大米小米饭，海带丝炒猪里脊，白灼青菜碎	奶
周四	鲜豆浆，鸡蛋卷	橙子和樱桃，白开水	杂豆米饭，蒸鳕鱼，瘦肉，青菜汤	酸奶，蛋挞，白开水	牛肉菜饼，西红柿鸡蛋汤	奶
周五	奶，蛋花瘦肉粥，小馒头	桃和哈密瓜，白开水	南瓜米饭，时蔬菜汤，金汁粉丝煮鱼片	酸奶，苏打饼干，白开水	青菜嫩段鸡肉丝面	奶

	早餐	上午加餐	午餐	下午加餐	晚餐	睡前
周六	奶，鸡蛋饼，西红柿	火龙果和草莓，白开水	山药米饭，西蓝花炒牛肉末，红萝卜土豆鸡汤	酸奶、饼干、白开水	紫米大米饭，肉末青豆炖豆腐，时蔬菜汤	奶
周日	豆浆，三明治	芒果和石榴，白开水	杂粮米饭，地三鲜，青菜大枣猪骨汤	酸奶，果酱小面包，白开水	蛋炒饭，肉末炒碎菜，木耳蘑菇鸡蛋汤	奶

不同类型宝宝的加餐方案

如果宝宝食量小，比较瘦，两次加餐就以奶为主，水果和水次之。睡前加餐是非常必要的，应以奶为主。

如果宝宝食量大，比较胖，加餐主要吃水果和水，最好取消睡前加餐。

如果宝宝不爱吃肉，可继续把肉做成泥状，做成肉粥、肉米饭、肉龙，或者做成包子、饺子、馄饨等。

如果宝宝不爱吃绿叶菜，可把蔬菜切碎或把蔬菜榨汁，进餐时当饮料喝。

如果宝宝不爱吃杂粮，可把杂粮做成杂粮汁（用豆浆机做）。

如果宝宝不爱喝奶，可自制或去超市加工无水蛋糕（面粉、奶粉、鸡蛋），这样也解决了宝宝不爱吃鸡蛋的问题。妈妈还可用奶给宝宝做脆皮香蕉、奶馒头、牛奶面包粥等。

有的宝宝不喜欢吃鸡蛋，但非常喜欢吃蛋挞，就可以把鸡蛋做成蛋挞。

宝宝可吃的食物品种多了，可采用多种烹饪方法，为宝宝改善伙食，增加宝宝的食欲。

培养健康的饮食习惯

宝宝的饮食习惯对其身体健康和成长发育有着至关重要的影响。然而，随着生活水平的提高和食品加工工业的发展，宝宝易受到各种高热量、高盐分、高油脂和高糖分食物的诱惑。如何引导宝宝养成健康的饮食习惯是家长需要面对的问题。

宝宝的饮食习惯是在早期形成的。家长应在添加辅食时就开始培养宝宝健康的饮食习惯，包括给宝宝提供优质的食物，合理安排进食时间和量，培养宝宝对健康食品的好奇心和兴趣等。

· 注意少吃或不吃垃圾食品、加工食品、合成食品、腌制食品、冷冻食品、反复融冻食品、剩饭剩菜等。

· 注意烹饪时少油、少盐、少糖、少调味剂，采用能最大限度地保留食物本身的营养素和天然味道的烹调方法。

· 不给宝宝吃过度重口味的食品，如麻辣烫、油炸甜饼、咸菜、奶油甜点、巧克力等食物。

· 不使宝宝因吃零食而影响正餐。选择水果、水、奶制品和部分饼干、海苔等做零食，让宝宝少吃膨化和油炸零食。

培养良好的进餐习惯

进餐习惯培养关键期

这个月龄段是培养宝宝良好进餐习惯的关键时期。要让宝宝坐在固定的餐桌或餐椅上吃饭，做到不走动着吃、不玩着吃、不看着电视画报吃饭。父母也要做到不哄着宝宝吃、不强迫宝宝吃、不为让宝宝吃饭做不该有的许诺。

宝宝三正餐的时间和成人进餐时间差不多，可以和成人一同进餐，按时进餐。尽量营造一个安静的就餐环境，如果放音乐，就要放优美轻松的音乐，周围人不要频繁走动或大声喧哗。如果宝宝和成人在一张桌子上吃饭，成人不要对饭菜进行批评，培养宝宝不挑食、不偏食的习惯。不要在吃饭时教育和训斥宝宝，成人也不要在饭桌上争吵。

让宝宝自己拿勺吃饭

到了这个月龄段，绝大多数宝宝都能独立完成吃饭任务。如果宝宝仍然不会自己拿勺吃饭，不是宝宝能力差，大多是父母没给宝宝机会。现在也可以让宝宝练习使用筷子了。筷子不仅是吃饭的工具，使用筷子还可以锻炼宝宝的手部精细动作。

宝宝也是美食家

妈妈要认真地给宝宝准备饭菜，不能因为宝宝吃得少就凑合。对宝宝来说，吃不仅仅是为了填饱肚子，宝宝要品尝食物的美味，更要观赏食物的色泽。父母不但要尊重宝宝的食量，还要尊重宝宝对食物口味的选择。为了促进宝宝的食欲，烹饪时要注意食物的色、味、形，提高宝宝的就餐兴趣。另外，要少给宝宝吃零食，尤其是膨化、高糖和高油的零食。养成按时进餐的习惯，正餐前1小时不让宝宝吃任何零食。

喜欢和父母一起吃饭

宝宝喜欢和父母一起吃饭，喜欢吃成人饭菜。如果想让宝宝和父母吃同样的饭菜，烹饪时要倾向于照顾宝宝的口味，饭菜要做得细、软、碎，少放盐，不放刺激性调料。宝宝和父母一起进餐，不但满足了宝宝的喜好，也可以节省父母的时间，节省下来的时间可以陪宝宝做户外活动、各种游戏。

宝宝吃饭难

导致宝宝吃饭难的常见因素有过度喂养、不愉快的就餐经历、宝宝不满意饭菜的味道、没有养成好的就餐习惯、就餐环境不好、饭菜不适宜宝宝吃、食物种类不符合宝宝的意愿、宝宝病了等。觉得宝宝吃饭难的时候，父母要仔细寻找可能的原因，并根据原因进行调整。不要常在宝宝面前唠叨“你不好好吃饭，真是让妈妈发愁”“再不好好吃饭，不带你上游乐场了”等。这样做非但于事无补，还会让父母和孩子间产生怨怼，使原本轻松的就餐气氛紧张起来，餐桌前的所有人都觉得餐食索然无味，久而久之，宝宝就更不爱吃饭了。父母从一开始就要注意，避免宝宝养成不好好吃饭的习惯。

偏食

父母要正确地对待宝宝偏食的问题。宝宝的偏食多是一时性的，他对新的味道还不能马上接受，父母应耐心等待。宝宝对每一种他第一次品尝的食物，都有一个适应过程。如果宝宝不能接受某种新的食物味道，通常需要多尝试几次，宝宝才有可能接受。父母对宝宝的宽容，是避免宝宝偏食、厌食的最好办法。

宝宝对饮食的偏好不能视为偏食，他只是比较喜欢某种食物罢了。对饮食的偏好与宝宝自身有关，也与父母的饮食习惯有关。多数宝宝比较偏好甜食，也有不少宝宝喜欢脂类食物。甜食在宝宝口中会释放出甜美的味道，宝宝对这种感觉产生了美好的记忆，并不断记忆哪些食物吃到嘴里是甜的，这种记忆使得宝宝能够有意识地去选择甜食；脂类可以释放出芳香的味道，闻起来香喷喷的，比甜食更能引起宝宝的食欲。

如果宝宝对某种食物太偏好了，就会拒绝另一些食物，这样就会发展成偏食。偏食会导致营养不均衡，而均衡的营养是宝宝健康生长的基本保证。所以，父母要适当地纠正宝宝对某种食物的过度偏好，避免其发展为偏食。

不好好吃饭

宝宝食欲不佳，父母首先要排除宝宝是否患有消化系统或全身性疾病，及时给予治疗。若没有器质性疾病，则要从饮食安排、就餐环境、饮食习惯、精神因素等方面考虑，采取可行的方法，促进宝宝的食欲。

正确安排宝宝进食，要注意以下几点：

·进食要有规律。胃肠道消化酶的分泌是定时的，如果进食不能定时定量，就容易引起消化功能紊乱，宝宝食欲降低。

·食品要多样化。父母往往喜欢让宝宝吃营养高的食品，造成宝宝的饮食单调，影响食欲且不利于营养的均衡。

·不要过多地吃零食。正餐前1小时一定不要吃零食。吃零食也要定时定量。不要喝碳酸饮料，少吃膨化食品。

·吃饭前不要喝水，更不要用水泡饭。饭前可给宝宝吃些开胃的食物，如山楂等。

·吃饭时不要看电视、画册、讲故事等，要让宝宝注意力集中，千万不要边玩边吃，更不要让宝宝离开饭桌，追着喂宝宝，一定要让宝宝自己独立吃饭。如果宝宝这顿吃得少或没好好吃饭，通常会在下一顿多吃，吃得也很香。所以，妈妈不要为宝宝某一顿饭吃得少而焦虑，也不用因为宝宝这顿饭吃得不那么香而烦恼。宝宝吃饭“饥一顿饱一顿”是正常的。父母的焦躁情绪会传递给孩子，倘若父母总是在孩子吃饭时焦躁不安，孩子就会越来越不好好吃饭。

·父母做出表率，创造良好的就餐环境，

饭量小

宝宝的饭量并不会随着年龄的增长而增长很多。如果正处于炎热的夏季，宝宝的饭量可能还会减少。如果上个月正值秋天，宝宝吃饭特别香，到了这个月，可能会出现积食，因而食欲并不像原来那么好了。总之，宝宝的饭量不会有太大变化。如果宝宝吃得不错，生长发育都正常，爸爸妈妈就不要总是盯着宝宝的饭量了。宝宝长大了，越来越有自己的主见了，不愿意吃的饭，恐怕妈妈不能像原来那样哄着吃了。给宝宝更大的吃饭自由，是争取宝宝好好吃饭的最好方法。

离不开奶瓶

什么时候让宝宝离开奶瓶？这个问题没有统一的答案和标准。但可以肯定的是，长期用奶瓶对口腔、牙齿和咬合关节没有什么好处。如果宝宝喜欢含着奶嘴睡觉，不仅会影响宝宝的口腔卫生，也会影响宝宝的咀嚼功能。所以，如果妈妈能够做到，并且宝宝也乐意接受的话，改用杯子喝奶或喝水是个不错的选择。

让2岁的宝宝离开奶瓶并不是一件难事，2岁的宝宝已经没有多大的吸吮欲望了。如果宝宝就是爱用奶瓶喝奶、喝水，不用奶瓶就不好好喝奶、喝水，妈妈也不必为了让宝宝离开奶瓶，就强迫宝宝使用杯子。

喝饮料的习惯

宝宝几乎喜欢喝任何种类的饮料，因为饮料都是以甜为主的。但是，饮料对宝宝的健康没有益处，妈妈要少给宝宝喝，尤其是很容易令宝宝有饱腹感的高糖、碳酸、苏打饮料，含咖啡因、茶等成分的饮料也不适合宝宝喝。这些饮料不但会影响宝宝的食欲，还会降低他的消化功能，导致胃肠胀气、腹部不适。

爸爸妈妈可适当选择纯果汁制作的饮料，如果果汁太浓，可以加水稀释后给宝宝喝。最好使用杯子给宝宝喝饮料，因为用奶瓶喝饮料，往往会让宝宝喝得过多。

营养素的补充

如果宝宝吃得很好，饮食搭配合理，就不需要额外补充营养素。如果处于冬季，宝宝接受日照时间短，可给宝宝补充维生素D。每天可补充维生素D400国际单位。

第四节 日常生活护理

睡眠时间

宝宝到底需要多长的睡眠时间？这个问题并没有标准答案。如果宝宝一天睡10个小时就足够了，父母却因为“这么大的宝宝每天应该睡12小时”而硬把宝宝按到床上，以保证12个小时的睡眠时间，那么宝宝和父母间的冲突就不可避免。宝宝的睡眠时间个体差异很大，没有适合所有宝宝的“标准睡眠时间”，父母要认识到，宝宝需要睡多长时间，通常他就会睡多长时间。

困也不睡

这个月龄段的宝宝能够靠自己的意志保持清醒，即使困也不睡。但这种意志力是很有限的，无论宝宝怎么不舍得睡觉，都难以摆脱睡意的侵袭，会在“就是不睡，就是不睡”的对抗中突然倒头大睡，这就是宝宝的特性。宝宝还会因为疲劳而哭闹，这时，如果父母认为宝宝是因为无聊，或认为宝宝是因为没有玩够而哭闹，就带着宝宝继续玩耍、做游戏，宝宝可能会闹得更欢，因此会更疲劳。对于这个月龄段的宝宝来说，他还不能感受自己是因为疲劳而不舒服，因此不能主动停止玩耍以恢复体力，这一点是父母需要注意的。如果宝宝玩得正开心时突然开始不耐烦，甚至哭闹，妈妈可试着让宝宝安静下来，躺下来给宝宝讲故事，或让宝宝坐在你的腿上，摇着宝宝轻轻哼一曲优美的歌，安静下来的宝宝困意袭来，就能伴着妈妈的歌声甜甜地入睡。

独自入睡

宝宝已经有独自入睡的能力了，父母要相信这一点，给宝宝充分的自由空间，同时为宝宝创造一个舒适、利于睡眠的小环境。有的宝宝不能独自睡觉，必须有人陪着，甚至还需要妈妈抱着、哄睡。这恐怕不能全怪宝宝，父母应该检查一下自己的做法，看看哪些做法不利于宝宝养成困了自己上床睡觉的习惯，在生活中做出调整，宝宝很快就会自己睡觉的。

不爱睡午觉

2岁的宝宝精力旺盛，不舍得睡觉是常有的事，尤其会不愿意午睡。宝宝是否愿意午睡，午睡多长时间，与宝宝的年龄有密切的关系，也与父母的习惯和文化背景等因素有关。

宝宝需要午睡吗？答案是肯定的。心理学家的研究表明，对所有年龄段的人来说，午睡都不是多余的，午睡对人身体健康是有帮助的，所以父母应尽量帮助宝宝养成午睡的习惯。午睡需要多长时间呢？通常情况下，睡半个小时就足以消除疲劳感，23个月的宝宝白天可能会睡上一两个小时，甚至两三个小时，这都没关系，只要宝宝不因白天睡多了，半夜起来玩或哭闹，就任由宝宝去睡吧。如果宝宝白天睡三四个小时，到晚上该睡觉了还很精神，甚至半夜三更还不睡觉，要爸爸妈妈陪着玩，那就说明宝宝的睡眠习惯需要调整了。调整的方法应该是和缓的，在不影响宝宝整体睡眠的情况下进行。

爸爸妈妈可以在宝宝白天睡了一个多小时的时候，轻轻呼唤宝宝的名字，并轻轻推动宝宝的肩膀，也可拍拍宝宝的小屁股，或亲亲宝宝的小脸蛋，手里拿个宝宝喜欢的动物玩具，学着动物的语言，叫宝宝起来玩。如果宝宝因此哭闹，就不要这么做了。

◎ 让宝宝爱上睡午觉的两个好方法

· 尝试着改变宝宝睡觉的地方，不让宝宝睡到他晚上睡觉的床上，而是在儿童房或其他某个角落，为宝宝设计出一个专门用来午休的空间，他会为了到那里享受特有的空间，而愿意午休。

· 制定一个规则，找一本宝宝喜欢听的故事书，只有在午睡前才给宝宝讲，宝宝为了听那些有趣的故事，并能和妈妈或看护人一同享受躺在一起讲故事、听故事、休息的温馨时刻，会愿意放弃玩耍的时间。

假装睡着了

宝宝可能会假装睡着了，这是宝宝在和妈妈做游戏，而非有意欺骗妈妈。既然是宝宝发起的游戏，妈妈就跟着游戏玩好了，不必马上揭开谜底。

当宝宝假装睡着了，一动不动地躺在那里时，游戏就开始了。妈妈悄悄地走过来，蹲在床边，夸奖宝宝“好乖”，同时仔细观察宝宝半闭半合的眼皮，哈哈，宝宝的眼球正在眼皮底下骨碌碌地打转呢！妈妈顺水推舟，做出完全相信宝宝已经睡着的样子，可以小声地自言自语：“宝宝终于睡着了，妈妈也可以休息一下了。”可能不一会儿，宝宝就真的睡着了。宝宝入睡是很快的，不会像成人那样心事重重，躺在那里辗转反侧，半天不能入睡，甚至整晚失眠。如果宝宝晚上不肯上床睡觉，爸爸妈妈不妨和宝宝玩“假睡”游戏，让宝宝在快乐中入睡。

尿便管理

学会告诉妈妈尿尿、便便

◎ 白天

如果宝宝在这个月龄段就能告诉妈妈要尿尿、便便，那当然是件大好事，但大多数宝宝还不能给妈妈这样的惊喜。这个月龄段的宝宝在控制尿便方面，即使什么都做不到，也属正常现象，妈妈不必气馁。

◎ 晚上

有的宝宝早在几个月前，晚上有尿时，就能够坐起来告知妈妈要尿尿，但也会经常尿床，夜尿控制断断续续。这是为什么呢？宝宝控制夜尿，固然是一种能力，但正常发挥这种能力还需要适当的条件。从能力的角度讲，宝宝已经能够控制尿便了，但如果白天水喝多了，或睡前喝水了，或白天玩得太累了，或感冒不舒服了等，而宝宝有尿的时候又恰好正处于深度睡眠阶段，充盈的膀胱就不足以把熟睡的宝宝刺激醒。所以，宝宝就会尿床了。妈妈不必责备宝宝，更不要抱怨宝宝。仔细检查外部因素，把可能导致宝宝无法控制夜尿的生活细节调整一下，宝宝自然就不会继续尿床了。

生理条件

宝宝的生理成熟度是宝宝学会控制尿便的基础条件。这包括以下几个方面：肌肉与神经系统已经发展到能够控制大小便的程度；可以灵活地运用双脚走路，会蹲下，会坐下，并且可以自己安静地玩一段时间；直肠括约肌发育比较完全，膀胱控制能力有所增加，能够间隔30分钟以上才需要排尿一次。宝宝只有具备上述这些控制尿便的生理条件时，他才可能学会控制尿便。

心理条件

宝宝能否自主控制尿便，与宝宝认知能力的成熟度和情绪也有关系。这包括以下几个方面：对一些简单的语句与词汇有一定的认知能力，自己能用语言或声音与父母进行交流和沟通，能够听懂父母的指令，对周围环境有基本的信任感，能够配合父母学习控制排便，与父母拥有良好的亲子关系，能够保持情绪稳定一段时间。宝宝只有具备了上述心理条件，才能够保证他学习控制尿便的过程顺利进行。

长时间蹲便盆

在训练宝宝尿便时，父母应注意不要让宝宝长时间蹲便盆，也不要让宝宝养成蹲便盆看电视、看书、吃饭的习惯。长时间蹲便盆不但不利于宝宝排便，还有导致痔疮的可能。蹲便盆看电视会减弱粪便对肠道和肛门的刺激，减慢肠道的蠕动速度，减轻肠道对粪便的推动力。

缘何憋着尿便

当宝宝能够控制尿便后，宝宝也有了憋着尿便不排的可能。排便会受到宝宝情绪的影响。宝宝焦虑或发脾气时会拒绝排便，宝宝恐惧时也会拒绝排便。宝宝憋着尿便不排时，妈妈不要表现出急躁的情绪，而是要安抚宝宝，让宝宝安静下来，放松紧张的神经，这样才能够让宝宝顺利地排出尿便。宝宝憋尿的情形不多，即便故意憋着，或因情绪影响拒绝主动排尿，大多也会因控制不住而尿裤子。父母如果总是在吃饭的时候唠叨宝宝，甚至训斥宝宝，会影响宝宝的食欲，使宝宝胃肠道胃液的分泌能力降低，消化功能减弱，出现胃肠神经紊乱，肠蠕动缓慢，而导致便秘。所以，父母切莫在餐桌上教育宝宝。

生活习惯导致的便秘

有些宝宝的便秘是由不健康的生活习惯引起的，需要父母加以调整。

·给宝宝吃的都是精细、高热量、高蛋白食品，食物残渣太少，宝宝喝水也太少；

·有些父母怕宝宝不安全，也怕把室内搞脏，限制宝宝的活动，因此宝宝运动量不足；

·宝宝和其他小朋友在户外玩耍的时间短，不能够有效地刺激肠蠕动。

缓解此类便秘最好的方法是饮食疗法加运动，让宝宝多吃蔬菜，尤其是含纤维素高的蔬菜，多吃些粗粮，不要吃得太精细，而且要帮助宝宝养成定时排便的习惯。

预防意外事故

不仅用警告预防意外事故

有的时候，宝宝能够接受父母的警告，主动规避危险。有的宝宝能听懂父母用简单的语句解释的安全问题。但是，更多的时候，更多的宝宝，不能主动规避危险。父母不能寄希望于宝宝自己远离危险，这么大的宝宝还没有这个能力。所以，父母既要不断地警告宝宝什么是危险的、什么不能动、什么不能做，还要最大限度地规避危险，给宝宝创造安全的生活空间。

睡眠安全

宝宝睡在自己的小床上，醒后会爬过栏杆下床，很有可能摔伤。所以，宝宝的床垫要放到低档位，宝宝站立在小床里，栏杆要高过他的腋下。宝宝睡的床周围不能有电源电线，不要在宝宝床上放金属材质、有尖锐角或零部件易脱落的玩具，也不要放大型的毛绒或充气玩具，以免宝宝睡觉时翻身受伤或堵塞呼吸道。

玩具安全

不给宝宝玩带有电源插座的玩具；不给宝宝购买金属材质并能够拆卸的玩具，以免划伤宝宝的手指；不让宝宝玩易爆裂的充气气球，以免气球爆裂碎片伤及宝宝的眼睛；切不可给宝宝玩充有氢气的气球。

居家安全

宝宝单独在房间玩耍时，父母一定要保证窗户是紧闭并上了锁的，纱窗不能被当作安全屏障。不要把床、沙发、椅子等放在窗户下面，以免宝宝登高爬上窗台。

不用的电源插座要安装上保护套；已用的电源插座，如果长期不拔，要用透明胶带固定插头，以免宝宝拔下插头后触摸电源插座。

各种洗涤剂都要放到宝宝拿不到的地方。浴盆或洗衣盆中存水时，不能让宝宝单独在旁边玩耍。

宝宝在客厅玩耍时，客厅中的饮水机制热开关要保证处于关闭状态。厨房中的热水瓶等要放到宝宝拿不到的地方，所有刀具都要放到安全的地方。

宝宝喜欢爬高，父母一定要注意。往上爬容易，下来可就不那么容易了，宝宝可能会从高处摔下来。所以，要在宝宝可能摔下的地方放置保护垫。如果没有保护垫，宝宝身边就要有人看护。

户外安全

远离水塘和河沟。不带宝宝在有汽车和摩托车驶过的路边玩耍，尤其是老人看护时，更要远离马路。

乘车安全

一定不能让宝宝坐在副驾驶座位上。最好的位置是后排座位，而且一定要让宝宝坐在汽车的安全座椅中并固定好安全带。带宝宝上车后的第一件事就是锁上车门和窗玻璃。

第九章

25~30个月的宝宝

本章提要

- 能跨过障碍物，两脚交替着上下楼梯；
- 经常用跑代替走，走路时能弯腰拾物；
- 学着拇指和四指配合握笔，画不规则的线；
- 能说完整的句子，根据形状将物体分类，理解数字的概念；
- 开始模仿小伙伴的行为，理解什么是"我的""他的"；
- 开始表达更多的情感。

第一节 生长发育

生长发育指标

体重

30个月的男宝宝	体重均值13.64千克，低于10.97千克或高于17.06千克，为体重过低或过高。
30个月的女宝宝	体重均值13.05千克，低于10.52千克或高于16.39千克，为体重过低或过高。

身高

24个月的男宝宝	身高均值93.3厘米，低于85.9厘米或高于101厘米，为身高过低或过高。
30个月的女宝宝	身高均值92.1厘米，低于84.8厘米或高于99.8厘米，为身高过低或过高。

头围

这个月龄段的宝宝头围相比之前平均增长0.2厘米，基本上测量不出与前几个月的差别，父母很难从外观上发现宝宝头围增长了。相反，因为宝宝的身体逐渐匀称，父母反而会感到宝宝的头变小了。宝宝大大的前额也会随着年龄的增长慢慢变平，头形越来越好看了。

乳牙

多数宝宝在2岁半后全部出齐20颗乳牙。即使有的宝宝还没有出齐乳牙，父母也不必着急，再等一段时间，宝宝的乳牙自然会出齐的。

乳牙的护理也不能轻视。父母应在每天晨起和睡觉前带宝宝刷牙，每次吃饭后都应该让宝宝用清水漱口，或用棉纱布轻轻擦拭牙齿表面。避免给宝宝吃粘牙的食物，帮宝宝清洁牙齿时一定要把每颗牙齿的表面都清洁干净。

这个月龄段的宝宝多数会自己刷牙了，但还不能把牙齿清理干净，妈妈要在宝宝刷完后，再帮助宝宝刷一次。

大运动能力

运动能力逐月进步

25个月的宝宝能跑，能双脚稍微跳起。妈妈牵着宝宝的双手，宝宝能够单脚站立，但还站不稳。妈妈扶着宝宝的双手，宝宝能够双脚一同跳起。

26个月的宝宝能够独自走障碍棒。妈妈在地上放一根木棍或小塑料棒，当宝宝走近时，他会轻松地抬起脚跨越地上的障碍物。如果宝宝不敢，或还不能独自跨越，妈妈可牵着宝宝的小手，鼓励宝宝跨越。也可以让爸爸在前面给宝宝做示范，妈妈领着宝宝，跟在后面模仿爸爸的动作。

27个月的宝宝已经走得很稳当了，能随时根据需要起步走或停下来，能加速向前走，也能减速向前走；跑步时两个胳膊会前后摆动；能双脚并拢连续向前蹦几步，有的宝宝会单脚向前蹦一步，但大多数宝宝还不能单脚蹦跳。

对于28个月的宝宝，妈妈扶着宝宝的一只手时，宝宝的双脚能够稍微跳起；妈妈扶着宝宝的双手时，宝宝能单脚站立，但站不太稳。

对于29个月的宝宝，妈妈扶着宝宝的一只手时，宝宝的双脚能够跳起；妈妈扶着宝宝的双手时，宝宝能够单脚站稳。

30个月的宝宝能独自双脚跳起；妈妈扶着宝宝的双手时，宝宝能够单脚稍微跳起；宝宝还会双臂举起抛掷物品。

不停地运动

爬走跑跳踢，宝宝能用各种方式让自己的身体动起来。只要睁开眼睛，他就像发动机一样，不停地运动着，精力旺盛，毫无倦意。宝宝常以磨人、哭闹、耍赖、不听话等方式告诉爸爸妈妈他累了。所以，只要宝宝在高兴地玩耍，爸爸妈妈就不要担心会累坏他。

走路更自如

宝宝走得更加自如了，能向后退着走、走着转弯、边走边说、走着用手做事。宝宝还能边走边向不同方向转头，不断改变行进方向。有的宝宝在走路的过程中能够随时弯腰拾物，并能转着圈走。2岁半的宝宝大多能够单脚站立，借助一点儿力就能单脚直立并保持平衡几秒钟。宝宝有了这个能力后，在穿鞋和裤子时，就不再喜欢坐在小板凳上穿了。尽管宝宝在单脚站立时可能会东倒西歪，但宝宝还是不肯坐下来。这是宝宝在学习新事物、掌握新技巧。宝宝一旦拥有了某种能力，学会了某项技巧，就会不断地重复，直到他完全掌握这种能力和技巧。

自由地蹲下再站起来

这个月龄段的宝宝能自由地蹲下做事，能够比较快速地从蹲位变成站立位，而不再需要一只手撑地或两手扶腿了。弯腰时，如果妈妈叫宝宝，宝宝会在弯腰状态下，把头扭过来看妈妈。宝

宝还会弯腰低头，从两腿之间看妈妈。可别小看这个动作，这个动作需要宝宝全身发力，在异常体位下保持平衡状态，说明宝宝的平衡能力已经相当不错了。

宝宝的腿部肌肉力量增强了，坐在小凳子上，不再需要扶着某样东西站起来了，可完全靠自己的平衡能力和腿部肌肉力量，以及动作的协调性稳当地站起来。但如果宝宝坐在平地上，直接站起来的可能性几乎没有。其实，即使是成年人，有时也需要借助一只胳膊的力量才能站起来。

跑、爬、蹦、踢

宝宝开始更多地用跑代替走，在快跑时遇到障碍物能及时停下脚步或减慢速度。有时宝宝跑得太快，突然想停下来，但还没有完全掌握控制身体的技巧，脚收住了，身体却收不住，就会摔倒。这时妈妈要提供必要的保护，而不是过多地限制宝宝的活动。宝宝开始爬障碍物，喜欢攀爬和滑滑梯，在垫子上打滚；宝宝喜欢蹦来蹦去，会从上往下蹦，并开始从下往上蹦。

宝宝的足部运动能力越来越强，喜欢用脚做事，见到地上的东西，总是喜欢踢一踢。宝宝最喜欢踢球，无论是男孩还是女孩，都喜欢踢皮球。爸爸妈妈给宝宝选择鞋的时候要注意，即使在夏季，也不要给宝宝选择露脚趾的鞋子，以免宝宝踢球和其他物体时，把趾甲踢伤。如果上个月会抬脚踢球了，从下个月开始，宝宝可能会把一只脚先向后伸，然后向前使劲对准球把球踢出去。这可不是一个简单的动作，宝宝要保持身体的平衡，还要恰到好处地把脚落在球体上。当宝宝会这样踢球时，就可以把球踢得比较远了，离在跑步中踢球就不远了。

滑滑梯

有的宝宝不敢滑滑梯，但看到其他小朋友快乐地滑，也跃跃欲试，一次次地爬上滑梯，却在要往下滑时露出害怕的神情，甚至抱着妈妈的脖子不放。妈妈不要急，也不必担心宝宝的胆量，不能因为宝宝不敢滑滑梯而认为他懦弱。宝宝的发育存在着个体差异，性格也是迥异的。在运动方面不愿意冒险的宝宝，不一定是胆子小，而是感觉到他没有把握完成这个动作，说明宝宝开始有了安全意识。爸爸妈妈陪着宝宝慢慢练习，重复次数多了，宝宝就敢自己往下滑了。

喜欢爬高

宝宝喜欢爬到高处，有的宝宝还会从高处往下跳，以此寻求新的刺激。宝宝喜欢在沙发上跳跃，体会被沙发弹簧弹起来的感觉。宝宝会利用一切可以利用的“体育器械”锻炼自己的运动能力和体魄，无须妈妈购置体育器材，这是宝宝因地制宜、就地取材的聪明之举。妈妈可能会说沙发是用来坐的，不是用来供宝宝跳的，可宝宝哪能像成人一样老老实实地坐在沙发上？在沙发上跳来跳去、爬上爬下是宝宝的天性使然。等宝宝长大了，自然会稳当地坐在沙发上。如果现在让宝宝像成人那样坐在沙发上，那就违背了宝宝的天性。

喜欢赛跑

现在宝宝不喜欢走路了，因为走路已经没有挑战了。宝宝很喜欢和爸爸妈妈一起赛跑，和宝宝赛跑是引发宝宝走路兴趣的好方法。宝宝天生喜欢竞技活动，喜欢竞技带来的刺激。但宝宝多喜欢追赶爸爸妈妈，因为在宝宝看来，追爸爸妈妈是主动和安全的，而被爸爸妈妈追赶是无法把握和不安全的，会令他感到恐惧。也有的宝宝更喜欢被爸爸妈妈追赶，因为那样刺激性更大。

喜欢水

宝宝喜欢听踩水的声音。雨过天晴，带宝宝到户外活动，如果地上有积水，宝宝不会像成人那样绕过积水，反而会毫不犹豫地踩在积水中快乐地玩耍。溅起的水花越大，宝宝就越兴奋。

喜欢骑儿童车

宝宝非常喜欢骑儿童车，能蹬着三轮车向前移动几十厘米。尽管他还不能控制方向，到处撞来撞去，却非常高兴，并不为此感到恐惧。爸爸妈妈带宝宝到户外骑儿童车时一定要注意安全，不要让宝宝在小河沟旁、有过往车辆的马路上、坑坑洼洼的地方骑车。

上下楼梯

宝宝可能不再需要借助任何物体上下楼梯。有的宝宝会独自两脚交替着迈上台阶，有的宝宝还需要牵着妈妈的手才能两脚交替着上下楼梯。

每个宝宝的发育都有着各自的进程，不可能总是按照普遍发展模式和时间完成。这一段时间，宝宝的能力发育可能落后于一般水平，但另一段时间，很可能又超前于一般水平。另外，这方面落后些，那方面超前些，这种情况也是很普遍的。爸爸妈妈要全面观察宝宝的生长发育情况，用发展的眼光看待宝宝的成长。

精细运动能力

一双灵巧的手

宝宝能拧开瓶盖，会转动门把手，会蹲下解开鞋带脱鞋。有的宝宝还会穿鞋，但不知左右，在妈妈的指导下能改正过来。有的宝宝能拉开拉链，把衣服脱下来。有的宝宝会用一只手拿杯子，会剥开糖纸。宝宝手部的精细运动能力增强，开始喜欢摆弄比较小和比较复杂的物体。

宝宝能够用积木搭建桥梁，会把2块积木拉开距离，然后把第3块积木搭在2块积木上边，构成一个桥。宝宝能够把10块积木搭成塔。妈妈可以和宝宝进行一场比赛，看谁搭积木搭得高。

涂鸦能力增强

宝宝开始学习用拇指和四指配合握笔，用笔涂鸦的能力大大增强，不再是胡乱画。宝宝可以画出一条连续的线，而且还能连续画几条相互平行的线，当然是弯弯曲曲的，这已经是不小的进步了。

宝宝喜欢用彩色笔画各种图画，开始练习临摹图画书上的图案。宝宝画什么并不重要，重要的是绘画能使宝宝充分发挥想象力。当宝宝画画时，妈妈要问宝宝画的是什么，宝宝会告诉你自己画的是什么。可能在你看来宝宝画的和你看到的一点儿都不沾边，你可千万不要打击宝宝，这会伤害宝宝的自尊心。我们不能用成年人看世界的眼光去理解宝宝，宝宝眼中的月亮也许就是那样，妈妈能做的是带宝宝看天上的月亮，看月圆月缺。

在宝宝涂鸦时，妈妈可以做示范，边示范边说，如小白兔的眼睛是红色的，然后用红色的笔把小白兔的眼睛涂

上红颜色。也可以在一旁，用提问的形式帮助宝宝回忆。如宝宝正在涂一只小熊猫，你就问宝宝："熊猫的眼睛是什么颜色的？"然后拿画有熊猫的图给宝宝看，并说熊猫的眼睛是黑色的，耳朵和胳膊也是黑色的。通过这样的游戏，帮助宝宝提高观察能力。

使用剪刀

在纸上画一条线，宝宝可能会沿着线把纸剪开，当然他还做不到严丝合缝。如果有一天，妈妈发现床单被剪开了一个小口子，那很可能是宝宝的杰作。这时妈妈不要发火，因为发火通常不能奏效，今天宝宝被妈妈的恶劣态度吓坏了，明天他就把这件事忘到九霄云外了。妈妈常常能够接受宝宝"好的能力"，难以接受"坏的能力"。但对宝宝来说，他可没有搞破坏的想法，更不想让妈妈生气。宝宝所做的一切，只反映出他在成长过程中拥有的能力。宝宝的各种行为都需要得到妈妈正确的指引。

喜欢制作

宝宝开始喜欢制作，最初的制作是折纸，然后是用橡皮泥捏各种形状的东西。爸爸妈妈很难一眼看出宝宝捏的是什么，但宝宝自己知道他捏的是什么。宝宝可能还会把一块布包在玩具娃娃或玩具小动物身上，给它们"制作衣服"，宝宝开始做"手工艺"了。手的精细运动能力与智能发育有密切的联系，爸爸妈妈应多让宝宝接触不同的物品，多给宝宝提供各种机会。

拆卸玩具

喜欢拆卸是这个月龄段宝宝的特点。宝宝喜欢把所有能够拆卸的玩具都拆得七零八落，探究内部结构。宝宝拆卸玩具这一行为体现了宝宝对事物的探索精神。拆卸玩具本身不是坏事，但玩具被拆卸以后，对宝宝可能会构成威胁，如划破皮肤、误吞小部件等，这是妈妈需要特别注意的。

第二节　智能和心理发育

语言能力

尽管儿童能够本能地掌握口头语言，但掌握书面语言却需要努力学习，这是因为在数万年之前，口语已经成了人类生活的重要组成部分，而书面语言进入人类生活只是近代的事情。语言是一种习得性的技能，也是最优秀的文化技能。

语言学习和理解能力

◎ 学习词汇

在这几个月里，宝宝的词汇量快速积累，他每天可记忆20~30个单词，会说2~3个完整的句子。宝宝基本上能够用较完整的句子表达自己的意思，并理解爸爸妈妈日常生活中常说的话了。宝宝能听从爸爸妈妈的简单指令，能按爸爸妈妈的要求完成某些任务。宝宝和妈妈能进行简单的对话，还能回答陌生人某些很简单的问题。

如果听到宝宝自言自语，却不知道宝宝在说什么，妈妈不要感到困惑，自己和自己说话是这个月龄段宝宝的特点。

◎ 使用介词

宝宝开始在句子中使用介词，常用的有里面、外面、上面、下面、前面、后面。宝宝可能会说："我要到外面去玩。""我要站在桌子上面去。""我把小布熊放到玩具箱里面了。"

◎ 使用形容词

过去宝宝愿意说狗狗、猫猫、书书等，现在宝宝不再喜欢把两个相同的字放在一起了。这是因为宝宝掌握的词汇量多了，开始会说带有形容词的语句了，如大狗、小花猫，甚至说"一只小花猫"。如果宝宝说"我看到一只小花猫了"，那么宝宝的语言表达能力真的很强。

语言运用和表达能力

◎ 使用"我""你"等人称代词

2岁以前的宝宝对代词的理解非常有限。如果妈妈对宝宝说："把拖鞋给我。”大多数宝宝可能不会理解，妈妈要他把拖鞋给谁。如果妈妈说：“把拖鞋给妈妈。”宝宝就容易理解了。尽管当妈妈说“把拖鞋给我”时，宝宝也能毫不犹豫地把拖鞋递给妈妈，但不能由此说明宝宝对“我”有了真正的理解，宝宝理解的只是“给”和“拖鞋”。宝宝或许是因为知道那是妈妈的拖鞋，才会在不理解“我”的情况下把拖鞋递给妈妈。如果同时有几个人，有几双拖鞋，恐怕宝宝就猜不出该把拖鞋给谁了。

2岁以后的宝宝开始理解某些代词了，但运用代词的能力还非常弱。在对代词的理解和运用方面，宝宝之间也存在着很大的差异性。有的宝宝早在2岁以前就能够理解某些人称代词，甚至还会使用代词。有的宝宝直到3岁还不能完全理解代词，更不会使用代词。这时爸爸妈妈不要着急，宝宝慢慢就会熟练运用代词了。

2岁以后，宝宝开始分辨“我的”和“你的”。在一大堆玩具中，宝宝会说：“小熊是我的，小兔子是你的。”以前宝宝只会说：“小熊是宝宝的，小兔子是妈妈的。”宝宝不仅有了物品所属的概念，还会使用代词表达物品的所属关系。

宝宝认识事物的过程是不断发展和进步的，依次是看到物品，知道物品的名称，知道物品的用途，能说出物品的名称，不见到物品就能说出其名称，看到与物品相关的事或物能想到物品，以及意识到物品所属：我的、你的、他的、我们的、你们的、他们的、大家的、公共的、社会的、世界的。

◎ 用完整句子表达意思

宝宝掌握的词汇多是与其生活经验密切相关的，在此基础上，他还能够掌握一些较为抽象的词汇。通常情况下，宝宝先掌握实词中的名词、动词，其次是形容词，之后掌握虚词中的连词、介词、助词、语气词。

◎ 每天都能说出新词

宝宝的词汇量增长很快，几乎每天他都能说出新词，这会让爸爸妈妈感到很惊讶，不知道宝宝是怎么学的，因为爸爸妈妈从来没有教过啊！

宝宝的语言学习过程是先积累，后使用。宝宝在未开口说话前，大脑中已经存储了很多词汇。随着对语言的理解和运用能力的提高，宝宝学会了用语言表达。所以，爸爸妈妈如今听到宝宝说的，是他长期积累和学习的结果。

宝宝不但从爸爸妈妈那里学习语言，还把储存在大脑中的单词、语句进行加工整合，变成自己的语言。宝宝会根据自己对事物的认识和理解，用自己理解的词句来描述事物、表达看法、提出建议和意见，这已经不仅仅是宝宝语言表达能力的体现，还与他的智力发展水平有关。宝宝的语言能够促进宝宝的智力发展，智力发展又能帮助宝宝理解语言。随着宝宝的成长，他的各种能力都在相互促进、相互影响、协调发展。因此，对宝宝的智力和潜能开发应该是全面的，没有哪项能力重要、哪项能力不重要之分。

语言交流和沟通能力

2岁以后，宝宝开始学会用语言表达，和爸爸妈妈进行语言交流。爸爸妈妈与宝宝说话的方式和次数，对宝宝的语言发育有着非常重要的影响。与宝宝交流的次数越多，宝宝掌握的词汇量就越大。如果从宝宝出生开始，爸爸妈妈就恰当地和宝宝交流，现在宝宝一定已经掌握了非常丰富的词汇。再过几个月，宝宝就能够和爸爸妈妈进行正常的交流了。

如果爸爸妈妈总是用粗鲁的语言命令宝宝不要做这个，不要做那个，宝宝就只会服从粗鲁的命令，并且对爸爸妈妈产生恐惧。宝宝和爸爸妈妈不能建立顺畅的沟通渠道，宝宝就可能会变得沉默寡言。

◎ 用语言表达心情

宝宝开始用语言表达自己的心情，描述自己的感受。不高兴时，宝宝会对妈妈说：“我生气了。”当肚子不舒服时，宝宝会告诉妈妈：“我肚子疼。”但这个月龄段的宝宝对情绪和感受的描述通常是不准确的。如果宝宝告诉你他的肚子疼，你不要只是听宝宝说，同时要看宝宝的表情。如果宝宝说肚子疼，但表情和平时一样，甚至都没用手捂着肚子，很有可能宝宝说的并不是实情。

◎ 用直接的感受传递信息

随着年龄的增加，宝宝不但会直接运用语言表达自己的要求，还会通过间接的陈述表达自己的要求，向妈妈传递信息。

以前宝宝渴的时候，会直接说“我喝”或“喝水”。现在宝宝不直接向妈妈提出要求了，他会客观地陈述一种状态：“我渴了。”宝宝通过陈述自己“渴”的感受，向妈妈传递想喝水的信息。

表面上看，这两种情况好像没有什么差别，或者这种差别没有什么实际意义。但认真分析，我们就会发现：宝宝对妈妈说“我喝”，仅表达了宝宝对妈妈的一种请求；而宝宝对妈妈说“我渴了”，不仅表达了这种请求，还传达了一个客观信息——宝宝口渴了。这是宝宝认识事物、表达事物、改变事物的一次质的飞跃，是了不起的进步。

◎ 不要戳穿宝宝的用词错误

每个妈妈都会在自己的育儿过程中，经历难忘的时光，如宝宝使用了不恰当的词语描述世界，给爸爸妈妈带来的一些乐趣。

女儿两岁多的时候，我给她讲《狐狸与乌鸦》的故事，故事中有个成语叫作“以牙还牙，以血还血”。宝宝不理解，我就给她解释了这个成语的意思。结果宝宝很快把这个刚刚学来的词派上用场了。我给宝宝削了一个苹果，宝宝把苹果举起来放到我的嘴边，我表扬并谢谢宝宝，宝宝脱口说出：“我要‘以牙还牙，以血还血’。”不但说话的语气不严厉干脆，脸上还笑眯眯的，很轻松愉快的样子。是我解释错了吗？不是的，是宝宝对词汇的理解能力还没达到成人的高度，这种乱用的现象不足为奇。

宝宝对客观世界的认知还未具体化，还不能细致地分析事物的特征和细节，当然也就不能用准确的语言来描述了。宝宝出现用词、语法等语言方面的错误，是很正常的事情。妈妈听到宝宝语言表达上有错误时，不必马上加以纠正，因为这样做不但会挫伤宝宝学习语言的积极性，还会让宝宝感到迷惑不解。

记录宝宝有趣的语言

从这个月龄段开始，宝宝进入了语言表达期，非常愿意和爸爸妈妈对话，而且总是语出惊人。把宝宝的语言记录下来，你会发现，随着语言表达能力的提高，宝宝会用他独特的表达方式和爸爸妈妈对话，常常能说出让你想也想不出的语句，让你捧腹大笑，终生难忘。这就是宝宝童语的魅力，快把宝宝的“妙语连珠”记下来吧。当宝宝长大时，翻开宝宝的语录，你会忍不住发问：这纸上的文字是你记录的吗？这些想也想不出来的话是宝宝说出来的吗？因为长大的宝宝，说话完全不是这样的，那是只属于两岁宝宝的语言。

宝宝的阅读特点

宝宝已经能领会故事中的情节，理解并记住书中的情节和片段了。爸爸妈妈最好每天安排固定的时间给宝宝讲故事书，通过讲故事书丰富宝宝的词汇量、加深宝宝对语言的理解。

宝宝的“阅读”有着鲜明的特点：

· 喜欢反复听爸爸妈妈讲一个故事、读一本书；

· 喜欢睡觉前听爸爸妈妈讲故事；

· 喜欢自己选故事、选书让爸爸妈妈读；

· 喜欢自己拿着书，一页一页地翻。

宝宝不但喜欢反复听一个故事，还喜欢听有关他自己的“故事连载”。妈妈每天都可以编出与宝宝有关的故事，如果把白天刚刚发生的事情讲给宝宝听，宝宝会表现出极大的兴趣，比听任何故事都起劲。

宝宝在潜意识中，非常关心自我行为是否得到了爸爸妈妈的重视。宝宝把对爸爸妈妈强烈的依赖感，逐渐发展为对爸爸妈妈的情感。宝宝希望得到爸爸妈妈的喜欢，开始在意他在爸爸妈妈心目中的样子和位置。通过讲他自己的故事，宝宝能够感受到爸爸妈妈对他的爱，同时也能体会到自我存在的价值。

认知能力

辨别声音

◎ 听电话

起初宝宝听到电话里有说话声时，会显现出疑惑的神情，不知电话里的声音是怎么来的，为什么看不到说话的人。宝宝会把电话拿到眼前，试图看一看说话人在哪里。有的宝宝还会害怕，把电话扔掉，跑到妈妈身边，指着电话发出“啊，啊”的声音。这时，妈妈可

以告诉宝宝电话是怎么回事，宝宝从电话里听到的说话声是从哪里来的。尽管宝宝还不能完全理解妈妈的话，但妈妈的解释至少能让迷惑的宝宝知道事出有因。随着宝宝阅历的增加，他慢慢就会明白电话是怎么一回事了，甚至能够用电话和远在外地的亲人通话了。

妈妈可以利用家里所有可以利用的物品，用不同的物品敲出不同的声音，帮助宝宝学习辨别不同的声音。宝宝非常喜欢这种认识事物的方式。在宝宝听来，每一种声音都是一串音符，这是来自生活的音乐。

◎ 喜欢听爸爸妈妈的读书声

宝宝喜欢听爸爸妈妈大声朗读优美的文字和有趣的故事。爸爸妈妈要争取每天抽出一点儿时间，大声朗读给宝宝听。爸爸妈妈不要认为，专门给宝宝写的书，宝宝一定会感兴趣。试想：专门写给成人的书，成人就都感兴趣吗？显然不是的。为宝宝读书要栩栩如生，声情并茂。有动物叫声，就惟妙惟肖地学着叫几声；有描写咳嗽的，就真的咳嗽几声。

读完故事后，可以问宝宝几个与你读的故事有关的问题，了解宝宝对书的理解程度。宝宝回答正确与否并不重要，重要的是爸爸妈妈要鼓励宝宝动脑筋，敢于表达自己的意见，学习用语言表达自己的思想。

读完一个小故事，可以鼓励宝宝把故事重新讲给你听，宝宝讲的过程中不要打断宝宝，直到宝宝讲完。宝宝讲得对与不对并不重要，重要的是锻炼宝宝的语言整理能力和复述能力。

妈妈还可以和宝宝一起看图说话，把宝宝讲的记下来，第二天再读给宝宝听，宝宝一定会对自己编的故事感兴趣的。

让宝宝自己捧着书一页一页地翻着看，就如同让宝宝自己拿勺吃饭，在自己的控制之下，宝宝的注意力会更集中，他也会更感兴趣，更有参与感。妈妈要鼓励宝宝欣赏书的封面，每本书的封面都是经过认真设计的美术作品。欣赏封面，不但能加深对书的理解，还能更好地欣赏一部作品。

在读书的过程中，妈妈可引导宝宝看字，不是要教宝宝认字，而是让宝宝对字有个大概的认识。宝宝认字不是记笔画，而是把字看成是一个图形，宝宝记的是图形，是在理解最古老的象形文字。

理解物品单位

宝宝可能在哪天突然对你说："妈妈给我1块饼干，给我2个苹果。"这反映的不仅仅是宝宝对数有了理解，还是他对与数相对应的物品单位有了理解。不过，妈妈可不要以为宝宝真的能够用好计量单位了，到了2岁半，宝宝还是会说"1个饼干"，而不是说"1块饼干"，还是把"1双鞋"说成"1个鞋"，这是再正常不过的了。

判断速度的快慢

宝宝开始理解快慢。当宝宝跑动时，妈妈说慢点儿跑，宝宝会放慢脚步。当妈妈和宝宝做追逐游戏时，妈妈在前面加速跑，并对宝宝说快追妈妈，宝宝会加快步伐去追妈妈。

求知欲

爱问为什么是这个月龄段宝宝的显著特征。宝宝常常会问："为什么啊？""猫咪为什么叫啊？"但宝宝的问题并非总是有所指向，有时也并不需要妈妈解答。宝宝是在通过提问和爸爸妈妈交流。有一点需要爸爸妈妈注意，如果宝宝没完没了地问"为什么"，而且有的时候问得没有道理，爸爸妈妈也不要表现出不耐烦的样子，更不要拒绝宝宝的提问。

注意力、模仿力与学习能力

宝宝生来就有探究和学习的欲望，好奇心驱使宝宝一次又一次地尝试每一件事，直至完全掌握。玩耍是宝宝获得信息、发展智力的必要过程。以往的经历有助于宝宝未来的学习，在学习中获得新知识、拥有新技能。没有足够的刺激，宝宝会对学习感到厌倦，失去学习兴趣。

◎ 感兴趣的要诀是一个“新”字

集中注意力是学习的必备条件。宝宝注意力集中时间很短，但注意力有限并不意味着宝宝只能学习很少的东西。宝宝对新鲜事物有极强的兴趣，尽管宝宝很难把精力长时间集中在某一件事上，却很容易被不断变换的、自己感兴趣的事吸引。宝宝常常是一个游戏没做完，就想换另一个游戏。要求宝宝长时间做一件事是不切实际的。对宝宝来说，即使是再喜欢的玩具也不能让他长时间感兴趣。

最好的早期教育是让宝宝对最初的学习充满好奇心和探索精神。新的经历和刺激不断促使宝宝的大脑发育，大脑的发育又反过来促使新技能的发展。爸爸妈妈要丰富宝宝的生活环境，从小激发宝宝学习的潜能和欲望。

◎ 一遍遍地学

宝宝对自己不具备的能力，会有浓厚的学习兴趣，他会不厌其烦地尝试，从来不在乎失败。尤其是对刚刚学会的本事，他更是乐此不疲地一遍遍去做，甚至把其他事情都忘了。

◎ 模仿性学习

宝宝有极强的模仿能力，爸爸妈妈可以利用这一点培养宝宝的阅读习惯。如果爸爸妈妈吃完饭就看电视、打麻将，或玩游戏机，就不容易培养宝宝的阅读习惯。阅读习惯和能力的培养，对宝宝今后学习能力的提高是很重要的。

◎ 认真对待宝宝的问题

宝宝非常喜欢提问题，而且总是没完没了，常常使妈妈陷入尴尬境地。但妈妈要摆正思想，认真对待宝宝提出的每一个问题，决不能敷衍宝宝，更不能不懂装懂，给出不正确或含糊不清的答案，那样就扼杀了宝宝的求知欲望，弄不好，宝宝也养成了不认真对待问题的态度。

妈妈如果不能准确回答宝宝的问题，就和宝宝一起在书中找答案。尽管宝宝认识的词汇非常有限，但他并不会反对妈妈这么做，而且会更喜欢问问题了。

联想能力

宝宝有了联想能力，会把一些物品想象成另外的物品。宝宝看到一个鹅卵石，会告诉妈妈这是“鸡蛋”；宝宝看到一个很像八字的小树枝，会举着树枝告诉妈妈这是“八”。

联想能力是创造力的源泉之一，有了联想能力，才能创造出前无古人的新生事物。让宝宝去漫无边际地联想吧。

理解数字和进一步认识物品

◎ 理解数字的概念

宝宝对数有了实际认识，会从1数到10，甚至数到20、30。单纯的数数对宝宝来说是抽象的，如果把数与生活中的实物对应起来，如3个苹果，这样宝宝就能理解数的概念了。

数数能力与爸爸妈妈的训练有关，如果爸爸妈妈从来没教过宝宝数数，也没教过宝宝数的概念，宝宝可能至今还不会数数，也没有数的概念。宝宝天生有识数的潜能，但潜能需要适当的环境和引导。所有的能力都不能仅仅靠天性去发展。

◎ 进一步认识物品

宝宝已经有了轻重的概念，初步认识了家里的物品有轻有重。当宝宝拿起比较重的物品时，妈妈可夸奖宝宝是个大力士，能拿起这么重的物品。当有两件物品时，妈妈可对宝宝说，宝宝拿这个轻的，妈妈拿这个重的。慢慢地宝宝就能够判断物品的轻重了。

宝宝可以辨别一些物品的材质了，但这种辨别力还很有限。比如：宝宝知道杯子是玻璃做的，就会认为所有的玻璃器皿都是杯子，或所有的杯子都是玻璃做的。宝宝还不能理解杯子可以用不同材质制成，或者玻璃还可以做成不同的东西。

在宝宝对物品认识不断深化的过程中，爸爸妈妈不必担心宝宝听不懂，要用最容易理解的方式告诉宝宝物品的不同材质，帮助宝宝认识物品材质。

此时，家里可能已经没有宝宝叫不上名字的物品了，爸爸妈妈便要开始训练宝宝注意物品细节的能力，这不仅仅是为了让宝宝了解物品，还是为了增强宝宝的注意力，延长他集中注意力的时间。宝宝对物品的认识有了很大进步，如果妈妈把物品描述得很具体，宝宝还能按照妈妈的要求，把不在他眼前的物品找出来，并送到妈妈手里，比如，妈妈说：“把那个系着绳子的、大的红塑料球拿给妈妈。”宝宝可能会很顺利地把球拿给妈妈。

宝宝可能还不能单独分辨材质，但结合实物，宝宝能分辨出日常生活中常见的物品材质，如玻璃杯子、塑料杯子。如果改变了实物，如玻璃盆子、塑料盆子，宝宝可能就不能分辨了。帮助宝宝分辨物品的材质，不但要告诉宝宝那是什么材质，还要让宝宝用手摸一摸，并用语言描述摸起来是什么样的感觉；还可以敲一敲，让宝宝听一听，让宝宝慢慢明白，敲打不同材质的物体会发出不同的声音。

有比较才有区别，要想让宝宝学会区分物品，就要把两种物品放在一起比较。爸爸妈妈要给宝宝充分的练习机会，并给宝宝发表意见的机会，让宝宝与爸爸妈妈和周围的人直接沟通。

如果宝宝已经认识了香蕉，当香蕉在宝宝眼前时，妈妈问宝宝香蕉是什么形状的，宝宝会告诉妈妈香蕉是长的。妈妈再问宝宝香蕉是什么颜色的，宝宝会说香蕉是黄色的。但当物体没在宝宝眼前时，宝宝可能就说不出来了。随着宝宝年龄的增加，宝宝对事物和物品的记忆时间逐渐延长，当物品不在宝宝眼前时，妈妈提问，宝宝就会通过回忆来寻找问题的答案。比如：妈妈问苹果是什么形状的，宝宝关于苹果的记忆会被调动出来，并在宝宝眼前浮现，宝宝就会根据他对苹果的记忆来回答。

思考解决问题的方法

宝宝开始主动思考解决问题的方法，而且解决问题的能力在不断提高。借助桌布拿到想要的东西已经是轻车熟路，宝宝还会踩着凳子拿柜子上的物品，或直接踩着凳子上到柜子上，想拿什么就拿什么。如果爸爸妈妈不想让宝宝翻箱子里的东西，就只能上锁。如果冰箱装得下宝宝，宝宝都可能把自己装到冰箱里。妈妈可不要掉以轻心，不该让宝宝拿到的东西，一定要放得远远的，千万不要低估宝宝的能力。

◎ 举一反三

宝宝不但认识身体上的器官，还能说出一部分器官的功能，甚至能够举一反三。妈妈问：“耳朵是干什么的？”宝宝会回答：“是听声音的。”如果妈妈问：“用什么听声音啊？”宝宝会答：“用耳朵。”“耳朵还会做什么呀？”“会听小狗叫。”

◎ 理解简单的时间概念

宝宝开始理解简单的时间概念。如果妈妈说“等一会儿妈妈就过来”，宝宝虽然不知道“一会儿”是多长时间，但宝宝知道妈妈不会马上过来，他需要等待。如果妈妈说“明天再带你去公园”，宝宝不知道“明天”是多长时间，但宝宝知道现在不能去公园。宝宝有了最初的时间概念。

◎ 理解因果关系

宝宝理解了某些事物间的因果关系：知道打开电灯开关，灯就会亮；知道给玩具车上发条，玩具车就会在地上跑起来。宝宝还能把两种不同的游戏串联在一起玩。

◎ 责任感

宝宝有了最初的责任感，感到似乎所有的事都与他有关。家里的小狗病了，宝宝可能会认为，是因为他拒绝上床睡觉，小狗才会生病的，因此他会爬到床上躺下来，把眼睛闭起来让自己睡觉。妈妈也许会感到迷惑，怎么宝宝大白天的上床睡觉了，一定是不舒服或生病了。其实，宝宝是感到了自己的责任。

◎ 不能分辨幻觉与现实

宝宝看到天上飞的燕子，会想象着自己也能在天上飞。宝宝还不能分辨幻觉与现实，因此和宝宝讲道理是非常困难的事。宝宝会把梦境当成现实，会把他脑子里的想象当作现实。随着宝宝认知能力的提高，他会逐渐把幻想和现实分开。

◎ 自我意识与权利意识

宝宝开始有了自我意识和权利意识，开始坚持自己的意见，并主动要求做事。但宝宝往往以任性的形式表现他的进步，会给爸爸妈妈留下“难以管教”的印象。

爸爸妈妈要学会理解宝宝，理解宝宝的举止行为，理解他在成长过程中的“异常”，用包容的心态解读宝宝。

宝宝对自己的形体越来越感兴趣，对着镜子跳舞就是对自我形体的一种欣赏。当宝宝对着镜子跳舞时，妈妈要对宝宝大加赞赏，帮助宝宝学会自爱。喜欢自己是非常重要的，妈妈可不要打击宝宝的“自我欣赏”，只有学会爱自己，才能学会爱别人。自我肯定、自我欣赏是自信的基础。

心理发育

鼓励宝宝表达情感

宝宝逐渐从惧怕中分化出羞耻和不安，从愤怒中分化出失望和羡慕，从愉快中分化出希望和分享。宝宝的情感变得丰富起来，开始有了我们看得见、感受得到的喜、怒、哀、乐、悲、恐、惊。

宝宝还出现了同情心、羞愧感、道德感等高级情感，这些情感会成为宝宝社会性行为产生、发展的内部动力和催化剂。但宝宝的高级情感不是随着月龄的增加而自然拥有的，在很大程度上高级情感需要爸爸妈妈的引导与培养。

这个月龄段的宝宝情绪变化比较大，一会儿愉快，一会儿烦恼，一会儿友善，一会儿攻击。这个月龄段的宝宝和小朋友一起玩耍比较困难，常会发生冲突。但是，爸爸妈妈最好不要插手宝宝之间的冲突，自己解决冲突要比爸爸妈妈参与更能让宝宝对自己的蛮不讲理有所意识，对自己的懦弱有所改变。

宝宝常会因为爸爸妈妈不满足他的无理要求而大声尖叫、哭闹、撕咬，在地上打滚、乱踢乱踹。宝宝在测试自己的能力，同时也在测试爸爸妈妈的忍耐极限，测试周围人和环境对他的忍耐极限。宝宝常以这种方式面对困境，缓解挫折感。

但是，这种情况常发生在有爸爸妈妈陪伴的时候，爸爸妈妈不在宝宝身边时，宝宝很少会有这样的过激表现。聪明的宝宝知道，无论他怎样表现，爸爸妈妈都会帮助他、谅解他。而对爸爸妈妈以外的人，他不相信对方会帮助他。所以，爸爸妈妈常听别人夸奖宝宝懂事，而爸爸妈妈的感受却不是这样。

鼓励宝宝表达情绪

对于宝宝来说，情绪没有好坏之分。当宝宝有负面情绪时，爸爸妈妈首先要接受，然后再询问和劝导。当宝宝发怒时，妈妈切莫不问青红皂白地训斥宝宝；当宝宝哭闹时，也不要用生硬的态度制止，这样做的结果会让宝宝压抑自己的情绪，让宝宝认为自己不该有这样的情绪。当宝宝再次遇到令他生气，或令他伤心的事情时，他就会不把情绪表现出来。长期压抑负面情绪会使宝宝产生心理障碍。

当宝宝发怒时，爸爸妈妈首先要保持冷静，安抚宝宝，让宝宝停止发怒。静下来后，爸爸妈妈可和声细语地询问宝宝为什么发火，然后帮助宝宝找到解决问题的方法，引导宝宝的情绪向愉快的方向发展。

独立性和依赖性同步增强

宝宝已经有了丰富的情感世界，不希望被爸爸妈妈忽视，因此他总是希望爸爸妈妈不离左右。与此同时，宝宝感觉自己长大了，有要求独立的强烈愿望，不想受爸爸妈妈的限制。

独立性与依赖性并存，是这个月龄段宝宝身心发育的特点。如果不了解这个特点，爸爸妈妈与宝宝之间就会产生矛盾，有时甚至是很激烈的矛盾——宝宝想做的，爸爸妈妈不让做；爸爸妈妈想让宝宝做的，宝宝不愿意或不能做。比如宝宝希望自己玩。爸爸妈妈想：那好，你自己玩吧，我们也有其他的事情。爸爸妈妈就到另一个房间去了。结果宝宝不仅不玩了，还可能会大哭一场。爸爸妈妈会认为“宝宝自相矛盾”，其实，宝宝既依赖爸爸妈妈，又争取独立，这种双重性，正是宝宝必不可少的成长阶段。

◎ 独立与依赖的价值

爸爸妈妈可能会感到宝宝执拗得令人头痛。其实，此时宝宝的思考能力和解决问题的能力正在快速发展，他的智慧在增长，他变得越来越聪明，这就是宝宝“既独立又依赖”的巨大价值。“依赖”是想获得一种环境，这个环境能让宝宝产生安全感。安全感是人类最朴素的生存要求，如果没有安全感，其他的努力都没有价值。“独立”是想获得一种探索的精神，这种精神能帮助宝宝进入未知的世界。探索的欲望，同样是人类最朴素的要求，没有这个欲望，人类就退化了。如果能够站在这样的高度来理解宝宝对爸爸妈妈的依赖和自我独立的愿望，爸爸妈妈就不会感到宝宝“令人头痛”了。

◎ 为宝宝建造安全港湾

为宝宝建造一个安全的家庭港湾，是爸爸妈妈给这个阶段宝宝的最好礼物。有了来自爸爸妈妈的安全保障，宝宝才能放心大胆地自由活动，才能大胆地探索未知世界。宝宝的独立性和创造性是建立在安全感的基础之上的。宝宝在爸爸妈妈营造的安全气氛中，探索世界、感知世界、获取认知。爸爸妈妈要想锻炼宝宝的独立性，就必须给宝宝创造一个安全的环境——有爸爸妈妈或宝宝信赖的看护人在身边，并给予他关心和爱护。如果宝宝生活在爸爸妈妈争吵不休的环境中，爸爸妈妈总是喜欢训斥宝宝，宝宝就会失去安全感。没有安全感的宝宝，是很难独立的。

◎ 树立宝宝的自信心

自信心在很大程度上影响着人们的做事动机、态度和行为。当宝宝学会用汤勺将饭放进自己嘴里时，他就会产生“我能做到”这种自信心理。自信心强的宝宝比较乐观，自我感觉好，喜欢与别人交往，愿意追求新的兴趣，从不轻视自己。相反，缺乏自信心的宝宝，做事时常会感到无能为力。

自信心的建立，与其说是宝宝的事情，不如说是爸爸妈妈的事情。爸爸妈妈营造的养育环境，要有利于宝宝建立自信心。宝宝做得好的时候爸爸妈妈要表扬；宝宝做出努力后，尽管未达到预期的目标，爸爸妈妈也要进行表扬。不管宝宝做的事成功与否，爸爸妈妈都要将他抱在怀里，告诉他你为他感到骄傲。爸爸妈妈就应该这样经常地、真诚地表扬自己的宝宝。

玩耍与交往

和小朋友交流

这个月龄段的宝宝之间的交流方式主要是非语言交流。尽管宝宝已经掌握了不少词汇和语句，但小朋友之间的语言交流需要一个过程。宝宝之间的语言交流多是针对玩具和物体归属权的，宝宝喜欢说“这是我的”，另一个宝宝也会不甘示弱地说“是我的”，爸爸妈妈不必在宝宝之间做裁判，也不必刻意纠正。

宝宝开始有了和小朋友一起玩的意愿，但还不能主动找小朋友一起玩。一起玩时，由于缺乏合作精神，宝宝还不能感受到一起玩的乐趣。宝宝开始对小朋友的玩具感兴趣，会抢小朋友的玩具，却不情愿和小朋友分享自己的玩具。

外向的宝宝对小朋友，甚至是陌生的成年人，都会表现出热情和友好，会主动与小朋友打招呼；内向的宝宝开始注视小朋友，经过一段时间的熟悉过程，如果小朋友主动过来和他玩，宝宝也会很友好地接纳。但在陌生成年人面前，宝宝会表现出害怕，会躲到妈妈背后，把头探出来观察陌生人。如果陌生人表现出友好的神情，宝宝就会放下警觉；如果陌生人试图抱他，他就会向后躲，或跑到妈妈怀里寻求安全感。

过家家扮演角色

对宝宝来说，没有比游戏更让他感到欢喜、兴奋的事情了。宝宝会把一个大扫帚当马骑，把凳子当卡车推着走。这是宝宝想象力和创造力的结合，爸爸妈妈应该鼓励和支持，千万不能干涉。也许宝宝会把屋子弄得乱七八糟，没关系，有宝宝的家不可能像二人世界那样整洁。宝宝在游戏中开动脑筋，想出各种稀奇古怪的游戏，说明宝宝非常聪明，有想象力和创造力。

在各种游戏中，宝宝比较青睐过家家的游戏。宝宝喜欢扮演角色，通常来说，女宝宝喜欢扮演妈妈、爸爸等家庭角色，也喜欢扮演医生、护士等社会角色；男宝宝则多喜欢扮演社会角色，如警察、法官、军人，也很喜欢扮演老虎、狮子等动物角色。宝宝通过扮演别人的角色，明白别人怎样做事，会使宝宝以自我为中心的趋势逐渐降低，爸爸妈妈最好能和宝宝玩这样的游戏。

有些宝宝开始愿意和小朋友一起玩过家家的游戏，上托儿所和幼儿园的宝宝可能会更早愿意和其他小朋友分享游戏的快乐。但有的宝宝拒绝上托儿所和幼儿园，很长一段时间都不能适应集体生活，非但不愿意和小朋友玩游戏，还会对小朋友产生“敌意”。爸爸妈妈不能就此认为宝宝性格不好，或人际交往能力差。这么大的宝宝正处于独立性与依赖性并存的时期，还不能体会分享带来的快乐，需要爸爸妈妈的引导和培养。

在游戏中学习

喜欢玩耍和游戏是宝宝的天性，在玩耍和游戏中学习，会让宝宝更有兴趣。

爸爸妈妈可购买整套厨房玩具，教宝宝和玩具娃娃一起玩做饭游戏。宝宝会模仿爸爸妈妈做饭的情形，扮演爸爸或妈妈的角色。宝宝也会拿着奶瓶喂玩具娃娃喝奶，还会给小娃娃梳头、编辫子、穿衣服。

爸爸妈妈也可以用其他游戏方式和宝宝进行比赛，锻炼宝宝手部的精细运动能力。即使宝宝做得不那么理想，也要热烈地称赞。

生活能力

有的宝宝已经会自己穿外衣、穿鞋子了，有的宝宝直到3岁才会自己穿衣服。宝宝自己会做事的时间，与妈妈是否放手让宝宝自己做有很大关系。如果妈妈总是不放心，怕宝宝做不好，或怕耽误时间，什么都为宝宝代劳，宝宝学会自己做事的时间就会比较晚，甚至到该自立的年龄也离不开爸爸妈妈的帮助。

喜欢脱鞋袜

宝宝总喜欢把鞋和袜子都脱下来，光着脚在屋里走来走去，无论妈妈怎么制止，宝宝都不予理会。妈妈给他穿几次，宝宝就可能脱几次。从心理上来说，穿上衣服和鞋袜会有被束缚的感觉。穿衣服是人类文明的体现，宝宝还不理解穿衣服的社会意义，更喜欢什么也不穿的自然感受。这个月龄段的宝宝，自我意识不断增强，逐渐萌发了按照自己意愿行事的主观意识，因此服从性越来越差。这一点会让爸爸妈妈感觉到，宝宝常常和自己对着干。从生理上来讲，光着脚走路有利于宝宝足弓的发育，足弓形成得越早，宝宝走起路来就越快、越稳、越省力，宝宝是在遵从自己的生理发育要求。

喜欢穿爸爸妈妈的鞋子

宝宝喜欢穿着爸爸妈妈的大鞋在屋子里走来走去，还会站到镜子前面欣赏，看自己穿着爸爸的大鞋，戴着爸爸的帽子，冲着镜子咯咯地笑，宝宝开始自己打扮自己了。如果爸爸在宝宝面前吸烟，宝宝也会把烟卷叼在嘴里，模仿爸爸吸烟的样子，所以爸爸千万不要这么做。宝宝还会拿着梳子在镜子前面给自己梳头，会拿着妈妈的口红往自己的嘴唇上涂。看到这些，妈妈可不要大叫，这会让宝宝认为自己犯了大错误。

爸爸妈妈对宝宝的约束力

爸爸妈妈面临的最大挑战是对宝宝没有足够的约束力。对宝宝良好行为的鼓励和奖励，爸爸妈妈容易做到；对宝宝不良行为的惩罚，爸爸妈妈往往做不到位。爸爸妈妈常不能按照提前制定的控制宝宝行为的原则行事，而且，爸爸妈妈也很难根据宝宝的发育水平设置奖惩原则。爸爸妈妈通常会根据自己当下的心情随意更改原则和惩罚措施。如果家里有老人或其他看护人，也很难让所有人统一意见，爸爸妈妈之间也常因为宝宝的教育问题发生冲突。爸爸妈妈也时常忘记自己的榜样作用。

◎ 爸爸妈妈的榜样作用

宝宝优良品德的建立得益于爸爸妈妈的榜样作用。如果爸爸妈妈希望宝宝成为待人友善、有亲和力、能够尊重他人并有礼貌的宝宝，爸爸妈妈就必须也这样做。当宝宝不这样做时，爸爸妈妈要和蔼地告诉宝宝该怎么做；当宝宝做得很好时，爸爸妈妈要给予宝宝鼓励和赞扬。

◎ 鼓励和赞赏

鼓励和赞赏对宝宝的成长极其重要，如果爸爸妈妈给宝宝的常常是责备、批评、抱怨、唠叨，甚至是呵斥，宝宝就不能建立起基本的自信心，而自信是宝宝进取的内在驱动力。

◎ 让宝宝爱上书

阅读能力是学习知识的基础，让宝宝爱上书是培养宝宝读书习惯的关键。如何让宝宝爱上书呢？仅通过爸爸妈妈的语言是难以实现的，最有效的办法是利用宝宝强烈的求知欲和对未知世界的探索精神，不断发现其兴趣点，由兴趣引入思考，启发宝宝问问题，带着宝宝到书中去寻找答案。让宝宝知道他不懂的问题可以在书中找到答案。让宝宝喜欢书，但不能让宝宝成为“书虫”，成为只会看书不会思考、只学习已知不探索未知、只会死记硬背的宝宝。

◎ 让宝宝去玩

如果没有玩耍和游戏，宝宝就不能快乐地成长。要让宝宝在玩耍中了解自然、认识世界，让宝宝在玩耍中培养优良的性格和品格，让宝宝在玩耍中学会与人交流和沟通的能力。爸爸妈妈积极地参与宝宝的玩耍过程，是对宝宝最大的奖赏和鼓励。

◎ 适时开发潜能

爸爸妈妈越来越重视宝宝能力的早期开发和早期教育，这无可厚非。但凡事都要适时、适度、适量，需要掌握时机和火候。只有适时开发、把握尺度、量力而行才能取得好的结果，揠苗助长只能适得其反、浪费力气、毁了幼苗。

◎ 下结论应该慎重

很多爸爸妈妈总是在不自觉地给宝宝下结论，这些结论往往是消极的：

· 这孩子一点儿也不听话；

· 真是个令人烦心的孩子；

· 这孩子从来都不好好吃饭；

· 我们的孩子总是有病；

· 越不让他干什么，他偏要干什么。

还有许多类似的结论，爸爸妈妈经常脱口而出，无意间伤害了宝宝幼小的心灵。

消极结论会影响宝宝自信心的建立，夸张和空泛的表扬对宝宝同样没有好处。爸爸妈妈也不要经常把这样的话挂在嘴边：

· 你真是个乖宝宝；

· 你是最听妈妈话的好宝宝：

· 妈妈只喜欢你；

· 你比世界上所有的宝宝都棒。

这样夸张、空泛的表扬，会误导宝宝自我膨胀、唯我独尊、心胸狭窄、性情乖戾。如果妈妈们都不遗余力地告诉自己的宝宝“你比世界上所有的宝宝都棒”，那么宝宝该如何面对“有比我更棒的宝宝”这样一个客观现实呢？

如果不淘气、不乱说乱动、让干什么就干什么的宝宝，才是爸爸妈妈眼中的好宝宝，那么，宝宝的天性去哪儿了？宝宝的创造力该如何体现？宝宝的好奇心、冒险精神、求知欲望和探索精神如何发挥？

“妈妈只喜欢你”很难实现，你看到其他宝宝时所表现出来的喜爱，会让你的宝宝产生更加强烈的妒忌，会影响宝宝的包容心和宽厚品格的建立。

爸爸妈妈既不要给宝宝下这样的结论，也不要给自己下这样的结论：

· 我真是个倒霉的妈妈；

· 我怎么会有一个这么调皮捣蛋的宝宝；

· 你再这样，妈妈就不喜欢你了；

· 你下次再敢这样，我就揍你；

· 再闹，我永远也不带你出来玩了！

这样的结论对宝宝的健康成长没有好处，不但会伤害宝宝的情感，也会降低爸爸妈妈在宝宝心中的地位和威信。一句“你怎么这样”，对宝宝的伤害并不比骂宝宝轻。宝宝会从爸爸妈妈的话语中感受到爸爸妈妈对他的否定和厌烦。

并不是打骂宝宝才伤害宝宝，爸爸妈妈平时的话语也会伤害宝宝。爸爸妈妈应该注意说话技巧，不说对宝宝有伤害的语言。有的宝宝非常反感爸爸妈妈，但爸爸妈妈却不知道为什么：已经对宝宝倾注所有的爱，宝宝为什么这么不理解爸爸妈妈呢？这就是爸爸妈妈爱的方法有问题。爸爸妈妈应该走进宝宝的世界，学会理解宝宝的情感，体会宝宝的感受。

理解宝宝对事物的认识

宝宝对事物的认识，对世界的理解，以及情感、内心世界等诸多方面，与成人相比，存在着本质区别。爸爸妈妈不能以自己的思想、认识、看法、感受去要求宝宝，不能孤立地从自己的视角出发，认为宝宝难以管教。

一个2岁的宝宝完全以自我为中心，还不会感受妈妈的辛苦。如果妈妈在宝宝面前抱怨自己多么辛苦，多么不容易，宝宝很难明白妈妈到底在说些什么，只会感到抱怨发火的妈妈让他害怕。

当宝宝把大便拉到了裤子里时，如果妈妈说：“哎呀，你可给妈妈找大麻烦了，你太气人了！”宝宝并不能领会妈妈说话的意思，只会感到害怕。如果妈妈说：“宝宝要老老实实地趴在这里，等妈妈给你洗干净。”宝宝可能就会领悟到，把大便拉到裤子里是一件不好的事情。

2岁半的宝宝还不能理解更深层次的道理。如果妈妈说："胡萝卜有营养，多吃会长高，眼睛会明亮。"对于这么大的宝宝来说，他想象不出"长高""眼睛明亮"是什么样子，因此这样的语言很难打动宝宝。如果妈妈说："宝宝不吃，妈妈就吃了。"宝宝可能就会和妈妈抢着吃。尽管这不是妈妈让宝宝吃胡萝卜的起因，但宝宝却能够接受这种因果关系。

从理解宝宝的角度来看，爸爸妈妈要把宝宝看成是什么都懂的宝宝，这样才能给予宝宝最大的尊重和自由。但在养育宝宝的过程中，爸爸妈妈也要知道，宝宝毕竟是宝宝，心智上与成人有着本质的不同，因此不能对宝宝要求过高，要找到适合宝宝成长的养育方法。

◎ 切莫成为宝宝替身

有的爸爸妈妈一方面希望自己的宝宝绝顶聪明，不遗余力地开发宝宝潜能；另一方面又不自觉地禁锢宝宝各种能力的正常发展，一切都由爸爸妈妈代劳。本来是宝宝自己的事，现在变成爸爸妈妈的事了，爸爸妈妈成了宝宝的替身，宝宝很难发展起来。对于吃饭、穿衣、洗脸、刷牙等宝宝自己能做的事情，爸爸妈妈要鼓励宝宝自主完成。

◎ 培养宝宝热爱劳动的品德

培养宝宝热爱劳动的品德是非常重要的。很多爸爸妈妈对宝宝的期望几乎都集中在宝宝的智能发展上，非常重视宝宝的学习，而其他项目，只要是爸爸妈妈能够代劳的，都不愿让宝宝去做，甚至在学习上爸爸妈妈都要代劳。

宝宝不是学习的机器，纯粹的学习只会让宝宝很快产生厌倦感，为了学习而学习不会给宝宝带来一点点乐趣。只让宝宝学习已知的知识，宝宝会失去创造力、兴趣和探索精神。而创造力、兴趣、探索精神是宝宝求知的原动力。扼杀了宝宝的原动力，宝宝哪里还会有学习的欲望呢?

妈妈可以让宝宝给花浇水、给小动物喂食、自己洗手帕、自己洗手和洗脸。宝宝可能还做不好这些，甚至给妈妈带来了更多的麻烦，但不能因此就不让宝宝做了。如果妈妈一直不让宝宝做，宝宝就永远做不好。

◎ 秩序和社会规范

宝宝需要一个有秩序的环境来帮助他认识事物、熟悉环境。当宝宝熟悉的环境消失时，他会出现对陌生环境的恐惧感。当宝宝逐步建立起内在的秩序时，他的智能也随之逐步构建起来。

宝宝逐渐脱离以自我为中心，对结交朋友、群体活动有明显的喜好倾向。这时，爸爸妈妈要帮宝宝建立明确的生活规范、日常礼节，使其日后能遵守社会规范，拥有自律的生活习惯。

第三节 营养与饮食

为宝宝准备饭菜的总原则

有的妈妈给宝宝做饭时会很犯愁，不知道每天给宝宝做什么吃的。尤其是“挑食”的宝宝，妈妈更不知该给宝宝准备些什么样的饭菜了。其实，为宝宝准备饭菜，并没有那么复杂，一日三餐，无非就是粮食、肉蛋奶、蔬菜三大类食物相互搭配而已。爸爸妈妈过去积累的做饭经验、营养知识、烹饪技巧等，在给宝宝做饭的过程中都派得上用场。除此之外，再学习一些幼儿饮食知识就可以了。以下是为宝宝准备饭菜的总原则，爸爸妈妈可以学习一下。

品种多样

每天不少于15种食物，每餐都要有谷物、蛋或肉、蔬菜，每天都要有奶和水果，每周都要有动物肝、大豆、坚果及木耳、海带等食物。

合理搭配

每天喝奶500毫升，食用谷物100~140克、蛋1个、肉50~100克、蔬菜150~200克、水果200~250克、水200~800毫升。这个量只是给爸爸妈妈的一个最基本的参考，因为宝宝的食量存在着很大的个体差异，一个宝宝每一顿、每一天的食量也有比较大的变化，爸爸妈妈要尊重宝宝的食量，不要拘泥于这个参考标准。

食材新鲜

食材要力求新鲜，这样做出的饭菜味道鲜美，色泽好看，符合宝宝的偏好和口味。

少放盐

宝宝不能吃过多的食盐，做菜时要少放盐，每天食盐量不超过2克。如果爸爸妈妈口味都比较重，正好借此机会减少食盐摄入。过多地摄入食盐，对成人的身体健康同样不利。

少放油

每天食油量不超过20克，首选植物油。宝宝摄入过多的油脂会出现脂肪泻。过于油腻的菜肴，也影响宝宝的食欲，容易引起宝宝厌食。宝宝喜欢吃味道鲜美、清淡的饮食。

适当调味

宝宝有品尝美味佳肴的能力，但妈妈给宝宝做饭多不放调料。我们成人吃起来难以下咽的饭菜，宝宝同样会感到难以下咽。给宝宝的饭菜也要适当调味，宝宝喜欢吃有滋有味的饭菜。

不要太硬

宝宝的咀嚼和吞咽功能还不是很好，如果饭菜过硬，宝宝会因为咀嚼困难而拒绝吃菜。

菜要碎些

宝宝的咀嚼肌容易疲劳，如果菜切得过大，宝宝就需要用力咀嚼，很容易疲劳。宝宝口腔容积有限，大块的菜进入口腔会影响口腔运动，不利于咀嚼，宝宝会把菜吐出来。

给宝宝自己吃饭的自由

这是避免宝宝偏食、厌食的重要方法。宝宝已经有能力自己吃饭了，妈妈就不要代劳了。宝宝已经有了选择饭菜的能力，妈妈就不要总是干预宝宝该吃什么，不该吃什么。爸爸妈妈有义务为宝宝准备宝宝应该吃的食物，宝宝有权利选择他喜爱吃的食物。“应该吃”与“喜爱吃”能做到基本一致，宝宝饮食就没什么问题了。

◎ 一周食谱示例

	早餐	加餐	午餐	加餐	晚餐	睡前
周一	豆浆，鸡蛋软饼，圣女果	水果沙拉	碎菜炒肉末，米饭（小米和大米），冬瓜紫菜海米汤	奶	清蒸鳕鱼，排骨藕块汤，红豆包子	奶
周二	奶，鸡蛋羹，素馅包子	橘子	山药米饭，胡萝卜甜椒细丝炒肉丝，牛骨髓白菜汤	酸奶	三鲜馅馄饨，佐以香菜、木耳和菠菜	奶
周三	奶，煮鹌鹑蛋，豆沙包，白灼西蓝花	白梨	大米绿豆饭，黄鳝炖豆腐，银耳大枣枸杞汤	柚子	对虾蘑菇油菜汤、牛肉包子	奶
周四	奶，鸡蛋虾肉碎菜汤，芝麻酱花卷	猕猴桃	胡萝卜腊肉饭，素炒青菜，西红柿鸡蛋汤	酸奶	馒头，猪肉豆腐丸子汤，汤内放木耳、蘑菇、白菜叶	奶
周五	奶，小米粥，鸡蛋碎菜软饼	橙子	豆沙包，小鸡炖蘑菇，菜花炒海米	奶	大米红薯粥，清蒸鳗鱼，三鲜馅小包子	奶
周六	豆浆，面包夹奶酪，蔬菜沙拉	苹果	馒头，炒芹菜虾仁百合，芋头白菜排骨汤	奶	牛肉香菇包子，稀粥	奶
周日	奶，面包夹水煎蛋，蔬菜沙拉	提子	米饭，清蒸鲈鱼，山芋莲藕汤（用鸡汤或排骨汤炖）	酸奶	木须肉，家常豆腐，绿豆米饭	奶

钙铁锌缺乏

宝宝缺钙和维生素D会导致佝偻病，还可能导致宝宝食欲低下、发质稀疏、易患呼吸道疾病，影响宝宝生长发育。宝宝缺铁可导致贫血、免疫功能低下、细胞色素及酶活性减弱、氧的运输和供应不足、能量代谢紊乱、生长发育不良等。宝宝缺锌可导致厌食、智力低下、免疫力下降、生长发育不良等。

矿物质缺乏会导致疾病，矿物质过量也会损伤身体。钙过量会导致内脏钙化，铁过量会引起脑部神经损伤，锌过量会导致矿物质比例失调。因此，爸爸妈妈要重视为宝宝补充矿物质，但绝不能乱补。

钙铁锌缺乏的蛛丝马迹

当宝宝出现下述情况时，应去医院就诊，以确定宝宝是否有矿物质缺乏的问题。

- 食欲明显下降持续一周以上；
- 出现脱发现象，如斑秃、片状脱发或稀疏；
- 发质缺乏光泽，变黄，杂乱；
- 不像以前那样爱活动了，看起来有些倦怠；
- 表情有些呆滞，不那么兴致勃勃，爱哭，易烦躁；
- 睡眠不安，易醒，夜啼；
- 皮肤变得粗糙，易出皮疹；
- 牙齿发黄、发黑，有斑点；
- 生长发育缓慢；
- 小脸蛋不再红扑扑的，没有光泽，面色发黄、发暗；
- 常出现屏气（俗话说的“哭得背过气去”）；
- 常肚子痛；
- 常说腿痛；
- 容易感冒，没有原来恢复得快了。

药补及食补

宝宝缺乏钙、铁、锌，要在医生的指导下进行药物补充。当没必要采取药物干预时，爸爸妈妈可采用食补的方法，常给宝宝吃钙、铁、锌含量较高的食物。

- 高钙食物有奶、虾皮等。
- 高铁食物有动物肝、瘦肉、大枣、芝麻、含铁谷物等。
- 高锌食物有海产品、动物肝、瘦肉、坚果等。

困扰爸爸妈妈的宝宝吃饭问题

在临床工作和大量健康咨询中，我常遇到因宝宝吃饭问题而愁眉不展的爸爸妈妈。到底是什么原因导致这么多的宝宝有吃饭问题呢？事实上，真正因病所致的不吃饭问题，可以说是微乎其微，能称得上厌食症、胃肠道疾病的病例，更是少之又少。绝大多数宝宝的吃饭问题，都与爸爸妈妈的喂养方式有关。

“马拉松式”吃饭

有的妈妈说，她好像一天都在给宝宝喂饭，没时间带宝宝到户外活动，有时宝宝还会因为睡觉而无法完成“吃饭任务”。有这些问题的妈妈普遍面临着一个现象，就是宝宝一顿饭要吃很长时间，吃饭不是由宝宝自己完成的，而是由妈妈追着喂。这就是“马拉松式”吃饭出现的原因。爸爸妈妈需要从现在开始，帮宝宝建立起良好的进餐习惯，协助宝宝自己吃饭，用不了多长时间，宝宝就会自然而然地缩短吃饭时间，养成良好的进餐习惯。爸爸妈妈尝试以下几种方法，可以有效地控制宝宝的进餐时间。

◎ 吃饭时间不做其他事情

避免边吃饭边看电视、边吃饭边教育宝宝、边吃饭边对宝宝进行营养指导、边吃饭边玩游戏。

◎ 不让宝宝吃饭时离开饭桌

让宝宝坐在餐椅上，避免他到处跑。宝宝还没吃完饭就离开饭桌，妈妈不要追着宝宝喂饭，也不要呵斥宝宝，只需把宝宝抱回饭桌，继续让宝宝吃饭。如果宝宝实在坐不住，可以让宝宝围着饭桌转悠两圈，但不要让宝宝离开饭桌。

◎ 控制吃饭时间

如果宝宝没有在半小时内吃完饭，就视为宝宝不饿，最多把吃饭时间延长

10分钟，不要无限延长吃饭时间。妈妈可能要问了：宝宝没吃饱怎么办？妈妈的心情可以理解，但建立好习惯一定要有原则，并坚持下去。即使半个小时内宝宝没吃几口饭菜，也不要因此就一直把饭菜摆在饭桌上，等宝宝饿了随时吃。要强化宝宝对“一顿饭”与“下一顿饭”的时间概念。

◎ 爸爸妈妈的模范作用

不希望宝宝做的，爸爸妈妈首先不要做，如在饭桌上看书、看报、看电视，在饭桌上吵嘴或说饭菜不好吃。

第四节 日常生活护理

睡觉应该是自然而然的事情

通常情况下，这个月龄段的宝宝每天的累计睡眠时间是9~13个小时，其中白天睡2~3个小时。宝宝一觉睡到天亮不再是奢望，醒来吃奶的宝宝越来越少，有的宝宝可能会半夜醒来排尿一次。多数宝宝会在晚上八九点钟入睡，早晨五六点钟醒来。白天多会睡一觉，午后睡2~3个小时。如果宝宝早晨醒得很早，可能会在上午睡一小会儿。如果宝宝傍晚睡觉了，晚上就会睡得比较晚。

宝宝的睡眠习惯会受爸爸妈妈影响，爸爸妈妈习惯晚睡晚起的，宝宝很难早睡早起。爸爸妈妈觉比较少，宝宝睡眠时间也多比较少。宝宝不宜晚睡晚起，爸爸妈妈应给宝宝创造早睡早起的环境，并帮助宝宝养成良好的睡眠习惯。

陪伴睡眠与宝宝独睡

这个月龄段的宝宝既有独立愿望，又有恐惧心理。一方面什么都想自己做主，另一方面又有强烈的恐惧感。宝宝对这个世界还很陌生，对事物的认识也相当有限。这种矛盾心理使得宝宝一方面要独立于爸爸妈妈，另一方面又希望爸爸妈妈一步也不要离开。宝宝希望爸爸妈妈在一旁，他随时可以看到爸爸妈妈的踪影，但不愿意爸爸妈妈干预他的活动，他想要自由地玩耍。对宝宝来说，最理想的情况是，需要的时候随时能够把爸爸妈妈叫到身边，不需要的时候爸爸妈妈就在他的视野之内。

妈妈可能会认为宝宝已经长大了，该独睡了。这种想法是天真的，宝宝不会因为自己2岁了，就自觉地独立睡觉，除非他从新生儿期就开始独立睡觉。2岁半正是依恋妈妈的年龄，如果现在让宝宝独睡，可能会导致宝宝睡眠障碍。如果妈妈让宝宝到其他房间睡觉，宝宝是不会答应的，即使在独立的房间里把宝宝哄睡了，半夜醒来看不到妈妈，宝宝也会大声啼哭，而且从此不再离开妈妈半步，或开始半夜从噩梦中惊醒。

容易入睡的宝宝

有的宝宝困了就乖乖地上床睡觉；有的宝宝刚刚还在快乐地玩耍，一会儿就趴在沙发上睡着了。这样的宝宝大多是睡眠受到较少干预的宝宝，妈妈从宝宝一生下来就不抱着、摇着、拍着哄宝宝入睡，当发现宝宝有睡意袭来时，就适时地把宝宝放到床上，让宝宝自行入睡。宝宝的睡眠情况也与爸爸妈妈的睡眠状况有关，通常情况下，爸爸妈妈睡眠都比较好，宝宝大多睡眠也比较好。

入睡困难的宝宝

有的宝宝很难自然入睡，为把宝宝哄睡，爸爸妈妈几乎想尽了各种办法。其实，良好的睡眠习惯是从宝宝出生后就开始培养的。宝宝还没有睡意时，就让宝宝上床睡觉，是导致宝宝睡觉困难的原因之一。

妈妈常会担心宝宝睡眠不足。给宝宝睡眠的自由并不意味着保证不了宝宝充足的睡眠，因为困着不睡，宝宝是坚持不下去的。

有一种情况要引起妈妈注意，就是宝宝“困过头了”。随着宝宝年龄的增长，他已经有了“和睡意抗争”的能力，当睡意袭来时，他会不自觉地进行抵抗，强烈要求爸爸妈妈陪他玩，或跑跳玩耍，或大喊大叫，看起来没有丝毫睡意，比白天还有精神。等睡意再次袭来时，他已经累得疲惫不堪，或者倒头就睡，或者闹情绪，甚至哭闹。到了晚上，爸爸妈妈要在宝宝第一次睡意袭来时，及时让宝宝上床睡觉。

睡觉前，宝宝喜欢听爸爸妈妈讲故事，尤其喜欢听妈妈自编的、与宝宝成长有关的故事。如果宝宝入睡困难，妈妈可尝试着一直给宝宝讲同一个故事，让宝宝非常熟悉这个故事，几乎不用听就知道故事情节，这个故事就成了宝宝的“催眠曲”。

早晨起床时，爸爸妈妈不要急着穿衣服做家务，尽量保证当宝宝睁开眼时，迎接他的是爸爸妈妈的笑容和温馨的问候，这是宝宝快乐一天的开始。然后，让宝宝自己动手穿衣服，妈妈在一旁协助宝宝坐便盆、洗脸、刷牙、做做肢体运动，然后吃早餐。

有入睡前妈妈的催眠故事，有睡醒后爸爸妈妈的笑脸，宝宝或许就不再拒绝睡觉了。

不想睡午觉

不想睡午觉的宝宝，大多夜间睡觉时间比较长，睡得比较沉。如果宝宝就是不愿意睡午觉，爸爸妈妈不必烦恼，下面的建议可能会帮助宝宝养成午睡的习惯。

· 午饭后不要带宝宝到户外活动，也不要和宝宝玩游戏；

· 午饭时和午饭后不要开电视，不要放欢快、节奏感很强的音乐；

· 把窗帘拉上，让室内光线暗下来；

· 陪宝宝一起躺在床上；

· 如果宝宝能够躺在你身边，不闹着你陪他玩耍，你就闭上眼睛午休；

· 如果宝宝让你陪着玩，你就闭着眼睛，搂着宝宝轻轻地哼摇篮曲或轻声地讲故事，语速放慢，声调放低；

· 给宝宝搭建一个午睡小窝，宝宝会很期待躺在他的小窝里睡觉；

· 如果宝宝连眼睛都不闭，你就陪着宝宝躺半个小时，更长的时间没有意义；

· 如果你希望宝宝睡午觉，就要坚持午后躺下休息的习惯，即使宝宝现在不睡，也要按时躺在床上。

从噩梦中惊醒

宝宝正值大脑旺盛发育的时期，视、听、触、感的每一个信号刺激都会在脑神经细胞之间建立广泛联系，但宝宝此时的脑神经细胞尚未形成细胞间的包裹、隔离，电流信号不能很准确地进行传递，对刺激会产生宽泛的反应。当宝宝受到恶性刺激时，这种反应就会在宝宝的大脑中留下噩梦般的回忆，造成所谓的惊吓。宝宝不能区分幻想和现实，常把幻想当成现实，把噩梦当成真实发生的事情。所以，爸爸妈妈要避免宝宝受到任何不良刺激，如吵架、看可怕的电视剧、吓唬、呵斥等。

控制尿便的差异

在控制尿便方面，宝宝间存在着很大的差异，这种差异与宝宝接受尿便训练的早晚没有必然的关联。

引导宝宝使用儿童坐便器

到了这个月龄段，有的宝宝会告诉妈妈他要尿尿或便便，有的宝宝会自己坐到便盆或儿童马桶上排尿便（男孩会站着排尿），有的宝宝夜间会醒来告诉妈妈要尿尿。如果宝宝什么都不会，也是正常的，爸爸妈妈不必着急，就从现在开始训练吧。

爸爸妈妈可给宝宝买一个漂亮的儿童坐便器，色彩鲜艳，上面有小动物或小娃娃的卡通图案。坐便器要放到宝宝容易找到的地方，如宝宝的房间里或浴室里。先让宝宝穿着尿不湿坐在坐便器上，并告诉宝宝这是排尿便用的，和其他的小椅子不一样。等宝宝喜欢上了这个坐便器，愿意坐在上面，并坐得很稳的时候，就可以把宝宝的尿不湿拿下来，让宝宝光着屁股坐在上面。注意观察宝宝的排便信号，在认为宝宝该排尿便的时候，用行动和语言引导宝宝坐在坐便器上，并脱下尿不湿。如果宝宝很快就把尿排在坐便器中了，一定要不失时机地表扬他，搂抱他并亲亲，让宝宝感受到把尿排在坐便器中带给爸爸妈妈的喜悦。

如果宝宝不反对，爸爸妈妈可发出嘘嘘和嗯嗯的声音，让宝宝排尿便。如果宝宝反对这么做，爸爸妈妈就要立即停止。

如果宝宝的反应是“我不要坐坐便器，我没有尿便”，爸爸妈妈或看护人应立即帮助宝宝穿上纸尿裤，穿上裤子，爸爸妈妈或看护人要尊重宝宝的排便选择。

当宝宝能自己坐到坐便器上排尿时，白天就不用再给宝宝穿尿不湿了。但是，尽管宝宝做得很好了，也会有时常把尿便排在裤子里或排在其他地方的可能。爸爸妈妈一定不要批评宝宝，相反，还要鼓励宝宝，告诉宝宝这只是偶然的，爸爸妈妈相信宝宝会做得更好。

通过模仿训练尿便

模仿是训练尿便最直接的方法。让宝宝和爸爸妈妈一起上卫生间，如果家里有哥哥姐姐，宝宝就能更快地学会控制尿便。有时宝宝也会有一种像“大人”一样的愿望，要求爸爸妈妈把他也抱到马桶上，这是个好兆头。如果宝宝强烈要求坐在马桶上，妈妈需要在马桶上套上适合宝宝使用的马桶套。

总之，爸爸妈妈用积极乐观的心态，和宝宝进行愉快的合作，训练尿便的过程就会顺利完成。

防蚊、防晒、防痱

防蚊

夏天防蚊是让妈妈很头疼的问题。让宝宝长期待在空调房内，会导致宝宝患“空调病”，而且室内温度必须低到一定程度，蚊子才不会咬人，而过低的室内温度对宝宝的身体健康是不利的。电风扇防蚊就更不可取了，风扇不对着宝宝吹，没有防蚊作用；风扇对着宝宝吹，宝宝有可能会感冒，如果长时间吹风扇，特别是在宝宝睡着后，宝宝还有发生面神经麻痹和关节肌肉疼痛的可能。

蚊子喜欢朝光亮的地方飞。人们都有这样的经验：天黑下来的时候，如果室内开灯，纱窗上就会有很多的蚊子，而没有开灯的房间，纱窗上就很少有蚊子。爸爸妈妈要注意及时消灭纱窗上的蚊子，以防蚊子通过纱窗缝隙进入屋内。

在洗澡水中放入防蚊水时，一定要避免把洗澡水弄到宝宝眼睛里。用风油精防蚊，对宝宝不是很安全，风油精进入宝宝眼睛里会比较麻烦。另外，风油精气味比较大，会刺激宝宝流泪。

◎ 宝宝被蚊子叮咬后如何处理

医院、药店、商场有各种治疗蚊虫叮咬的药水、药膏等，妈妈可选择一两种备用。如果家里没准备治疗蚊虫叮咬的药水，也可因地制宜，使用一些小窍门，如用苏打水清洗蚊虫叮咬处、在叮咬处涂抹仙人掌或芦荟汁，这些东西都具有消炎、消肿和止痒的作用。

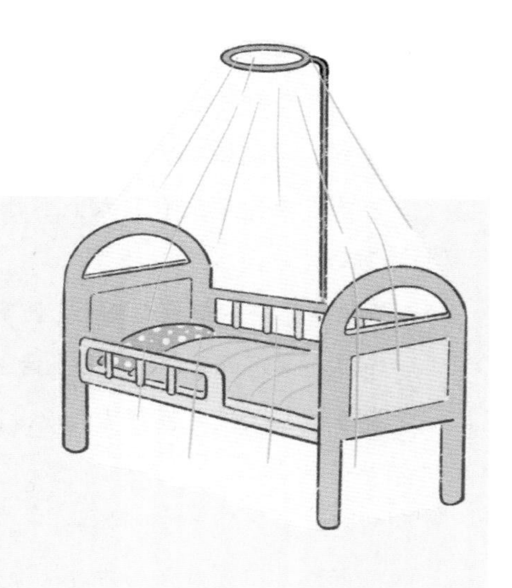

◎ 行之有效的防蚊方法

※ 清除家里各种容器中的积水，如盆景、假山、花盆等，能加盖的容器都加盖并盖好；

※ 纱门、纱窗安装到位，密封好。到了傍晚，尽量减少进出纱门的次数，并往纱门纱窗边沿喷驱蚊剂，防止蚊虫飞入室内；

※ 在宝宝睡的小床上挂上蚊帐，并确保宝宝熟睡后不会把蚊帐踢开；

※ 勤给宝宝洗澡，保持皮肤清洁，避免和减少身体汗味吸引蚊虫；

※ 把宝宝抱到户外时，用扇子在宝宝周围轻轻地扇风驱赶蚊子。

防晒

日光中含有紫外线，会使皮肤产生能够促进钙的吸收和利用的骨化醇。维生素D在食物中的含量极少，且宝宝吃的食物种类有限，从食物中得到的维生素D很少。因此通过日光中的紫外线照射皮肤获取维生素D，就显得异常重要了。但是，凡事都有正反两个方面，日光中的紫外线在给宝宝带来巨大益处的同时，也会给宝宝稚嫩的皮肤带来损伤。

如何解决这个矛盾呢？夏天的上午10点到下午4点，最好不要带宝宝晒太阳，这段时间的紫外线很强。即使不是在阳光最强的时候，也应在树荫下活动，或使用遮阳伞、浅色遮阳帽及遮阳眼镜等。给宝宝穿上透气性良好的长袖薄衫或长裤，以免宝宝皮肤直接暴露在日光下。到海边、露天泳池和山坡缺乏遮阳的地方，一定要做好防护，以免宝宝被严重晒伤。

以下是给宝宝防晒的注意事项：

·7个月的宝宝就可以使用防晒乳液了，擦防晒乳液前，要先擦护肤霜，要在外出前15分钟擦防晒乳液；

· 日常可选择防晒系数为15的儿童专用防晒乳液，日光强烈或在外面暴露时间比较长时，可选择防晒系数为25的防晒乳液；

· 防晒乳液通常只有五六个小时的防晒效果，如果在阳光下暴露时间过长，要补涂防晒乳液；

· 所有露出来的部位都要涂上防晒乳液，而不单单是面部；

· 不要在湿润或出汗的皮肤上使用防晒用品；

· 夏季的阴天也要擦防晒乳液，因为尽管阴天见不到阳光，紫外线的照射量并没有显著减少；

· 回到家里，应立即洗掉防晒乳液；

· 最好避开阳光最强烈的时候带宝宝外出，如果必须外出，可使用防紫外线伞等防护；

· 在树荫下乘凉是不错的选择，既可避免烈日照射，又能让宝宝接受适当的光照；

· 不要为了躲避阳光而把宝宝放在高楼背阴处乘凉，这样宝宝见不到阳光，还会受夹道风的侵袭。

宝宝一旦被晒伤，要马上带宝宝看医生。妈妈应该做什么呢？

· 为宝宝清洗身上的汗水，清除盐分和灰尘；

· 用干净、湿润的棉毛巾在晒伤处轻轻拍打；

· 用凉毛巾冷敷晒伤处半小时；

· 给宝宝多喝水和鲜果汁；

· 晒伤未愈前不要直接暴露在日光下。

防痱

痱子最主要的成因是热和汗渍。宝宝一旦长出痱子，会非常不舒服，双手会不停地乱抓，怎样才能尽快消退痱子呢？

勤洗澡很重要，即使用痱子药，也要在洗干净汗液后使用，否则效果不好。如果不能避免宝宝出汗，最好不要使用痱子粉。水剂痱子药比膏剂痱子药好，膏剂痱子药又比粉剂痱子药好。

防止意外事故发生

这个月龄段的宝宝运动能力已经相当强了，但宝宝的自控和判断能力却还很弱。所以，防止意外事故发生仍是这个月龄段宝宝的护理重点。

上了年纪的老人已经追不上2岁多的宝宝了，但年轻的爸爸妈妈认为自己随时都能够控制宝宝的行动，因此，并不在意路上的车辆，那可就大错特错了。一眨眼的工夫宝宝就可能跑到路上了，爸爸妈妈千万要记住，这个月龄段的宝宝像个泥鳅，很多时候是抓不住的。

排除室内安全隐患时，妈妈可蹲在地板上，以宝宝的视角观察室内所有的物品：高耸的家具、开着的橱门、陡峭的楼梯、陈列架、书架，以及所有摆放零碎物品的地方，也许某些物品正对宝宝的安全构成威胁。如果爸爸妈妈暂时不能照看宝宝，完全自由地让宝宝自己玩，而宝宝并不在爸爸妈妈视线能及的地方，爸爸妈妈就要提前采取以下必要的防范措施。

· 将宝宝能够打开的所有小柜门都用安全防护装置加以防护或直接锁上。

· 将易碎、沉重的物品放到高处。在放置物品时，不仅要考虑物品离地的高度，还要考虑宝宝站在凳子、椅子上面时能够达到的高度。因为宝宝已经能够借助某一物体增加自己的高度，甚至能借助物品爬到高处，所以，放置的物品一定要保证宝宝即便借助其他物体也够不到。

· 所有的电源插座、插头，以及烤箱、电磁炉、电熨斗、吹风机等都必须放置在安全的地方，并进行安全防护。没有不可能发生的危险，只有想不到的危险。

· 如果衣柜里挂了很多衣物，宝宝有可能会把所有的衣物都拉下来压在身上，承载衣物的挂竿也有被拉下来的可能。衣物落在宝宝身上，可能会罩住头部，使宝宝的哭喊声传不出来，而挣扎又是在不易发出声响的衣服中进行的，妈妈不能及时发现，宝宝就会处在危险之中。

· 宝宝已经会到卫生间排便了，但宝宝进入卫生间通常不是去排便，而是去玩耍。宝宝可能会打开浴盆的水龙头，如果浴盆的地漏没有打开，或漏水的速度慢于水龙头出水的流速，浴盆中就会积水。宝宝可能会踩着小凳子，把手伸向浴盆，当宝宝弯腰玩水时，有可能会一头栽进浴盆，引发悲剧。父母同时要注意马桶，要将马桶盖盖好，并安装防护套。水龙头上也要安装防护套，防止宝宝拧开水龙头。

·还有很多七零八碎的东西统统都要收纳好，消除其安全隐患。你可能会认为宝宝已经2岁多了，不会故意把玻璃杯打碎，更不会蹬着凳子爬上写字台，再蹬着写字台上的书，去够摆在书架上的相框、字画、装饰画盘等。爸爸妈妈可能并不了解2岁多宝宝的能力，宝宝时常有令爸爸妈妈意想不到的本领。爸爸妈妈一定要时时刻刻将安全挂在心头。

·饲养了几年的宠物，并不是绝对不会伤害你的宝宝，因为爸爸妈妈不能清楚2岁多的宝宝可能会对小宠物做什么。他可能会用梳子给宠物梳头，可能会用玩具积木敲打宠物。宠物或许会被宝宝激怒，咬宝宝一口，或抓宝宝一把。宝宝除了受皮肉之苦外，还要接受多次疫苗注射。

·以前谈到的从高处坠落、被开水烫伤、把洗涤剂当饮料喝等意外，在这个月龄段仍有可能发生，父母仍需注意防范。

第十章 31~36个月的宝宝

本章提要

- 熟练地爬行、跑，两脚交替着上下楼梯；
- 可以理解大部分句子，能用语言表达自己的意愿；
- 能认出常见物体和图画；
- 能画出竖线、横线和圆圈；
- 理解“我的”“他的”概念；
- 可以和小伙伴轮流玩游戏。

第一节 生长发育

生长发育指标

体重

36个月的男宝宝	体重均值14.65千克，低于11.79千克或高于18.37千克，为体重过低或过高。
36个月的女宝宝	体重均值14.13千克，低于11.36千克或高于17.81千克，为体重过低或过高。

身高

36个月的男宝宝	身高均值97.5厘米，低于90厘米或高于105.3厘米，为身高过低或过高。
36个月的女宝宝	身高均值96.3厘米，低于88.9厘米或高于104.1厘米，为身高过低或过高。

3岁以后，宝宝的身高受遗传因素的影响开始明显。通常情况下，父母个子高，孩子多比同龄儿高。

头围、囟门

3岁宝宝的头围在48~51厘米，3岁以后，单从外观上很难看出宝宝的头长大了。大多数宝宝的囟门闭合了，极个别宝宝还有小指尖大小的凹坑，但摸起来没有柔软的感觉，接近颅骨的硬度。

乳牙

这个月龄段的宝宝完成了乳牙生长任务，20颗乳牙全部出齐。如果宝宝3岁时乳牙还未出齐，虽然并非意味着疾病的存在，还是应该带宝宝去看医生。

宝宝开始用乳磨牙咀嚼食物。乳磨牙上面的窝和沟都比较深，不容易清洁干净，易出现龋齿。有的父母认为乳磨牙迟早会被恒牙替换，长不长龋齿无所谓。这样的认识是不对的。乳牙的发育状况会直接影响恒牙的排列，甚至影响孩子的面部发育。如果宝宝的乳磨牙龋齿情况比较严重，导致牙齿疼痛或部分剥落，会影响未来恒牙的排列和牙齿的功能。

窝沟封闭可以防止龋齿。通常情况下，应该带宝宝做3次窝沟封闭：三四岁时为乳磨牙做1次，6岁后为第一恒磨牙做1次，12岁时为第二恒磨牙做1次。

大运动能力

这个月龄段的宝宝，站立时头能向各个方向转动；听到有人叫他的名字，能立即循声转过头去。他几乎成了运动全能：能变着花样地走；能熟练地爬到这儿爬到那儿；能轻松地跑步；能站在原地起跳，跳出几十厘米；会单脚站立

并跳起；能从台阶上跳下，也能跳上台阶；能不扶栏杆，两脚交替着上下楼梯；喜欢向各个方向翻滚。

自由地走和跑

宝宝走得更自如了，会后退着走，随意转弯，还能边说话边走，两手抱着一定重量的东西走。宝宝开始喜欢原地转圈，转迷糊了就趴到椅子或沙发上，缓过神来继续转圈玩。宝宝走路中可以任意变换方向，并能按照父母的指令，向后转、向前转，有的宝宝还会向右转和向左转。但这个月龄段的宝宝大多还不能分出左右。

宝宝跑得很稳了，能够在跑动中停下来，会跑着踢球，跑着和爸爸妈妈捉迷藏。

脚跟离地走路

宝宝刚刚学习走路时，常常是脚尖着地，为此妈妈还比较担心。现在，宝宝仍然会时常用脚尖踮着走，不但如此，还会把脚尖抬起来，用脚跟走路，宝宝是在走花样呢！宝宝还喜欢沿着一条直线走路，这是宝宝在练习平衡能力。

宝宝能抬起一条腿站立数秒钟，这表明宝宝的平衡能力已经不错了，有的宝宝还能单脚跳。

弯腰不摔倒

宝宝能把腰弯得很低，头几乎着地。弯腰时，宝宝能从两腿之间向后看，还能转头向两侧看。这个月龄段的宝宝平衡能力已经相当了得。这时，妈妈牵着宝宝的一只手走平衡木都没问题了。

如果宝宝走路、跑步时经常摔倒，站

起来速度比较慢，需要双手支撑才能让自己站立起来，并且不能独自上下楼梯的话，宝宝很有可能存在运动能力发育问题，应该带宝宝去看医生。

跳越障碍物

这个月龄段的宝宝大多能越过障碍物，朝更高的地方爬，甚至要站在沙发背上。宝宝不仅能跨过障碍物，还能双脚起跳，跳过障碍物。体能强、喜欢冒险的孩子能够跳跃得更高、更远。

踢球有方向

踢球、掷球是这个月龄段宝宝喜欢的运动项目。宝宝喜欢和小朋友或爸爸妈妈一起踢球、掷球。宝宝开始把球抛向他希望抛向的地方，力争把球踢得更远，并能够主动地把球踢给和他一起玩的人。

借助运动器材运动

宝宝已经不满足于徒手运动了，开始喜欢借助运动器材进行运动。宝宝运用的运动器材，可不是父母在体育用品商店买的器材。在宝宝看来，任何东西都可以作为运动器材，如凳子、桌子、餐具等。宝宝还喜欢做翻滚、跳远、骑木马、滑滑梯、攀爬等运动。到了这个阶段，有些宝宝真正会骑儿童车了，而且能骑着车自由转弯。在之后很长一段时间里，宝宝会非常喜欢骑儿童车。

运动能力和其他能力一样，宝宝之间存在着很大的差距。差距不仅仅与宝宝自身有关，也与父母养护方式有关。一个处处受到限制的宝宝，运动能力多多少少会受到影响；一个没有任何限制的宝宝，运动能力可能比较强，但宝宝也缺乏应有的规矩。所以，父母要收放自如，限制有度。该限制的一定要限制，比如不能在家骑车横冲直撞，不能爬到窗台、厨台或餐桌上等；该放手的就放手，比如允许宝宝把玩具摆满一地，但要制定规矩，玩后要自己动手或和家人一起把玩具收拾起来。

精细运动能力

画竖线、横线和圆圈

宝宝会用拇指和四指配合握笔了。有的宝宝已经会像成人那样握笔；有的宝宝会一只手握笔，另一只手固定纸或本子。他不再是胡乱涂鸦，而是开始认真地画线、画圆圈。

宝宝能在一张纸上画出垂直或水平的线，开始自发地画线段、弧线及各种形状的线条，开始临摹一些图案。写数字1~10是宝宝比较喜欢做的事情。

一页页翻书

宝宝开始喜欢看图画书和图文并茂的儿童故事书，并喜欢一页页地翻书。有时，在妈妈看来，宝宝一页页地翻书不是在阅读，只是在翻书而已。即便如此，妈妈也没必要干预宝宝。宝宝有他自己看书的方法，父母不能要求这么大的宝宝像成人一样认真读书。快速浏览就是他目前的阅读方法。

搭积木

积木和拼图游戏对宝宝来说有了与以往不同的意义。过去，宝宝只是把积木一个个地搭在一起，即使不断倒塌，宝宝仍然如此去做。现在，宝宝知道了要在底层多放些积木，才能搭得更高，开始真的用积木搭建实物了。宝宝还会用积木搭火车、汽车、小房子等他想象中的实物。

宝宝开始学习用积木搭建镂空的造型，如桥梁、房门等。通常情况下，需要父母给宝宝做几次示范，宝宝才能自己完成搭建任务。宝宝学习用积木搭建镂空的造型，不但可以练习宝宝的思维能力和手的精细运动能力，还能够帮助他理解空间概念。

小手越来越灵活

宝宝的小手越发灵活，能做很多父母意想不到的事了：把瓶盖拧开再拧紧，把门闩关上再打开，自如地转动门把手，打开或关闭水龙头，开关电视，换频道，打开空调、电风扇等。

宝宝能分别伸出五个手指头，能用食指和中指夹起一件东西，能用拇指和四指配合握笔，能把纸折起一角，会系纽扣、鞋带，会把糖纸剥开，能用一只手拿着杯子喝水。有的宝宝还尝试着使用筷子。

宝宝能做的事越来越多，与此同时，宝宝面临的危险情形也随之增加。父母要尽可能消除宝宝身边的危险隐患，防患于未然，给宝宝创造安全的活动空间。一旦意识到宝宝有发生危险的可能，父母要立即采取行动，及时制止宝宝的危险行为，并不失时机地告诉宝宝什么是危险的，什么是不能做的。

第二节 智能与心理发育

语言能力

语言学习和理解能力

◎ 听从指令

宝宝能听从父母简单的指令。如果指令过于复杂，句子过长，宝宝会因听不懂而不能执行，所以，父母发出的指令要简单。如果不让宝宝做什么，就一定要用简短的句子制止，千万不要唠叨。宝宝对唠叨的话是一句也听不进去的，更不可能按妈妈的意愿行事了。结果就成了妈妈不断唠叨，宝宝把妈妈的话当作耳边风。

◎ 认识物体

宝宝几乎能认出并辨别家中所有常见物体了。在别人家或其他地方看到和自己家同样的东西时，他不再认为那就是自己家的东西了。宝宝能把图画中的物体和现实中的真实物体区分开，知道画中的苹果不能吃、画中的电视不能开、镜子中的妈妈不能抱宝宝。

◎ 理解大部分句子

宝宝对语言的理解能力有了很大提升，不但理解父母和看护人说的大部分话，还理解一部分陌生人说的话。宝宝的发音已经相当清晰，能说出5个字词组成的句子。宝宝能说出自己的姓名、性别和年龄，有时还能说出父母的姓名。

◎ 理解方位和人称代词

宝宝对方位有了进一步理解，开始理解上面、下面、里面等方位的意思。宝宝也开始理解人称代词，明白你、我、他，有的宝宝还理解你们、我们、他们。当宝宝会用你、我、他时，常会因为礼貌问题被妈妈批评。比如：阿姨给了宝宝一个苹果，妈妈问谁给的，宝宝会说“她”，并用手指着阿姨。妈妈觉得宝宝这样不礼貌，就会告诉宝宝不要说“她”，要说“阿姨”，也不能用手指着阿姨。这是对孩子礼貌和社会能力的培养与教育，已不再是语言问题了。可见，宝宝的任何一项发展都不是孤立的。

语言运用和表达能力

◎ 基本掌握母语中的口语对话

在2~3岁这一阶段，宝宝的语言发育水平存在着很大的差异。

有的宝宝3岁时基本掌握了母语中的口语，在父母看来，几乎没有宝宝不会

说的话，没有孩子听不懂的话，宝宝和父母能进行顺畅的日常交流；有的宝宝直到2岁后才开口说话，在父母看来，宝宝会说的话不多，尽管懂得父母的话，但很少应答，和父母交流起来显得不那么顺畅。

有的宝宝特别爱说话，总是没完没了地说，问这问那，讲这讲那，像个小话痨似的；有的宝宝喜欢默默地自己玩，不爱和父母交流，也不太喜欢和小朋友交流。如果宝宝什么都明白，什么都懂，只是喜欢研究玩具、喜欢写写画画、喜欢摆弄手里的小物品，各项发育也正常，那么他大概率是喜欢思考和安静、不喜欢表达和热闹的孩子，这大多是性格使然，而非孤独。宝宝不爱说话并不意味着他掌握的词汇比爱说话的宝宝少。

◎ 跳跃式的语言发展

宝宝语言的发展整体上是渐进的，但在这一阶段会呈现跳跃式的发展。往往父母一觉醒来，忽然发现宝宝语出惊人！这么大的宝宝已经能领会故事中的情节，能理解并记住书中的信息片段了。父母可轮流给宝宝讲故事，朗诵诗歌、散文等，帮助宝宝进一步提升词汇量。

语言交流和沟通能力

◎ 尝试着说复合句

当宝宝能够说出比较完整的简单句时，他就开始尝试着说复合句了。但这么大的宝宝还不会用连接词把复合句恰当地连接起来。宝宝运用复合句的能力与他运用简单句的能力是共同发展起来的。在不断提升对简单句的运用能力的同时，宝宝对复合句的运用能力也在不断得到发展。

◎ 连续性语言

3岁以前的宝宝，语言表达主要是情景性的，要结合当时的情景，并辅以手势、表情，甚至是表演性的动作，才能够表达出比较完整的意思。3岁以后的宝宝开始逐渐学习用连续性语言表达，能够离开具体情景表述自己的意思了。

◎ 自言自语

3岁左右的宝宝开始沉浸在自言自语的快乐中。父母不必担心，这是宝宝语言发展过程中的正常表现，是幼儿语言概括和调节功能发展的过程。成人思考时使用的是“内语言”，也就是无声的语言，不会把自己思考的事情自言自语地说出来。宝宝还没有这个能力，使用的是“外语言”，脑子里想什么，就不自觉地说了出来。当“外语言”发展到一定程度，宝宝就会产生“内语言”能力。宝宝自言自语的时候，正是“外语言”向“内语言”发展的过渡期。随着宝宝的知识、经验逐渐变得丰富，思维能力不断发展，他的语言概括能力会逐渐增强，自言自语、嘟嘟囔囔的现象就会逐渐减少，直到完全消失。

如果宝宝始终口齿不清、言语不明，父母很少能听懂宝宝的话，宝宝也很少用语言表达，仍以肢体语言来表达自己的意愿和要求，父母和宝宝之间不能用简单的语句进行交流，宝宝不理解父母简单的指令，更不能去执行，父母要及时带宝宝去看医生。

认知能力

对物品进行分类、比较和选择的能力

宝宝能根据物品的形状和颜色，对物品进行分类。但宝宝的抽象思维能力还比较弱，认识的颜色也有限，并不能识别所有物品的形状。如果妈妈让宝宝把所有圆的物品都拿过来，宝宝可能只会把球拿过来，却不能把橙子等拿过来。如果妈妈告诉宝宝把像球那么圆的东西都拿过来，宝宝可能执行得更好。这个月龄段的宝宝，有了多向选择的能力，能够在几种物品中选择出父母指定的物品。如果玩具筐里装了各色皮球、乒乓球、小汽车、洋娃娃等，妈妈说："把红皮球拿给妈妈。"宝宝能准确地把红皮球选出来并递给妈妈。

理解数的概念、物体之间的关系

宝宝已经理解了数的概念，但一般只理解3以内的数字概念。如果让宝宝拿3个苹果，宝宝可能会完成妈妈的指令。如果让宝宝拿5个苹果过来，宝宝可能就完成不了了。

此前宝宝可能就已经理解里、外、上、下等方位了，但其理解还仅仅局限于具体事物上，而非抽象的认识。现在宝宝开始在抽象的意义上理解上、下、里、外、前、后等方位概念了。比如：宝宝正站在床头橱上，妈妈看见了，说"快下来"，宝宝会明白妈妈是在命令他从床头橱上下来，而以前他还不能理解这种省略说法的意义。但现在的宝宝仍然不能分辨左右。

认出动态中的自己

宝宝不仅能从静态的镜子和照片中认识自己，还能从动态的视频中认出自己和熟悉的人。这是宝宝对自我认识的又一进步，

有了这个能力，宝宝在看动画片的时候，就能很快地记住动画片中的人物以及人物之间的关系了。

认识颜色、形状

宝宝认识了更多的色彩，多数宝宝可认识5种以上的颜色——黑、白、红、绿、蓝、黄。有些宝宝容易把绿和蓝、红和绿混淆，父母不能因此就认为宝宝有色弱或色盲。这个月龄段的宝宝还不能分辨某些颜色是正常的。

帮助宝宝更准确地认识颜色，妈妈可以这么做：先拿一种颜色的物品做样本，再让宝宝在众多有颜色的物品中找到和样本颜色一样的物品，宝宝可以比较快地找出来。

如果妈妈不给出颜色样本，直接用语言告诉宝宝拿出某种颜色的物品，宝宝思考一下，把妈妈指定的物品拿了出来，就说明宝宝不但能分辨不同的颜色，对颜色还有了抽象的认识。当妈妈说要红球时，宝宝大脑中先出现了红球的影像，接着宝宝根据脑中的影像找出了红球。

任何物体都有其形状，如果父母在宝宝成长过程中，早早地将正方形、长方形、圆形等形状的概念教给了宝宝，那么宝宝在这个阶段认识物体的形状就没有什么问题了。如果父母没教过，宝宝就会缺乏对物体形状的认知力。

理解简单的时间概念

宝宝开始理解简单的时间概念，知道爸爸妈妈白天要去上班、晚上会下班回家。宝宝对时间有初步理解后，爸爸妈妈可以教宝宝认识钟表。宝宝认识钟表后，对时间会有更具体的理解。

理解因果关系

宝宝开始理解一些事物的因果关系：电动玩具要放电池或充电并打开开关才能运动，机械玩具要上发条才能跑，把开关打开电灯才能亮……这是宝宝认知能力的进步。宝宝还能把两种不同的游戏串联在一起玩。

不能分辨幻觉与现实

这个月龄段的宝宝还不能分辨幻想与现实的区别，常把幻想当成现实。如果宝宝梦见有老虎追赶他，即使从噩梦中惊醒或被妈妈叫醒，也不能从梦境中缓解过来，而是会把梦境当成现实，仍旧大哭。

不能预知危险

这个月龄段的宝宝不能预知危险，往往喜欢寻找刺激。父母要有心理准备，不是和宝宝商量好的所有事情，宝宝都会按约执行的。即使带宝宝出门前，妈妈已经和宝宝商量好了，到外面不许乱跑，绝不能跑到马路上，宝宝理解并答应了妈妈的要求，到了户外，宝宝还是会快步冲向马路，就算听到看护人在身后惊呼，也不会停下来，或许还会更快速地往前跑。

心理发育

通过思考解决问题

通过思考解决问题是这个月龄段宝宝发育中的里程碑。尽管宝宝还不能分辨幻想和现实，但有了这一能力，会让父母通过讲道理引导宝宝的行为成为可能。比如：宝宝要在雨天到户外去玩耍，当宝宝还不具备通过思考解决问题的能力时，他完全不能领会不带他出去玩的原因是外面正在下雨，只会因为不能出去玩而哭闹或耍脾气；现在，宝宝开始学习思考并接受妈妈的建议了。但父母不要寄希望于通过讲道理制止宝宝的某些行为，宝宝通过思考解决问题的能力还相当弱。

自我感受提升

随着思考和解决问题的能力不断提高，宝宝有了比较强烈的自我心理感受。宝宝开始为完成了比较困难的任务而感到自豪，开始为自己鼓掌。这意味着宝宝有了自我肯定的能力，开始愿意与小朋友建立友谊、分享玩具。长期的伙伴关系能够让小朋友之间更好地建立起友谊。孩子间发生冲突是难免的，这个时期的宝宝可能会有进攻行为，较好的解决方法是让孩子们自己解决问题。

宝宝的自我感受还处于非常直接的阶段。当父母搂抱、亲吻他时，他会感受到父母对他的爱；如果父母训斥他，不让他做某件事，他就会认为父母不爱他了。即使父母是为了防止危险而呵斥宝宝，不让他做危险的事情，宝宝也不能感知这是父母对他表达的另一种爱。

分离焦虑减弱

这个月龄段的宝宝与父母分离后的焦虑明显减弱。但是，宝宝仍然难以适应日常生活出现重大变化。一旦出现重大变化，宝宝会出现焦虑、烦躁、睡眠不安、食欲下降等。父母吵架、爸爸摔门离开、妈妈哭着跑到其他房间等情况，对宝宝的刺激非常大，宝宝会因此失去安全感。

情绪爆发

这个月龄段的宝宝会经常出现情绪爆发，以此来应对自己遇到的困境。当父母制止他做某件事时，宝宝可能会用尖叫、大闹、大声哭喊、撕咬、坐在地上乱踢乱蹬、摔东西、躺在地上打滚等激烈方法，把自己的情绪表露无遗，这就是他遇到困境和挫折的处理方法。这种极端表现多发生在父母在场的情况下，父母不在时，宝宝很少有这样的爆发。这是因为他相信父母会帮助他，不相信别人会帮助他。所以，如果把宝宝暂时寄放到朋友家，朋友会说这个宝宝非常乖巧、很听话。父母的感受则恰恰相反，认为宝宝很闹，常常表现得不可理喻。

有了最初的责任感

虽然宝宝已经有了最初的责任感，但还不能分辨责任所属，会认为所有的事都与他有关，都是自己的责任。比如：爸爸妈妈吵架了，妈妈难过地坐在那里擦眼泪，宝宝不会把妈妈的难过归因于父母的吵架，而会认为是自己气了妈妈，宝宝会因此感到内疚和害怕，从而变得很乖。

好情绪和坏情绪

父母常把宝宝的情绪分为好情绪和坏情绪。父母认为，好情绪是宝宝不哭不闹，快快乐乐地玩耍，乖乖地吃饭、睡觉、洗澡，带到户外玩也高兴，回到家里也不闹，听爸爸妈妈的话，和小朋友在一起玩得很好；坏情绪则是让干啥不干啥，哭哭啼啼，一点儿也不乖巧，到睡觉的时间不睡，按到床上就闹，不好好吃饭，动辄把玩具扔掉，不高兴就乱喊乱叫，甚至撕咬打滚。

通常情况下，父母能接受宝宝的好情绪，难以接受宝宝的坏情绪，这是人之常情，可以理解。理解归理解，父母还是要全面地接受宝宝的情绪，无论好的还是坏的。

◎ 接受负面情绪

面对宝宝的负面情绪，父母首先要坦然接受，然后询问宝宝出现负面情绪的原因并进行疏导。如果父母用自己的负面情绪面对宝宝的负面情绪，不但不能疏导宝宝的负面情绪，还会让宝宝的负面情绪升级。最重要的是，宝宝没从父母那里学到如何处理负面情绪。帮助宝宝学会处理负面情绪，对宝宝来说是非常重要的。人人都会有负面情绪，宝宝更是如此。有负面情绪不怕，怕的是不能面对，不会处理。

◎ 不能压制负面情绪

面对负面情绪，对宝宝伤害最大的处理方式是压制它。当宝宝有负面情绪时，父母的负面情绪比宝宝的负面情绪还大，大声恐吓，甚至动用武力来压制宝宝表达情绪，其结果是宝宝的负面情绪暂时被压下了，并没有得到疏解。长此下去，宝宝不再把负面情绪表现出来，其心理会遭受巨大伤害。

如果父母不能控制自己的情绪，暂时回避不失为好的方法，等宝宝情绪平稳后再与宝宝沟通。宝宝相信父母能够为他提供最可靠的保证。从根本上说，宝宝处理情绪的方式是父母处理情绪的方式的写照，父母处理情绪的方式，对宝宝有着潜移默化的影响。

父母对宝宝情感的影响

父母和看护人的态度，会在宝宝幼小的心灵上留下深刻的烙印，对宝宝影响长远。性格开朗、豁达、宽容、富有爱心的父母，会让宝宝更加稳重、自信。心胸狭窄、斤斤计较、怨天尤人的父母，会使宝宝多愁善感、神经敏感。父母养育宝宝的方式和态度，对宝宝情感发育的走向，有着很深的影响。

◎ 宝宝是父母行为的影子

· 如果父母总是跟宝宝发脾气，宝宝就会把发脾气当作理所当然，也常用发脾气的方式来表达情感，把发脾气变成一种习惯。

· 如果父母总是否定宝宝，批评话语不断，宝宝就会对自己产生怀疑，缺乏应有的自信。

· 如果父母总是满腹牢骚，任劳不任怨，宝宝就体会不到生活的快乐，只会感到压抑和艰辛。

· 如果父母脾气暴躁，动辄骂宝宝，甚至抬手打宝宝，事无大小，常怒火中烧，一触即发，那么宝宝或者懦弱，或者孤僻，或者暴躁，与人相处困难。

· 如果父母在宝宝面前总是表示不满，谴责他人，说别人的坏话，宝宝可能会成为爱挑剔、对人刻薄、缺乏信任和同情心的人。

· 如果父母心胸狭窄，做事谨小慎微，妒忌心强，宝宝可能会成为非常敏感甚至神经质的人。

· 如果父母总是说话不算数，喜欢承诺，但不兑现，宝宝会缺乏信任，没有安全感。

· 如果父母常常是说一套、做一套，对宝宝进行的语言教育和自身行为有很大差距，宝宝可能会缺乏主见，遇事彷徨茫然。

· 如果父母霸道，不讲道理，凡事都没有商量的余地，宝宝可能会心口不一，不自觉地撒谎，懦弱，不能坚持自己的意见和看法。

· 如果父母没有原则，事事依着宝宝，宝宝会变得目中无人、蛮不讲理。

交往与玩耍

建立友谊

从现在开始，宝宝不再只喜欢和父母在一起，也开始喜欢与小朋友在一起了。宝宝愿意与小伙伴建立友谊，分享玩具。

只有一个宝宝的家庭，父母可给宝宝找几个小伙伴，让宝宝接触更多与他年龄相仿或年龄差异比较大的孩子，给宝宝找一两个恒定的伙伴，帮助他们建立长期的伙伴关系，建立起更深厚的友谊。

帮助与被帮助

让宝宝接受其他人的帮助，并让宝宝乐于帮助其他人，这是很重要的。父母常常喜欢帮助宝宝，即使宝宝能够自己完成的事情，父母也会因为担心宝宝做不好或耽误时间而代劳。这样做，不但不利于发扬宝宝独立做事的精神、锻炼宝宝独立做事的能力，还会伤及宝宝的自尊心。同时，父母认为宝宝小，什么也不会干，从来不让宝宝帮自己的忙，这样不能培养宝宝助人为乐的精神。培养宝宝互相帮助的精神，对宝宝今后的发展有着积极的意义。

父母与宝宝的交流不可忽视

宝宝和父母生活在一起，似乎不存在缺乏交流的问题。但事实上，宝宝与父母的有效交流常是不足的。父母与宝宝认真对话，正确地回答宝宝提出的问题，给宝宝清晰、明确的指令，对宝宝提出恰当合理的要求，更多地赞许和鼓励宝宝，这些都是在与宝宝进行有效的交流。宝宝的交流能力，更多的是通过与父母交流练就的。

◎ 培养宝宝积极评价自己的习惯

如果父母总是批评宝宝，尤其是在别人面前批评宝宝，宝宝对自我的评价往往是消极的；如果父母经常使用赞许和鼓励的话语，宝宝就会积极地评价自己。宝宝能够积极评价自己，才能够积极面对自己，只有积极面对自己，才能积极面对生活、面对周围的人。

◎ 扬长避短

父母既要尊重孩子自身的个性和潜质，又要给孩子创造良好的成长环境，塑造出一个身心健康的孩子。父母不要给孩子下这样的定义：这孩子个性很差；这孩子没这个潜质，不可能有这方面的发展。无论孩子个性怎样，带有怎样的遗传倾向，父母都应该把孩子视为可塑之才，充分发挥他有优势的一面，扬长避短。

人的个性既不完全由遗传决定，也不完全是环境的产物。遗传和环境这两个方面都起着关键性的作用，且它们之间的相互作用是复杂多变的。父母用正确思想和做法营造的良好环境，是促进孩子身心健康成长的关键因素。

父母和看护人如果能够做到：

· 一直肯定孩子的优点，并鼓励孩子；

· 从不怀疑孩子，不轻易批评孩子，更不否定孩子；

· 从不迁怒于孩子，不站在“统治者”的地位对待孩子；

· 从不忽视孩子的存在，对孩子充满关心和爱护。

孩子将成为一个自信、友善、富有同情心、善良、热情、对生活充满热爱的人。

◎ 保护宝宝的好奇心和创造力

这个月龄段的宝宝好奇心和创造力大增，对所看、所听、所触、所经历过的事情有自己的感受，对问题有自己的理解。

他一方面需要接受新的刺激，来满足他的好奇心和探索精神；另一方面又需要一个相对稳定的环境，使他感受到这个世界是安全的。这种双重需求常让父母感到宝宝自相矛盾。如果父母不理解宝宝的特性，就很容易和宝宝发生冲突，而这些冲突会给宝宝带来困惑和恐慌。他不知道父母为什么生气，不知道父母为什么会突然大声训斥他。在宝宝看来，双重需求很正常。

◎ 维持规律生活与安全感

规律的生活习惯能给孩子带来安全感。所以，建立良好的生活习惯，不仅有利于孩子的身体健康，对孩子的心理健康也大有裨益。

孩子幼时的成长环境是否安全，对孩子日后独立性和创造性的发展有非常重要的作用。给孩子建立有章可循的生活规律，让孩子感觉到很多事物都在他的掌握之中，他对这个世界就不再有陌生的感觉，孩子的身心发展就会处于最佳状态。当孩子被恐惧笼罩时，他的神经系统处于高度紧张状态，免疫系统也会遭到重创。

父母可能会问：不是说不断变化的环境有利于孩子大脑的发育吗？孩子不是需要新的刺激吗？规范有序的生活会不会让孩子感到寂寞和厌烦呢？新的刺激与有序生活并不矛盾。给孩子提供不断变化的环境和新的刺激，也是有章法的，并不意味着要让孩子经历突发事件或不稳定的情绪波动。

◎ 父母的奖励与自然而为

一个孩子用积木搭建小房子，因此获得了3块糖果的奖励，为了获得更多的糖果，他会去完成搭建小房子的任务，这是由奖励激发的结果；另一个孩子没有得到这样的奖励，自己愿意搭建什么就搭建什么，完全靠自己的想象和兴趣去做事，这是孩子天性自然发展的结果。第一个孩子学会了完成任务，以便得到糖果，如果没有人提供类似的奖励，这个孩子可能就没有兴趣去做这件事情了。第二个孩子学会了怎样影响他所处的环境，他会把堆放在那里的杂乱无章的积木，通过他的努力搭建成各种有意义的东西，比如房子、火车等。他不但会重复做这件事情，还会把这项技能推广、运用到其他事务中去，进而学会创造性地做事。

必要的奖励是可以的，但不能为了奖励而奖励，不能为了让孩子完成某一件事情而奖励。让孩子自觉地做某件事，让孩子做自己喜欢做的事，使孩子自

然地用自己的行为改变事情的结果，这样才能教会孩子通过他自己的努力，去影响他周围的环境，通过他自己的努力改变一件事情的结果，学会主动做事，而不是被动地接受。如果让孩子总是带有很强的目的做事，会极大地削弱孩子做事的积极性，削弱孩子的创造力。

◎ 父母要坚持一致性

父母行为的一致性和一贯性，对孩子建立认知行为规则、养成良好的习惯是很重要的。父母高兴的时候，孩子做什么都行，该批评的不批评，该限制的也放任自流；父母气不顺的时候，孩子做什么都不行，不该限制的也限制，不该发火的也发火。这会让孩子感到无所适从，做事缺乏章法，不能建立起很好的规则，而是一切跟着父母的情绪走，父母成了孩子的晴雨表。

父母之间保持一致性和一贯性更为重要。然而，父母之间常常缺乏一致性，甚至相互唱反调。比如：父母一方告诉孩子不能做，另一方却在一旁替孩子求情，更严重的是双方发生了争吵。这对孩子形成生活规则非常不利。而且，孩子并不会因为有人支持他而领情，支持他的和反对他的统统会令他烦恼。因为父母吵架是最令孩子难过的事，谁支持他、谁反对他已经无关紧要了。

与自然的交流

除了人与人之间的交流，人与整个自然界、整个社会所发生的关系，都是人的交流活动，是人存在的基本状态。宝宝对着宠物狗说话、对着电动小汽车说话，是交流活动；当妈妈把废弃物丢在公共场所时，宝宝告诉妈妈要把垃圾扔到垃圾箱中，是宝宝与社会之间的交流。宝宝知道怎么处理垃圾，就是宝宝知道怎么处理他与社会公德的关系、处理他与环境的关系。交流和交往无处不在，如果一个人能够正确地与人、自然、社会交流，就会被人称赞，被社会认可，受人尊敬。

◎ 待人的礼貌

有礼貌的孩子总是更招人喜爱，可问题是，成人的礼貌标准是否适合孩子呢？孩子心目中的礼貌是什么样的？孩子是否愿意执行父母的礼貌标准？这样看来，孩子是否有礼貌，真的不是一句话就能判定的。

我曾经到一个朋友家给宝宝看病。妈妈对宝宝说："问郑大夫好。"宝宝的回应是：举起一只小手，大喊"打"！我还没缓过劲来，妈妈说了一句"什么孩子呀"，就一巴掌落在宝宝的屁股上。虽然力量不大，但也"掷地有声"，宝宝当即就哭了。这对宝宝学习礼貌待人有帮助吗？

父母不要忘了，快3岁的宝宝已经有了思维能力，有了自己的主张。宝宝已经通过自己的亲身经历，把医生、护士与打针、吃药联系在了一起，见到医生喊"打"也就不足为奇了。

宝宝的良好习惯是后天培养起来的，宝宝的礼貌是父母耐心地教导出来的。身教大于言传，妈妈举手就打，孩子必然也举手就打。如果父母认为宝宝犯了错误，就把"打"挂在嘴边，不管是真打还是假打，"打"的信息已经储存进宝宝的大脑里了。一旦宝宝遇到不顺心的人和事，大脑就会很自然地给出"打"的指令。

攻击行为

这个时期的孩子可能会有攻击行为，动手打小朋友，兄弟姐妹之间更少不了冲突，弟弟妹妹攻击哥哥姐姐的情况也时有发生。

两个孩子发生冲突，父母无须评判谁是谁非，他们还没有这样的觉悟。父母也无须训斥攻击他人的孩子，训斥不会让孩子学会友善待人，反而会使被训斥的人发起更大的攻击。被攻击的孩子也不会因为攻击他的孩子遭到训斥而感到欣慰，从而学会保护自己。

最好的方法是让孩子自己解决问题，如果孩子寻求父母的帮助，父母要公正客观地评价，教会孩子解决问题的方法，如让两个孩子握手言和、发起攻击的孩子向被攻击的孩子道歉等。

初识性别

这个时期的孩子看到和妈妈年纪差不多的人会叫阿姨，看到和爸爸年纪差不多的人会叫叔叔，看到和奶奶年纪差不多的人会叫奶奶，看到比他大的女孩会叫姐姐。这样的判断，基于孩子独立思考的能力，以及对事物的把握和判断能力。

父母对女儿说女孩子不能这么淘气，让女儿学会体贴、照顾他人，过分强调女孩特质，约束孩子的行为；父母对儿子说男子汉总是哭哭啼啼的让人笑话，倡导“男儿有泪不轻弹”，强调男孩要坚强、有出息、要成功，让孩子压抑情感。这样做不仅对孩子的成长没有帮助，还有可能会阻碍孩子的正常发育。父母只需要让孩子知道，女孩和男孩要去不同的卫生间就足够了。

玩耍，宝宝永不厌倦

爱玩是宝宝的天性。如果父母认为宝宝从现在开始必须接受“正规训练”，必须要开始“学习知识”了，父母的麻烦不但不会减少，可能还会增加——这个阶段的宝宝仍然是以玩为主的！

玩耍是宝宝的最爱，在玩中学习，在学习中玩，宝宝最容易接受，效果也最好。宝宝喜欢电动、能变形、可拆卸、可安装以及刺激性强的大型玩具。能自己和自己玩，也能和小朋友一块玩，让宝宝最高兴的还是和父母一起玩。

既然玩耍仍是宝宝生活的主要内容，就让宝宝在游戏中学习、在玩耍中认识事物。如果想让宝宝静下来学习某些知识，请记住：

· 要在宝宝兴趣盎然的时候；

· 要在宝宝精力充沛的时候；

· 要在宝宝情绪高涨的时候；

· 时间一定要短，不要等宝宝厌烦了才结束；

· 找到让宝宝感兴趣的方法；

· 宝宝表示拒绝时，不要使用父母的威权压制；

· 让宝宝多看、多听、多说、多想、多问、多交流。

◎ 触觉练习

把不同的物体放在一个布袋里，让宝宝用手去摸，说出是什么东西，然后把宝宝摸到的东西拿出来验证一下，看宝宝是否说对了。如果宝宝没说对，可以把所有的东西都倒出来，让宝宝看一看、摸一摸，再把东西放进去，继续让宝宝摸。当宝宝能够正确地说出4个以上的物品时，他就基本掌握了通过触觉认识物体的能力。

◎ 建立多少的概念

宝宝看到小朋友手中的饼干比他手中的多时，他马上就会意识到自己的饼干少。因为宝宝已经有了多与少的概念。

宝宝对玩具、食品、游戏感兴趣，可以利用这些载体教宝宝学习数学。这么大的宝宝集中注意力的时间比较短，要适时结束，以免宝宝厌烦。

· 棋子、饼干、糖块、葡萄、玩具等都可以作为教具，最好一次只教宝宝一个数字，解释数字的形状帮助记忆，举实际例子帮助理解。

· 可以用钱币(硬币、纸钞)作教具，但要注意卫生，钱币经过了很多人的手，不可以让宝宝边吃边玩，游戏结束后要立即洗手。

· 可以用饼干、糖块等食品教宝宝做加减法。让宝宝边吃边做减法；妈妈把糖块放在衣袋里，一个一个地拿给宝宝，边给边让宝宝做加法，这样做会激发宝宝学习的兴趣，也能帮助宝宝理解数字的奥妙。

· 用钟表、日历教宝宝学习数字，告诉宝宝一天是24小时、一个星期是7天……

· 带宝宝外出时辨认路边标牌上的数字。

如果宝宝对这些不感兴趣，根本不能集中注意力于你的教学上，就不要再继续下去了，或寻找更适合宝宝的方法，或暂时停几天。

◎ 与孩子一块制作家庭图书

自己动手制作家庭图书，一方面可以锻炼宝宝的动手能力，另一方面可以激发宝宝对读书的兴趣。将这样的书保存下来，给宝宝和家庭留下永久的记忆，也可算作家庭的珍藏吧。

做法其实很简单，将宝宝的涂鸦等资料装订到一起，一本图书就问世了。

· 记录有趣的家庭活动、旅游、游戏、宝宝有趣瞬间的照片。

· 宝宝的“艺术作品”。

· 有关宝宝成长过程中有趣的语言、行为的描述文字。

· 带宝宝出游时的门票票根、采摘的花瓣和树叶等可以追忆童趣的东西。

·在每张照片、“艺术作品”旁边，写上一段有趣的说明。

·设计出漂亮的封面，题写书名、作者署名（宝宝大名），这些都是“出版”前必不可少的步骤。如果想更加“正规”，你甚至可以启发宝宝在封面上画上条码，那一定很精彩。

◎ 旅途中也能玩游戏

驾车旅游时，爸爸开车，妈妈带宝宝坐在后排，是做亲子游戏的好时机。尽管旅途遥远，宝宝也不会感到厌烦，时间会过得飞快，旅途充满欢乐。

·编写旅行小册子。带上活页纸和活页夹、蜡笔或水彩笔，把旅途中的新鲜事和风景记下来或画下来，画出旅途经过的地区的草图，再加上解说词，用活页夹装订起来，就成了一本旅游小册子。

·认识车牌号和代码。各行政区都有各自的车牌号，和宝宝比赛，看谁认识的车牌号多。

·翻绳游戏。带上一根小线绳，和宝宝一起做翻绳游戏，宝宝会非常喜欢。

·下棋。带上磁性棋盘，和宝宝一起学下棋，可以是象棋，也可以是跳棋、围棋。

·欣赏沿途风景。经过农村时，教宝宝认识农作物、家禽家畜，数一数有几头牛、几只羊。

独自玩耍的时间更长、模仿行为、表达关爱

宝宝站在一旁看别人玩的时间缩短，什么都不做的时间越来越短，吃东西的时间逐渐缩短，更多的时间用来玩耍。宝宝独自玩耍时间的长短，取决于玩耍内容和父母。如果宝宝喜欢某项玩耍内容，就会坚持比较长的时间；如果父母在身边，或参与游戏，宝宝会长时间地专注玩耍。

宝宝不但模仿父母，还开始模仿其他人的行为，模仿小伙伴的言行最快、最到位。宝宝还会模仿小动物的行走和叫声，学老虎的样子要吃人，学小白兔的样子蹦跳。模仿能力也是

一种学习能力，宝宝通过模仿来认识事物。

宝宝能自发地对熟悉的伙伴表示关心，小伙伴哭了，宝宝会把自己心爱的玩具递给小伙伴，希望小伙伴不再哭。小狗受伤了，宝宝会拿着妈妈曾经为他处理伤口的药水给小狗上药。爸爸妈妈下班了，宝宝会跑过去搂着爸爸妈妈亲昵。宝宝还能表达很多的情感，一定要鼓励宝宝公开表达他的情感。

生活技能

限制与放任

如果父母事事代劳，宝宝就很难成长为一个独立的人。如果宝宝还不能自己独立洗脸、洗手、穿外衣、穿鞋子，不会自己拿勺吃饭、端着杯子喝水，那不是宝宝的问题，而是父母没有放手让宝宝锻炼，或者很晚才放手。宝宝能够自己做的事情，尽量放手让宝宝去做，做不好没关系，谁能一下就做好一件事情呢？不能因怕宝宝弄脏了衣服和地板，就不让宝宝自己用勺吃饭，拒绝宝宝使用筷子；不能因怕宝宝弄乱了房间，就不让宝宝嬉戏玩耍，不让小朋友来家里玩。能让宝宝决定的事情就让宝宝决定，父母只需提供咨询服务、技术帮助、心理支持和物质基础。

父母既要给宝宝自由，也要让宝宝守规则。比如，宝宝可以自由地玩玩具，但要把用完的物品和玩具放回原处。让宝宝慢慢懂得：有所能有所不能，危险的事情坚决不能做，如玩火、玩刀等；不合乎社会规范和道德的事情不能做，如随处大小便、乱扔垃圾、闯红灯等。

勤洗手

培养宝宝良好的卫生习惯，如饭前饭后、便前便后洗手，教会宝宝七步洗手法。洗手这件小事听起来很简单，做起来却很难，不用说两三岁的宝宝，就是成人也很难一直坚持。

· 饭后洗手。吃饭时宝宝会用手抓食物，食物残渣粘在手上，宝宝的手就会变得黏糊糊的。当宝宝再拿玩具或其他物品时，灰尘中的致病微生物会粘到宝宝黏糊糊的小手上。宝宝再去拿食品时，致病微生物就有机会侵袭宝宝。如果恰好赶上宝宝抵抗力比较弱的时期，宝宝就很容易生病。

·便前洗手也很重要，尤其是当宝宝学会了自己管理尿便，自己擦屁股、洗屁股时，就更重要了。便后洗手的目的，是避免大便中的微生物以及卫生间门把手上的微生物等污染了手。但谁能保证自己的手在便前是洁净的呢？如果忽略了自我感染，便后擦拭和清洗时，生殖泌尿系统就有被致病菌污染的可能，女宝宝比男宝宝更容易发生泌尿和生殖道感染。

学会吃饭

这个月龄段的宝宝大多能独立进餐，如果还需要父母一口一口地喂饭，不是宝宝没这个能力，而是父母不舍得放手。如果宝宝还不会自己吃饭，从现在开始放手也不晚。其实，把吃饭的任务交给宝宝益处多多。比如可增强宝宝食欲，让宝宝体会到自己动手的快乐，促进宝宝手的精细运动能力的发展。宝宝上幼儿园后，能独立进餐的能力会带给宝宝很大的自信。

脱衣穿衣

多数宝宝会自己把衣服脱掉，会解开纽扣、拉开拉链脱下上衣，会解开背带裤上的纽扣，把裤子脱到脚踝处坐到小便盆上排尿便。宝宝会解开鞋带把鞋脱掉，但不会系鞋带，只会用粘贴式鞋扣。多数孩子会脱衣服、脱鞋子、穿鞋、穿袜子、穿裤子，但多不会穿上衣。

收拾玩具

宝宝会把玩具都收拾到玩具箱中，能帮助妈妈把拖鞋摆整齐，会帮助爸爸妈妈做些简单的家务活。父母也可以有意培养宝宝热爱劳动的习惯，宝宝能做的事就让他自己做，请他帮着做简单的家务，如扔垃圾、洗菜、擦饭桌、拖地等。鼓励宝宝做家务重在使宝宝有参与感，多鼓励少责备，让宝宝体会到做事的快乐。

第三节　营养与饮食

为宝宝提供均衡的营养

不可忽视的铁缺乏

缺钙问题备受父母关注，缺铁问题却常被父母忽视。奶是很好的高钙食物，如果宝宝每天都能摄入一定量的奶，就可从中获取充足的钙。很多父母还会日常给宝宝补钙和维生素D，也很重视户外活动。因此，真正缺钙的宝宝并不多，有的宝宝的钙摄入量甚至超过需求量。我在临床工作中发现，缺铁的宝宝远远多于缺钙的宝宝。

食物中的铁有血红素铁和非血红素铁之分。血红素铁存在于动物血、动物肝、肉类（红肉含量较多）、鱼类中，易被吸收利用。非血红素铁存在于谷物、蔬菜等植物中，此类铁要先溶解，被还原为亚铁离子后才能被吸收，相较于血红素铁不易被吸收利用。

含铁丰富的食物有动物血、动物肝、大豆、黑木耳、芝麻酱、畜类和禽类肉等。

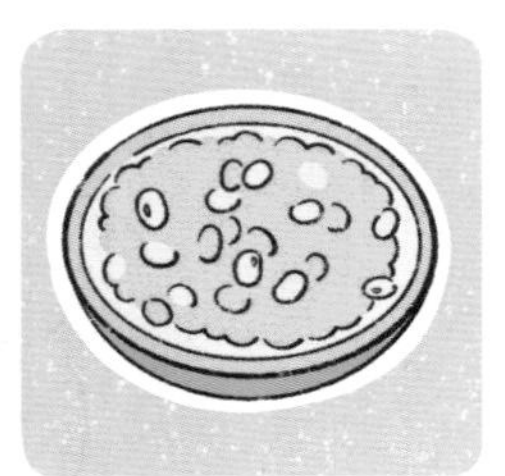

含铁较多的食物有蛋黄、深色蔬菜、坚果、麦麸等。

动物制品中的铁比植物制品中的铁的含量和吸收率均高：吸收率最高的是动物血中的铁，为25%左右；其次是动物肝中的铁，为22%左右；红肉和鱼肉中铁的吸收率为11%左右；其他食物中铁的吸收率为1%~7%。

促进铁吸收的物质有胃酸、维生素C。

妨碍铁吸收的物质有粗粮及蔬菜中的植酸、草酸、鞣酸、茶、咖啡等。牛奶属乏铁食物，所以幼儿不能把奶当作主食。

缺铁对宝宝健康的影响是贫血、认知障碍、免疫力降低、铅的吸收增加等，建议每周给宝宝吃两三次富含铁的食物。

食物纤维与便秘

食物纤维摄入过少、饮食过于精细是导致宝宝便秘的原因之一。食物纤维的补充主要是通过蔬菜、全麦粉、燕麦、粗杂粮等，但现在父母给宝宝吃的食品过于精细，宝宝摄入高蛋白、高热量的食物过多，不能形成足够的食物残渣。饮水量不足和运动量不够也是导致宝宝便秘的原因。便秘还与家族史有关，父母便秘的，宝宝发生便秘的可能性更大。

宝宝一旦出现便秘，父母应积极采取措施，不要等待。要先调整饮食结构，适当增加玉米、糙米、薯类等粗粮，以及蓝莓、梨、猕猴桃、火龙果、绿叶菜等果蔬，同时要增加水和油脂食物的摄入量；养成每日排便的习惯，在固定的时间鼓励宝宝排便；排便前帮宝宝按摩腹部；适度运动，促进肠蠕动。如果通过护理和饮食调理仍然不能缓解宝宝便秘，父母要带宝宝去看医生。

营养失衡

食物匮乏时期，营养失衡主要是营养摄入不足导致的营养不良、低体重和消瘦。食物丰盛时期，营养失衡则主要是营养摄入过多和膳食搭配不合理导致的营养过剩、超重和肥胖。很多父母过于重视所谓的高营养食物，忽略所谓的低营养食物。事实上，只有全面、合理的膳食搭配才能提供均衡的营养；任何一种食物，无论多么昂贵，都不能满足孩子生长发育所需的所有营养素。什么种类的食物都要给孩子吃，多种食物合理搭配才是正确的。

现在被过度喂养的孩子越来越多，“小胖墩儿”也越来越多了。父母几乎都知道肥胖对孩子的伤害，不希望孩子将来成为肥胖儿，可父母仍然希望自己的孩子比周围的孩子胖些、高些，尤其是在孩子小的时候，似乎孩子只有胖乎乎的，父母才认为孩子健康，才有成就感。于是，就出现了这种现象：在婴幼儿期时，父母都非常努力地把孩子喂得胖嘟嘟的；到了学龄期，父母又努力地帮助孩子减肥。

关于钙、铁、锌的补充

只要宝宝吃饭正常，父母给宝宝提供的食物品种多样、膳食搭配合理，就不需要给宝宝吃各种各样的营养补充剂。只有确定宝宝缺乏，或因故无法从膳食中获取某些营养时，才需要在医生或营养师的指导下额外补充。请父母记住，食物补充永远优于药物补充。

如果宝宝不爱喝奶，每天摄入的奶量达不到300毫升，可适量补充钙剂；如果宝宝很少吃海产品，可补充适量的锌；如果宝宝不吃动物肝和血，可适量补铁。请记住，药物补充营养素并非只有利没有弊，食物是获取宝宝生长发育所需营养的最佳途径。

以某一款碳酸钙D颗粒为例，每袋颗粒含钙300毫克、维生素D200国际单位，宝宝每日服2袋，可获得180毫克钙（以30%的吸收率计算）、400国际单位维生素D，钙含量相当于150~180毫升纯牛奶中钙的含量。但宝宝喝150~180毫升奶，所摄入的不仅有钙，还有蛋白质、脂肪、碳水化合物和其他营养素。有的宝宝服用钙剂后还可能出现便秘、食欲下降等。同理，通过户外活动，宝宝获得的不仅是促进钙吸收的维生素D，运动也可以促进骨骼生长。

给宝宝安排和烹饪食物

吃饭和活动时间安排建议

6:30~7:00	播放欢快的音乐，起床，穿衣服，上卫生间，刷牙，洗脸，喝水（30~50毫升）。
7:00~7:30	播放轻松的音乐，吃早餐。
7:30~8:30	室内亲子游戏，读书，讲故事。
8:30~9:00	加餐。
9:00~11:00	户外活动，随时喝水。
11:00~11:30	播放舒缓的音乐，室内自由活动。
11:30~12:00	午餐。
12:00~14:30	午睡。
14:30~15:00	加餐。
15:00~17:00	户外活动，随时喝水。
17:00~17:30	播放轻松的音乐，室内自由活动，也可以看动画片。
17:30~18:00	晚餐。
18:00~19:00	室内亲子游戏，不要做剧烈的游戏。
19:00~19:30	洗澡，喝水。
19:30~20:00	读书，讲故事。
20:00~20:30	睡前加餐，刷牙，上卫生间，放摇篮曲，睡前准备。
20:30以后	睡觉。

上面的时间安排只是给父母和看护人的提议，每个宝宝都有已经习惯的作息时间，每个家庭都有已经习惯的生活安排。你可以根据具体情况制定宝宝的作息时间。但是，无论父母多么忙，还是应该给宝宝和自己制定基本的作息时间表，让宝宝有章可循，从小培养他良好的生活习惯。

如果宝宝已经上了托儿所或幼儿园，可根据托儿所或幼儿园的作息时间安排宝宝在家中的作息。幼儿园一般都是早晨8点入园，下午5点离园，可根据路途远近安排宝宝起床时间。去托儿所或幼儿园的宝宝不用在家吃饭，父母会省很多事。但是，有些托儿所和幼儿园下午4点就吃晚餐，宝宝要到晚上8点才睡觉，所以，晚上要视情况给宝宝加餐。

不送托儿所和幼儿园的宝宝一周食谱举例

周一	
早餐	奶，碎菜鸡蛋饼，豆沙包。
加餐	水果。
午餐	红薯米饭，西红柿炖牛腩，三色蔬菜素炒。
加餐	酸奶。
晚餐	芝麻酱花卷，清蒸鳕鱼，碎菜豆腐汤。
睡前	奶。
周二	
早餐	奶，碎菜鸡蛋羹，奶馒头。
加餐	水果。
午餐	红豆米饭，虾仁百合炒芹菜胡萝卜，三色蔬菜猪肝汤。
加餐	酸奶。
晚餐	素馅包子，红烧带鱼，银耳大枣汤。
睡前	奶。
周三	
早餐	奶，鸡蛋蔬菜饼。
加餐	水果。

午餐	红豆包，西红柿炒鸡蛋，牛肉丸子冬瓜汤。
加餐	奶。
晚餐	咖喱饭，莲藕白萝卜炖排骨。
睡前	奶。
周四	
早餐	奶，三鲜馅馄饨（汤中放紫菜和虾皮或海米，加荷包蛋）。
加餐	水果。
午餐	山药米饭，土豆胡萝卜炖肉，鸭血豆腐汤。
加餐	酸奶。
晚餐	芝麻酱花卷，清蒸鳕鱼，碎菜豆腐汤。
睡前	奶。
周五	
早餐	奶，水煎蛋，素馅包子。
加餐	水果。
午餐	芋头米饭，红烧鸡翅，蔬菜豆腐汤。
加餐	酸奶。
晚餐	家常饼，虾肉丸子蔬菜汤。
睡前	奶。
周六	
早餐	奶，水煮蛋，面包，蔬菜沙拉。
加餐	水果。
午餐	小米饭，三色蔬菜炒鸡肝，海带肉丝汤。
加餐	酸奶。
晚餐	八宝粥，炖鲶鱼，蘑菇汤。
睡前	奶。

周日	
早餐	奶，蛋糕，碎菜鸡蛋羹。
加餐	水果。
午餐	三色（胡萝卜、玉米粒、青豆）炒饭，素炒三色蔬菜，豆腐猪肉丸子紫菜汤。
加餐	酸奶。
晚餐	三鲜馅饺子。
睡前	奶。

宝宝在托儿所或幼儿园就餐

去托儿所或幼儿园的宝宝通常一日三餐都在托儿所或幼儿园吃。如果宝宝起得比较早，距离去园中吃饭还有2小时左右，父母可以给宝宝喝奶并告知老师，以便老师掌握宝宝早餐的情况。

回到家里，多数宝宝会和家人一同吃晚餐。如果宝宝每天都要和父母一起吃晚餐，最好能给宝宝单独做点儿在托儿所或幼儿园没吃过的食物。如果托儿所或幼儿园晚饭时间较早，与睡觉时间间隔过长，宝宝的胃已经排空，可考虑添加消夜。

父母需要做的事情

把托儿所或幼儿园一周的食谱抄下来，了解宝宝在托儿所或幼儿园都吃了什么，以便确定在家给宝宝做些什么。向老师询问宝宝的吃饭情况，比如喜欢吃什么、不喜欢吃什么、吃得好不好，询问宝宝是否喜欢喝水，监测宝宝的体重增长情况。

让宝宝快乐进食

不好的饮食习惯

不好的饮食习惯是导致宝宝不好好吃饭的重要原因。

· 饮食结构不合理

过多地摄入高糖、高蛋白、高脂肪等高热量食物，如巧克力、奶糖等；爱吃话梅、果冻及膨化食品。

·暴饮暴食

有的父母看到宝宝喜欢吃某种食品，就会毫不限制地让宝宝吃个够，宝宝从而养成了暴饮暴食的习惯。

·偏食、挑食

宝宝天生喜欢吃甜的、香的，而不喜欢吃蔬菜和杂粮。过分偏食、挑食会导致宝宝的膳食结构不合理，营养失衡。

·过多地摄入甜食、冷食、油炸食物

过多地摄入甜食，会使宝宝感受到甜的阈值增高，无甜不欢。过多地摄入高糖食物，会增加饱腹感，导致宝宝食欲下降。

宝宝胃黏膜娇嫩，对冷热刺激十分敏感，易受到冷热食物的伤害。若进食冷热不均，更易损害胃肠道功能。冷食吃多了会引起胃肠道缺血，致使胃肠道功能受损，出现一系列胃肠道功能紊乱症状，导致宝宝食欲下降，甚至厌食。

油炸食物不易消化,会增加胃肠道负担,引起消化不良。

·吃零食

几乎所有的宝宝都爱吃零食，父母会给宝宝买些零食，亲戚朋友也会送宝宝零食。一点儿零食都不给宝宝买、不给宝宝吃是不现实的，父母要把握尺度。只购买适合宝宝吃的零食，不适合吃的零食不要买回家，朋友送的零食要在量上控制。

·过多地饮用饮料

宝宝普遍喜欢喝酸甜的饮料，碳酸饮料、咖啡饮料、可可粉饮料等都可能引起腹部胀气、嗳气和消化不良，使宝宝食欲降低。

区别饭量小和饭量大的宝宝

吃得极少的宝宝也不会让自己饿肚子，如果觉得宝宝吃得少就强迫他吃，不断唠叨或惩罚他，只会让情形变得更糟。如果父母感觉宝宝是“靠喝西北风活着”，请注意他饭前是否已经用饮料和零食填饱了肚子，在饭前1小时不要让宝宝吃零食、喝饮料。

第四节　日常生活护理

宝宝半夜频繁醒来

有的宝宝会在晚上起来尿尿。大多数宝宝尿尿后很快能自行入睡，不再要吃的或要妈妈陪着玩；有的宝宝却不能让父母这样省心，再次入睡有困难，或醒来要妈妈陪着玩，或哭闹。但是，这个月龄段的宝宝半夜醒来哭闹的少了。如果宝宝醒来让父母陪着玩，父母从一开始就不要这么答应，陪他玩的结果是宝宝更不会睡觉。如果宝宝养成了半夜醒来玩的习惯，不但父母很辛苦，对宝宝健康也无益。父母要明确地告诉宝宝晚上要睡觉，白天才是玩的时间。

有的宝宝白天不愿意睡觉，即使把宝宝放到床上，他也是翻来覆去睡不着。爸爸妈妈不必着急，更不要担心这会影响孩子的健康。如果你的宝宝说什么也不愿意午睡，说明他不困，精力过剩，晚上睡足了。为了让宝宝睡午觉，把宝宝困在床上两三个小时是不可取的。如果宝宝在床上躺了半个小时还不能入睡，就没有必要让宝宝继续躺下去了。如果爸爸妈妈希望宝宝午睡，可以给宝宝搭一个窝棚，也可以买一顶小帐篷，宝宝或许会因为喜欢他这个独立的小天地而愿意午睡了。

妈妈常遇到的宝宝睡眠问题

睡眠时间

不管宝宝到了哪个年龄段，总有父母问宝宝到底应该睡多长时间。其实，睡多长时间是由宝宝来决定的。3岁宝宝的睡眠、饮食状况，还有身高、体重，有普遍标准，但每个宝宝都有自己独特的地方，如果父母理解了这一点，就不会再奇怪，为什么别人家的宝宝能一觉睡到天亮，自己的宝宝却要醒几次。

一般来说，这个月龄段的宝宝大多每天需要睡10~12个小时，午睡时间长的宝宝，晚上睡眠时间会相对短些；不睡午觉的宝宝，晚上睡眠时间会相对长些。睡眠时间的长短、入睡快慢、夜醒次数等与宝宝自身有关，与父母睡眠情况有关，也与环境相关。如果你的宝宝睡眠情况不如意，但在你可接受的范围内，就请耐心等待。随着宝宝慢慢长大，睡眠问题会在某一天消失得无影无踪，而你很快就会忘记曾经对“宝宝睡不好”的担忧和烦扰。

宝宝为什么总缠着讲故事

我的儿子不到3岁，他晚上睡觉很晚，总是缠着我们给他讲故事、陪他玩，有时11点甚至12点才睡。第二天早晨起得也不早，一般9点多才会醒。为了让他晚上早点儿睡，我们就让阿姨8点多叫醒他，中午一般让他从1点睡到3点，可是晚上他还是睡不着，需要长时间地阅读和讲故事。他的睡眠时间一般在11个小时左右，对他这么大的孩子来说，睡眠是不是少了点儿？

宝宝睡11个小时是正常的。睡觉前过度兴奋、引人入胜的故事情节、听妈妈讲故事的幸福感觉、和父母在一起的快乐时光，这些都可能成为宝宝不愿意睡觉的原因。宝宝睡眠习惯或多或少会受到父母的影响，如果父母是夜猫子，宝宝也很难早睡早起。不要急，慢慢改变，争取让宝宝每天早睡5分钟。另外，建议逐渐缩短宝宝的午睡时间，从现在的每天午睡2小时逐渐缩短到每天1小时以内，这样宝宝晚上睡觉的时间很有可能就会提前了。

梦中醒来

这个月龄段的宝宝仍然会做噩梦，即使宝宝做了噩梦，从噩梦中惊醒，一般也不会长时间哭闹，也许会尖叫一声，或突然坐起来两眼紧张地看着妈妈。

如果宝宝从噩梦中惊醒后哭闹，父母也能很容易地让哭闹中的宝宝安静下来。因为宝宝已经能够听懂父母的话，能够明白噩梦中见到的恐惧景象不是真实存在的。为避免宝宝做噩梦，父母不要让宝宝看恐怖的电视剧，不要吓唬宝宝。当宝宝受到惊吓时，要安慰宝宝，直到他情绪平复，再让宝宝进入梦乡。

如果宝宝已经独睡，被噩梦惊醒后宝宝可能会跑到父母房间，要求和父母一起睡，遇到这种情况时父母不要拒绝宝宝。

陪伴睡眠与宝宝独睡

宝宝什么时候开始独睡，父母应根据具体情况灵活掌握。有的宝宝从一出生就自己睡婴儿床，等宝宝长大了，婴儿床换成儿童床，宝宝能够很快适应独自睡儿童床。如果宝宝不愿意独睡，独睡会影响宝宝安稳睡眠，那么父母就暂时陪着宝宝睡觉，这不会影响宝宝的独立。有研究表明，过早地离开父母陪伴，尤其是在夜晚，宝宝会产生不安全感，不利于宝宝的心理发育。父母和看护人不要吓唬宝宝，比如大声吼宝宝“再气人就打你了”“再不上床睡觉就把你扔外面去”“再哭就不要你了”等。当宝宝“气人”“不上床睡觉”“哭闹”时，爸爸或妈妈应该安抚宝宝，给他足够的安全感，通过搂抱、亲吻等方式表达你对他的爱。

踢被子

宝宝睡觉不安稳、踢被子不是什么异常情况。新生儿大多不会踢被子，因为他的运动能力还不够强，劲还不够大。随着月龄的增加，宝宝的肢体运动能力进一步增强，踢被子就变得容易了。现在宝宝都快3岁了，踢被子更是家常便饭。

踢被子不是被子厚薄、大小的问题，也不是宝宝冷热的问题，与宝宝睡眠质量也没什么关联。所以，妈妈无需费心寻找“宝宝不会踢的被子”。有一个方法比较管用，那就是不要把宝宝的脚盖上，被子只盖到脚踝处，睡觉时给宝宝穿细棉线秋衣，再穿一双厚而宽松的棉线袜。当宝宝把脚举起来时，被子在他的身上，他踢不着。即使宝宝的腿会露出来一些，但被子还盖着大半个身体，也冻不着宝宝。如果室温比较低，就给宝宝穿保暖性好的、和身体贴合的睡衣，不要穿过于宽松的睡衣，它们通常既不舒服，保暖性也不好。

连体衣和防踢被也是一种选择。妈妈可以向有这方面经验的妈妈请教，如果你有好的想法，也不妨尝试一下，设计并缝制一个防踢被。睡袋要用纯棉细布，做得宽松、柔软。

如果宝宝睡觉时满床打滚，一会儿仰着，一会儿趴着，一会儿撅着屁股，就不要用睡袋了，因为不安全。

喜欢含着拇指睡觉

我的侄女 4 岁了，她从小就喜欢含着大拇指睡觉，到现在还没有改掉这个坏习惯，而且她老是吃毛毯上的碎毛、木头屑、纸等，喜欢到处乱咬东西，她这种情况是不是一种病态，该怎么办？

宝宝含着大拇指睡觉是把大拇指当成安慰物“哄自己睡觉”呢，不太容易改掉，只能慢慢来，不能采取任何强制措施。你说宝宝吃诸如毛毯上的碎毛、木头屑、纸等物，是吃进嘴里咽下去，还是咬但不吃进去呢？如果宝宝把这些东西都吃进胃里的话，请带宝宝去看医生，排查是否有“异食癖”。

控制尿便，生理成熟是基础

训斥孩子不可取

这个月龄段的宝宝大都能够告诉父母或看护人，他要尿尿或大便。有的宝宝已经能够坐在专门为他准备的马桶上排便了；有的宝宝已经能够在熟睡中醒来，告诉父母或看护人他要尿尿；有的宝宝到了3岁，或许自己会在半夜起来拿便盆排尿。不过，有时宝宝白天玩得太累了，晚上睡得太熟了，难免会出现尿床的情况。无论是什么情况，父母都不能抱怨宝宝，更不能训斥宝宝。训斥不但不会让宝宝更快地学会控制尿便，还会让宝宝产生畏难情绪，使宝宝控制尿便的时间来得更迟。

5岁前都能控制尿便

爱玩的宝宝或对玩很投入的宝宝，不会把排尿放在心上，宝宝的精力都用在对新奇事物的探索，以及游戏和玩耍上了，哪里还顾得上尿尿啊。妈妈不要急，宝宝一定能够学会控制尿便的，除非个别患有不能控制尿便的疾病的宝宝，5岁以后还不能控制尿便的宝宝几乎没有。父母千万不要训斥宝宝，相反，要给予宝宝足够久的训练，如果没有时间训练，就多给宝宝做示范。在宝宝已经能控制尿便以后，如果某一天宝宝尿床了，或把尿便拉在裤子里了，父母也应该视为正常现象，不要发火。不要因此认为宝宝是故意的，更不要怀疑宝宝的能力退化了。

健康的宝宝口腔中没有任何异常的气味，即使把鼻子贴近宝宝的口腔，也不会闻到成人口腔中令人不舒服的气味。

◎ 引起宝宝口腔异味的常见原因

·消化不良：这是引起宝宝口腔异味的常见原因。当宝宝消化不良时，胃内食物积存，胃肠道已经“罢工”，父母却不知道宝宝已经消化不良了，还按顿喂宝宝食物，积存在胃肠内的食物发酵，宝宝呼出的气味就会带有酸腐味。

·食物残渣：有的宝宝经常含着饭就睡着了，食物积存在口腔中引起口腔异味。

·龋齿：有的宝宝乳磨牙刚出齐，就出现了龋齿，食物残渣积存在牙洞中发生腐败，宝宝呼出的气味就不那么清爽了，甚至会出现口臭。

·牙周病：患有牙周病的宝宝，不但容易牙龈出血，还会出现口腔异味。

◎ 口腔卫生习惯需要培养

良好的口腔卫生习惯是需要培养的。宝宝2岁后，父母就可以教他自己动手刷牙漱口，尽管做不好，也要鼓励宝宝做。宝宝4岁后通常就学会了刷牙，爸爸妈妈要在宝宝刷

完后再帮他补刷一次。宝宝6岁以后，能够独立完成刷牙，但刷完后，建议父母再检查一下，看宝宝是否把所有的牙齿都刷干净了，尤其是磨牙。2岁以后的宝宝可以使用牙线了。早晨起床后、晚上睡觉前，父母一定要给宝宝刷牙；饭后要养成漱口的习惯。

◎ 不吃糖就不会患龋齿吗

关于预防龋齿的文章有很多，幼儿园和小学也做了大量的工作，防龋防蛀的知识可以说非常普及。尽管如此，儿童龋齿的发生率还是居高不下。有些父母认为给宝宝少吃甜食、少吃糖，甚至不吃糖，就可以防止宝宝患龋齿了，这种认识存在片面性。残留在牙齿间的所有食物，都有引起龋齿的可能，仅仅不吃糖是不够的，必须保持牙齿的清洁。另外，父母还要注重宝宝牙齿的健康检查和保健，定期带宝宝看牙科医生，接受专业医生的指导。

中国0~3岁男童身长、体重百分位曲线图

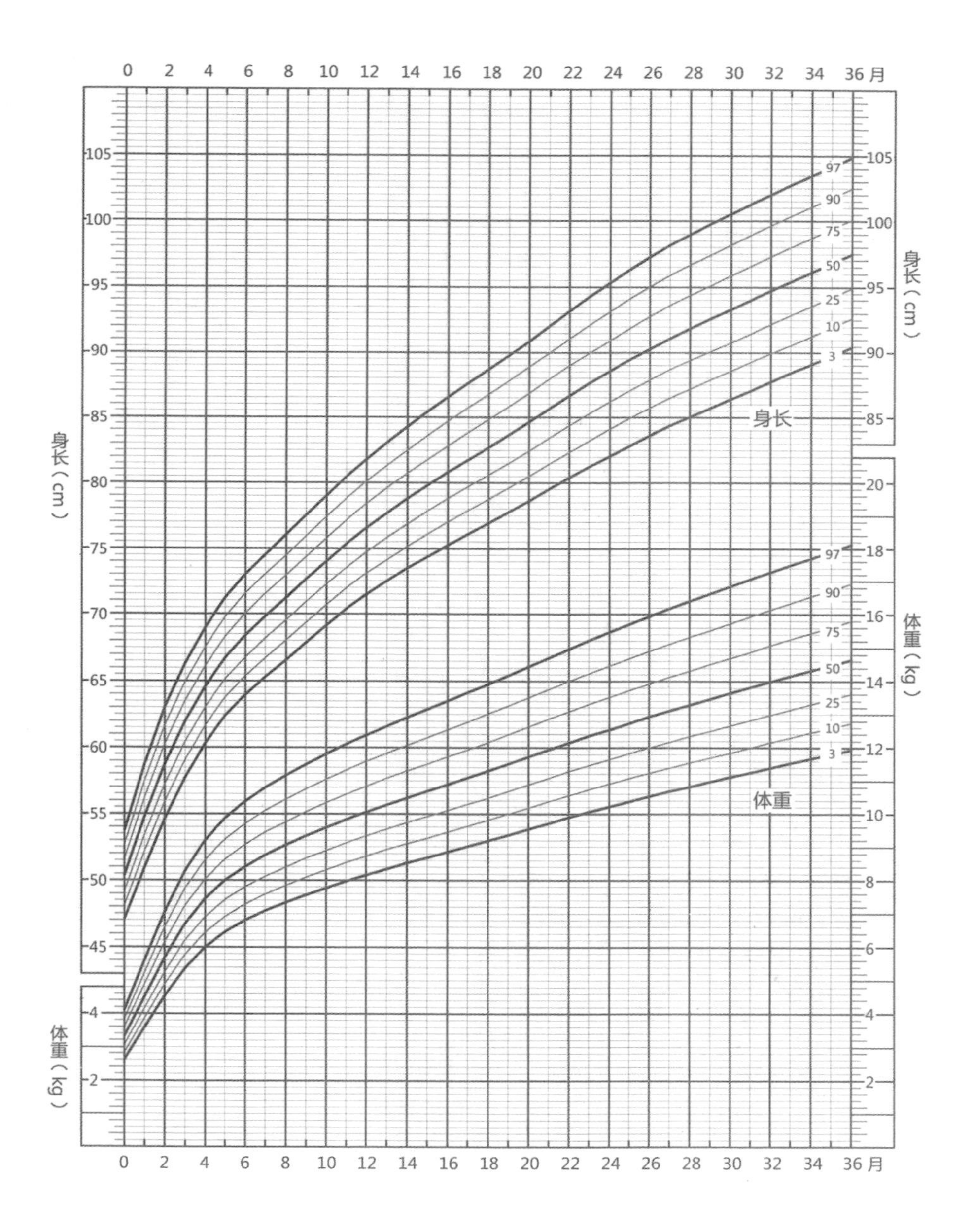

中国0~3岁女童身长、体重百分位曲线图

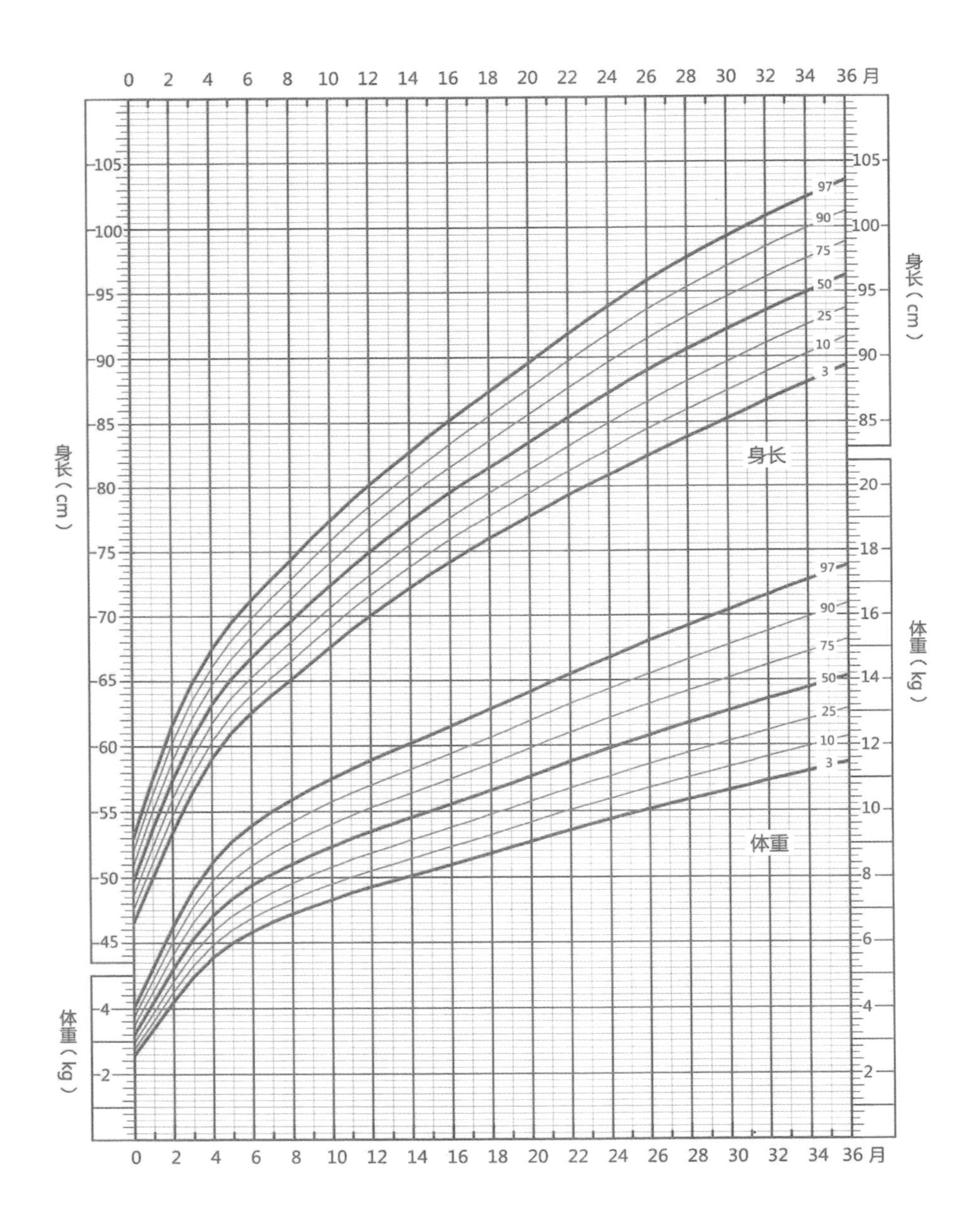

中国0~3岁男童头围、身长的体重百分位曲线图

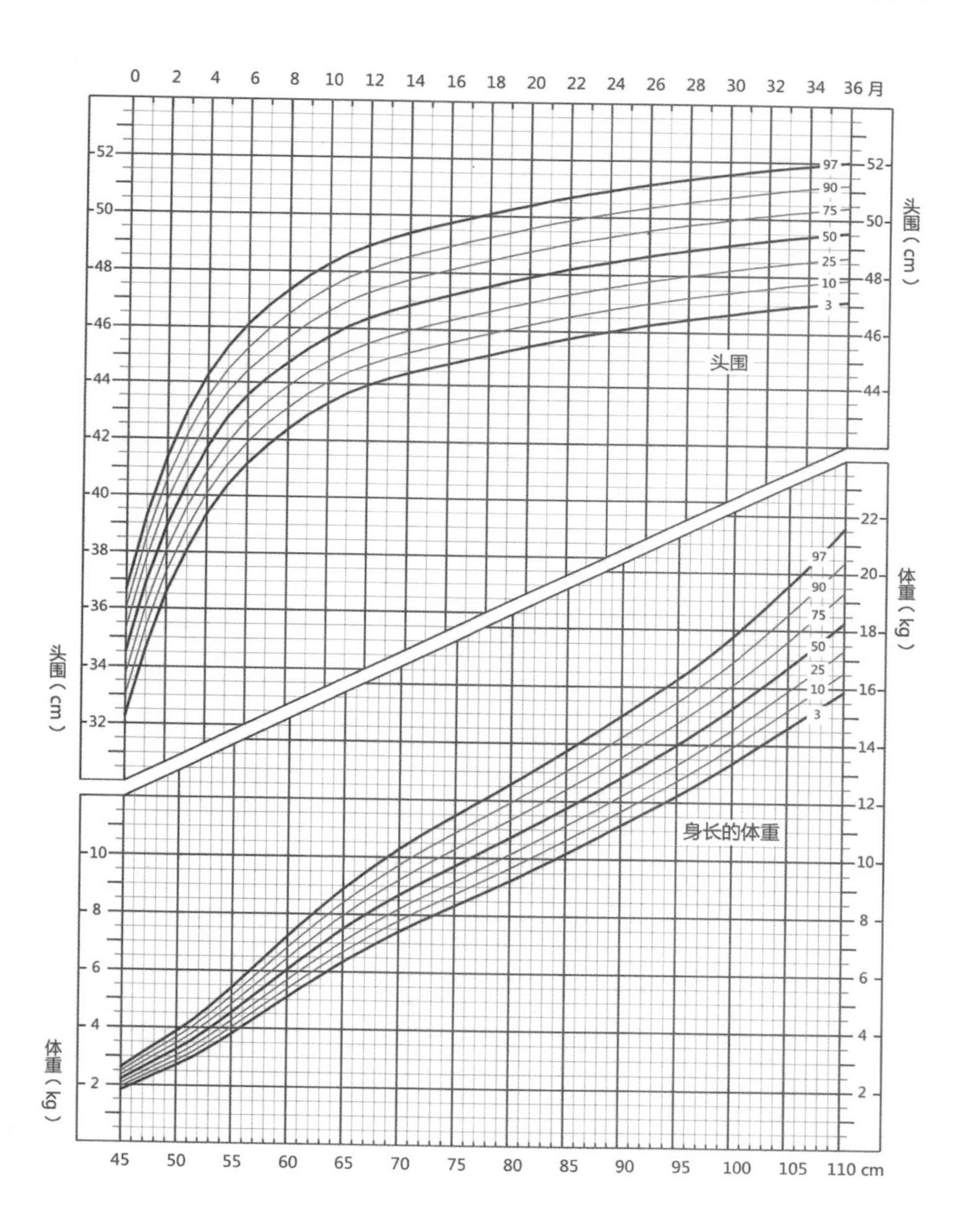

中国0~3岁女童头围、身长的体重百分位曲线图

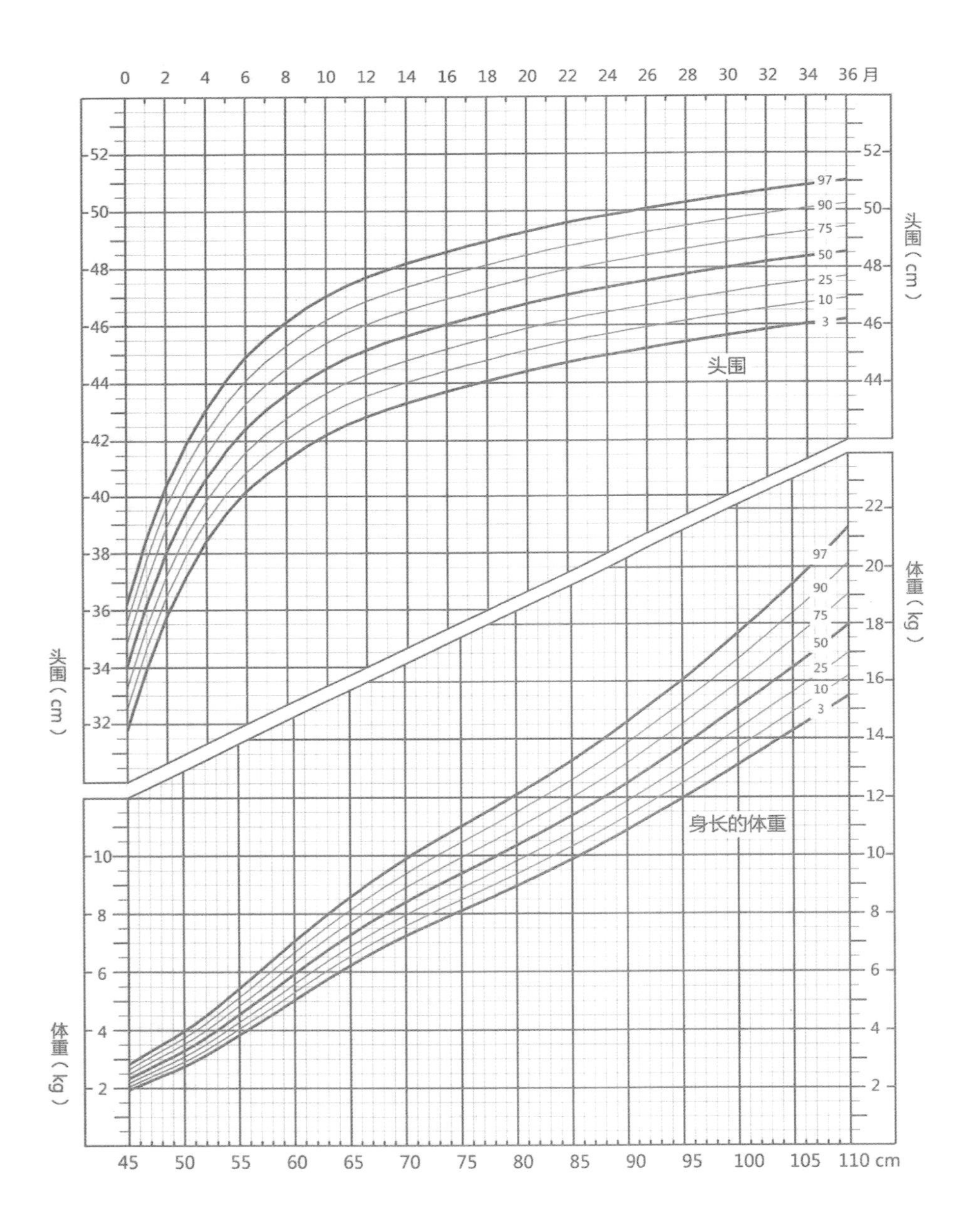

儿童疫苗预防接种程序表

接种月龄	国家规划内疫苗（一类，免费）	国家规划外疫苗（二类，自费）
出生时	卡介苗	
	乙肝疫苗	
1月	乙肝疫苗	
2月	脊灰疫苗IPV	B型流感嗜血杆菌疫苗HIB 轮状疫苗（口服）① 13价肺炎结合疫苗②
3月	脊灰疫苗IPV 百白破疫苗	B型流感嗜血杆菌疫苗 轮状疫苗（口服） 13价肺炎结合疫苗
4月	脊灰疫苗BOPV 百白破疫苗	B型流感嗜血杆菌疫苗 轮状疫苗（口服） 13价肺炎疫苗
5月	百白破疫苗	
6月	乙肝疫苗 A群流脑多糖疫苗	手足口疫苗
7月		手足口疫苗
8月	麻腮风疫苗 乙脑减毒活疫苗 乙脑灭活疫苗两剂次间隔7~10天	
9月	A群流脑多糖疫苗	
12月		13价肺炎疫苗 水痘疫苗③
18月	百白破疫苗 麻腮风疫苗 甲肝减毒④ 甲肝灭活⑤	B型流感嗜血杆菌疫苗
2岁	乙脑减毒活疫苗⑥ 乙脑灭活疫苗⑦ 甲肝灭活	
3岁	A群C群流脑多糖疫苗	水痘疫苗
6岁	白破疫苗 乙脑灭活疫苗 A群C群流脑多糖疫苗	
每年		流感疫苗
注解	①进口五价轮状病毒疫苗最早可在1.5月龄接种，接种时间限制严格，尽量不要推迟接种。错过可接种国产轮状疫苗。 ②13价肺炎结合疫苗最早可在1.5月龄接种。有进口和国产可选。 ③水痘疫苗部分地区为免费接种。 ④选择甲肝减毒活疫苗接种时，采用一剂次接种程序。 ⑤选用甲肝灭活疫苗接种时，采用两剂次接种程序。 ⑥选择乙脑减毒活疫苗时，采用两剂次接种程序。 ⑦选择乙脑灭活疫苗时，采用四剂次接种程序，第1、2剂次间隔7~10天。